UiPath
公式ガイドブック

PC業務は全部おまかせ！

UiPath × Excel 自動化完全ガイド

UiPath株式会社
津田義史

秀和システム

●UiPath Studio のコミュニティ版は、無償で非営利業務のためにお使いいただけます。
●また、製品の適合性をテスト・評価する目的であれば、無償でお使いいただけます。

※上記は、2023年4月時点の情報です。いずれも使用許諾への同意が必要になります。最新の使用許諾の条件詳細は利用規約をご確認ください。

本書の前提

本書の執筆 / 編集にあたり、下記のソフトウェアを使用いたしました。

- UiPath Studio 2022.10, 2023.4
- UiPath Orchestrator 2022.10, 2023.4

上記ソフトウェアを、Windows 11 上で動作させています。よって、Windows のほかのバージョンを使用されている場合、掲載されている画面表示と違うことがありますが、操作手順については、問題なく進めることができます。

注意

(1) 本書は著者が独自に調査した結果を出版したものです。
(2) 本書は内容に万全を期して作成しましたが、万一、ご不審な点や誤り、記載漏れなどお気づきの点がありましたら、お手数をおかけいたしますが出版元まで書面にてご連絡ください。
(3) 本書の内容に関して運用した結果の影響については、上記にかかわらず責任を負いかねますので、あらかじめご了承ください。
(4) 本書の内容に関しては、将来、予告なく変更されることがあります。
(5) 本書に記載されているホームページのアドレスなどは、予告なく変更されることがあります。
(6) 本書の例に登場する名前、データ等は特に明記しない限り、架空のものです。
(7) 本書の全部または一部について、出版元から文書による許諾を得ずに複製することは禁じられています。

商標

(1) UiPath や、UiPath の各ロゴは、米国および他の国における UiPath 社の商標または登録商標です。
(2) Microsoft、Windows の各ロゴは、米国および他の国における Microsoft Corporation の商標または登録商標です。
(3) その他、社名および商品名、システム名称などは、一般に各社の商標または登録商標です。
(4) 本文中では、ⓒマーク、®マーク、TM マークは省略し、また一般に使われている通称を用いている場合があります。

The UiPath ™ word mark, logos, and robots are registered trademarks owned by UiPath, Inc. and its affiliates.
ⓒ 2023 UiPath. All rights reserved.

UiPathの旅路を進む皆様へ

UiPathのCEOとして、私たちの仲間である津田さんによって書かれた、UiPathのアクティビティに関する包括的なガイドをご紹介できることを大変喜ばしく思います。2017年からUiPathに参加している津田さんの豊富な経験と知識によって、この本はUiPathの力を活用し、自動化の可能性を最大限に引き出すことを目指すすべての人にお勧めできるものとなりました。

2005年にルーマニアのブカレストでUiPathを設立して以来、私は会社とその製品が驚異的な速さで成長するのを見てきました。今日、UiPathは世界中のユーザーに選ばれる自動化プラットフォームであり、私たちの使命は、どこにいる人々にも、より賢く効率的に働く力を与えることです。特に日本は、私たちの継続的な成功にとって重要な市場であり、大きな可能性を秘めています。

私は2018年7月10日に開催されたUiPath Developer Conference Japanで津田さんに初めてお会いしました。彼が自動化に対するユニークな理解と、複雑なアイデアを明確に伝える能力を持っていることがすぐに明らかになりました。彼の存在は、私たちの日本市場での成長にとって非常に貴重であり、この本はUiPathの旅路を進むすべてのユーザーにとって不可欠なガイドとなるでしょう。

この本は、UiPathのアクティビティに関する深い探求を提供し、基本から高度な技術までをカバーしています。読者の皆様は、詳細な説明と実践的な例を見つけることができます。これは私たちのプラットフォームが広く適用可能であることを示すものです。自動化の冒険を始めたばかりの方にも、熟練したプロフェッショナルにも、この本には貴重な洞察が詰まっています。

働く風景が進化し続ける中、スキルや知識を磨くことがこれまで以上に重要となっています。この本は、津田さんが人々に力を与えることに尽力している証です。彼の専門知識を分かち合うことで、自動化がすべての人々に開放された世界を生み出し、企業や個人がテクノロジーの力を活用し、さらなる成功を収めることができるようになります。

私は心から、この本をUiPathのアクティビティをよく理解したいすべての人にお勧めします。津田さんの専門的なガイドにより、自動化の可能性を最大限に引き出し、仕事の方法を変革する力が備わることでしょう。皆様の道のりの成功を祈り、UiPathで素晴らしい冒険を成し遂げることを楽しみにしています。

Sincerely,
Daniel Dines
Co-Founder and Co-CEO, UiPath

自動化の未来へ

津田さんと私が出会ったのは、2017年11月です。当時、UiPathの社員が20名を超えたくらいの時だと思いますが、自動化で「日本を元気にしたい」というUiPathのビジョンに共感して、一刻も早くUiPathを日本のお客様に広めたいと、12月には入社してくれました。

津田さんとはそれ以来の付き合いになります。UiPathのRPA（ロボティクスプロセスオートメーション）が日本およびグローバルでお客様に急速に支持され広がっていったど真ん中にいて、技術者として、特に日本のお客様にプロフェッショナルサービスを現場で実際にリードして活躍されてきました。

今回は、その現場経験をもとに、UiPathのRPAのモダンアクティビティを解説する本を出版してくれることになりました。RPAの可能性を最大限に引き出すためには、その基本的な使い方を理解し、そして自分の業務に適用できるスキルの習得が重要です。本書は、UiPathのアクティビティの使い方をわかりやすく解説し、読者の皆様がRPAを活用する第一歩を踏み出す手助けとなるでしょう。

私たちは、RPAの考えをさらに推し進めて、今はAutomation（新しい自動化）として課題の発見、課題の解決のための自動化（RPA×AI×ローコード、ノーコードを中心に）、会社レベルでの管理およびテスト自動化、クラウドでの支援を提供しています。それは「現場が主役のDX」を実現するためです。

現場の一人ひとりの方がRPA×AIを中心とする新しい自動化をスマートフォンのように使いこなせる世界が実現すれば、やる気を持った現場が自ら主役となって、組織を活性化させることができるでしょう。お客様の課題を発見し、仕事の見直し、その中での自動化を進める自律的なDXを推進できる、日本の経済の成長の源であった現場がDXによって活力を持てる、そんな日本型のDXが世界をリードできると津田さんと私は信じています。

この本を皆さんにご紹介できることを大変うれしく思います。私はこの本が皆さんのRPAの学びと活用に役立ち、日本がさらに元気になるための一助となれると信じています。どうぞ、本書をお手元に置き、ガイドとして活用してくださり、RPAの世界への扉を大きく開いてください。そして、その先に広がる新しい自動化の無限の可能性をぜひ探求してください。

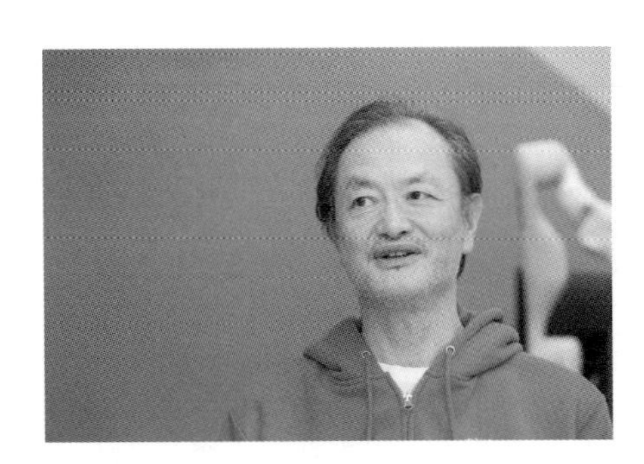

追伸　津田さんは、UiPathのユーザーカンファレンスのレセプションや社内のYear End Partyで、サザンオールスターズからモーツァルトまでを演奏する「UiPath Orchestra」バンドとしても活躍されていて、社内では伝説のベーシストとして知られています。

長谷川 康一
UiPath株式会社 代表取締役CEO

モダンアクティビティを使いこなしていただくために

私にとって3冊目のUiPathの技術書をお手に取っていただき、ありがとうございます。私が2017年にUiPathに入社した当時、RPAという技術はとても新しく、従来のプログラミングと比較してはるかに簡単に自動化を作成できる革新的なものでした。UiPathも、未経験者でも簡単に作業を自動化できるというメッセージを強く発信していました。

しかし、Webを観察していると、そんなRPAに期待して自動化を始めたものの、思ったよりも難しくて諦めたユーザーを見ることも当時はありました。もちろんRPAはプログラミングよりはるかに簡単ではあるものの、プログラミング未経験者が使いこなすには一定の学習が必要です。そこで、「プログラミングはできなくても大丈夫だが、基本的なプログラミングに関する知識は伝える必要があるのではないか」と考え、「UiPathでプログラミング入門」というコンセプトで2020年に出版したのが前著『公式ガイド UiPathワークフロー開発 実践入門』です。

当時、UiPathで利用可能な部品（アクティビティ）は良くも悪くも単機能で素朴なものでした。使い方もわかりやすく、WebにはUiPath社外の皆様による解説記事も多く見つかりました。そのため、前著では入手しやすい情報はあえて取り上げず、ワークフロー作成に基本的で重要だがあまり知られていない知識を提供することに努めました。

そして2023年現在、UiPathの状況は変化しています。RPAで作業を自動化するには多少の経験も必要であることが理解されてきました。より洗練されたモダンアクティビティが登場し、以前の素朴な部品はクラシックアクティビティと呼ばれるようになりました。モダンアクティビティは高機能で使いやすいのですが、初心者には難しい面もあります。クラシックアクティビティに慣れた上級者にも学習の動機が弱く、Web上にもモダンの解説記事はなかなか増えません。そのため、2022年には前著の改訂版を上梓しましたが、まだ情報が不足しています。

そこで、モダンアクティビティを解説する本を執筆することにしました。それが本書です。本書では、Excelをはじめ、ブラウザーやWord、PowerPoint、Gmail、Outlook、OneDrive、Googleドライブなど、多くのアプリケーションを自動化する方法を詳しく説明しました。これだけ多様なアプリケーションを簡単に自動化できるのは、UiPathの大きな強みです。この特徴を活かして、ほかのソフトウェア製品の構築や、スマートフォンアプリのテスト、AIとの統合による高度な作業など、UiPathによる自動化の適用範囲はますます広がっています。

本書を通じて、皆様がUiPathとモダンアクティビティを使いこなせるようになれば、日々の業務効率は飛躍的に向上し、創造的な作業により多くの時間を使うことができるでしょう。本書が皆様のUiPath学習の助けとなり、素晴らしいRPAの世界を楽しんでいただけることを願っています。

津田 義史
UiPath株式会社 プロフェッショナルサービス本部 テクニカルサービス第一部
Senior Solution Architect

目次

第5章 配列とデータテーブルの操作 309

Coffee Break

序章

UiPathの概要

RPAはRobotic Process Automationの略で、PCの操作をロボットによって自動化する技術を指します。UiPathのロボットは、キーボードやマウスを人が行うように操作できます。また、さまざまなアプリケーションと直接通信し、操作することもできます。このため、UiPathのロボットは非常に安定して動作します。本章では、UiPathの概要と特徴を紹介し、本書を読み進めるための準備を整えます。

序-1 RPAの現在

業務改善をした後も、RPAを活用すべき状況は残る

多くの組織や企業においては、一般的なアプリから固有のシステムまで、さまざまなソフトウェアが使われています。どれほど業務改善とIT化を進めても、すべての業務を1つのシステムで行うのは現実的ではありません。むしろ、業務に応じてさまざまなWebサービスを導入して活用するのが現代的なアプローチでしょう。

そのような多様なソフトウェアの統合と自動化に、RPAを活用する企業が増えています。UiPathは、世界で最も評価されているRPA製品の1つです。

UiPathの3つのコア製品

UiPathには、自動化を支援するための多くの製品があり、その中心となるのは次の3つです。

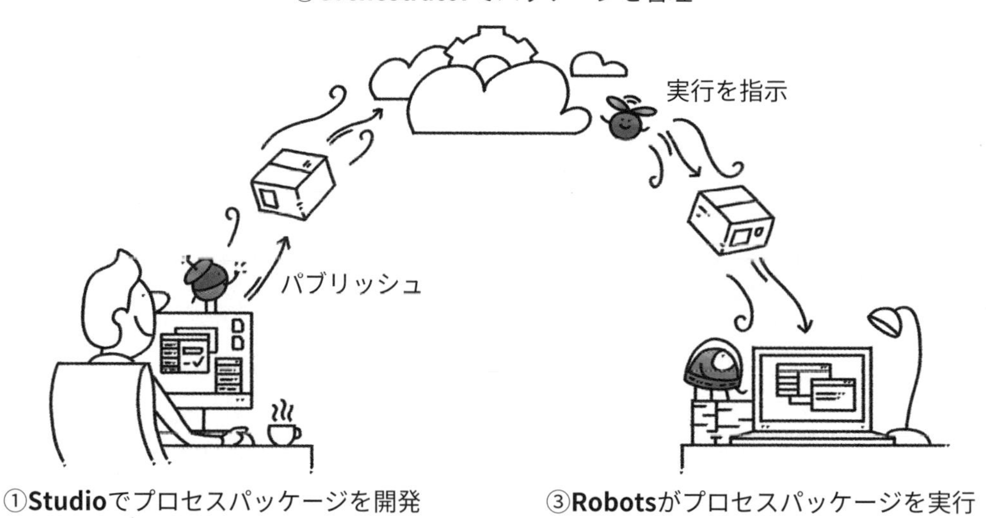

UiPath Orchestrator

UiPath Orchestrator（オーケストレーター）は、最大で数十万台ものStudio/Robotsを管理できるサーバーです。無償でも利用できますが、接続できるStudio/Robotsの台数が制限されます。有償ライセンスがあれば、Orchestratorがなくても Studio/Robotsを利用できますが、現在はOrchestratorの機能改善が著しく、UiPathの機能をフル活用するためにOrchestratorの利用を強くお勧めします。

UiPath Studio

UiPath Studio（スタジオ）は、自動化プロセス（ワークフロー）を作成するツールです。自動化のための特別な機能を多く備えています。Studioをインストールすると、後述のRobotsも必ず一緒にインストールされます。トライアルまたはCommunity版を無償で利用するには、クラウド版のOrchestratorに接続（サインイン）してください。

Hint

自動化プロセスとは

実行可能な自動化の単位のことで、英語ではAutomation Processといいます。日本語では「自動化プロセス」や「自動化」、あるいは「プロセス」といいます。オートメーションということもあります。1つの自動化プロセスは、複数のワークフロー（拡張子が.xamlのファイル）で構成できます。

UiPath Robots

UiPath Robots（ロボット）は、Studioで作成した自動化プロセスを実行します。Attended Robots（有人ロボット）、もしくはUnattended Robots（無人ロボット）として使えます。Robotsは、（Studioを伴わず）Robotsだけをインストールすることもできます。本書はAttended Robotsを扱います。

UiPathの特徴

UiPathには、次のような特徴があります。

ほとんどのアプリの操作を自動化できる

『クリック』や『文字を入力』などの汎用的な部品を使って、ほとんどのアプリの操作を自動化できます。これらの部品は、クリックやテキスト入力、コピー＆ペースト、ドラッグ＆ドロップなど、人がするのとまったく同じことができます。

UiPathによる画面操作の自動化は、とても安定して動作する

画像一致によらず、操作すべきボタンなどを確実に見つけて操作します。UiPathのセレクターという仕組みは、見た目がまったく同じボタンも区別できます。なお、画像一致でUI要素を認識させることもできます。

各アプリに専用の部品も多く用意されている

『クリック』などの汎用的な部品のほか、多くのアプリに専用の部品も用意されています。対応するアプリやファイルは非常に多く、ExcelやOutlookなどのMicrosoft Office製品のほか、PDF、Gmail、Googleドキュメントなど、ここに書ききれないほどです。

画面を経由せず、アプリを内部から直接操作できる

各アプリに専用の部品は、画面を介さず、各アプリと直接通信して操作します。そのため、より高速に安定して動作します。もちろん、画面操作のための汎用的な部品を併用することもできます。

複数のアプリを同時に操作できる

Excelマクロは Excelしか操作できませんが、UiPathは複数のアプリをまたがる業務を自動化できます。そのため、社内のさまざまなシステムを統合する最後の一歩として、UiPathは欠かせない重要なものとなります。

同じPCを、ユーザーとロボットが同時に操作できる

RPA製品によくある不満は、「ロボットが作業を終えるまでは、ユーザーはそのPCを操作できない」というものです。しかし、UiPathのAttended Robots（有人ロボット）にはこの制限を回避する仕組みが多く備わっており、ユーザーとロボットが同じPCを同時に操作できます。1つのロボットが、複数の自動化プロセスを同じPCで同時に実行することもできます。

完全に無人のPCを操作できる

UiPathのUnattended Robots（無人ロボット）は、Orchestratorからの指示に従い、Windowsにログインし、自動化処理を実行して、作業が完了したらWindowsからログオフするまでを完全に自動化できます。Unattended Robotsは、ログインするWindowsアカウントの権限で動作するので、強固なセキュリティを確保できます。

Hint

Cloud Robotsは仮想マシン型とサーバーレス型がある

サーバーレス型のRobotsはLinux上で動作するため、対応OSをクロスプラットフォームとしたプロジェクトのみ実行できます（→ p.29 対応OSについて）。

クラウドから労働力をオンデマンドで調達できる

Unattended Robots用のPCは、ユーザーが手元に準備しても構いませんが、サーバー上の仮想環境に構築したり、UiPath Automation Cloudからレンタルすることもできます。これをCloud Robotsといいます。Cloud RobotsにVPNを構成して、Cloud Robotsが読者の皆様の社内リソース（社内システムなど）にアクセスすることを許可することもできます。

第1章

UiPathの基本操作

本章では、UiPathの基本的な使い方を解説します。インストール方法から始め、Studioで自動化プロセスを開発する方法として、変数やプロパティの使い方、エラー処理の方法、デバッグ方法、パッケージ管理なども簡単に紹介します。また、Assistantの使い方についても学びます。さらに、人とロボットが同じPCを同時に操作できるようにしたり、スケジュールやメール受信などのイベントによりプロセスを自動で開始する方法も説明します。

1-1 UiPathのインストール

UiPathのインストールは簡単

UiPathは、Automation Cloudにアカウントを作成し、インストーラーをダウンロードしてクイックインストールするだけで、すぐ使えます。

UiPathをダウンロードする

❶ブラウザーでAutomation Cloud（https://cloud.uipath.com/）を開き、アカウントを作成してログインします。
❷UiPath Automation Cloudのホーム画面で、「UiPath Studioをダウンロード」をクリックします。

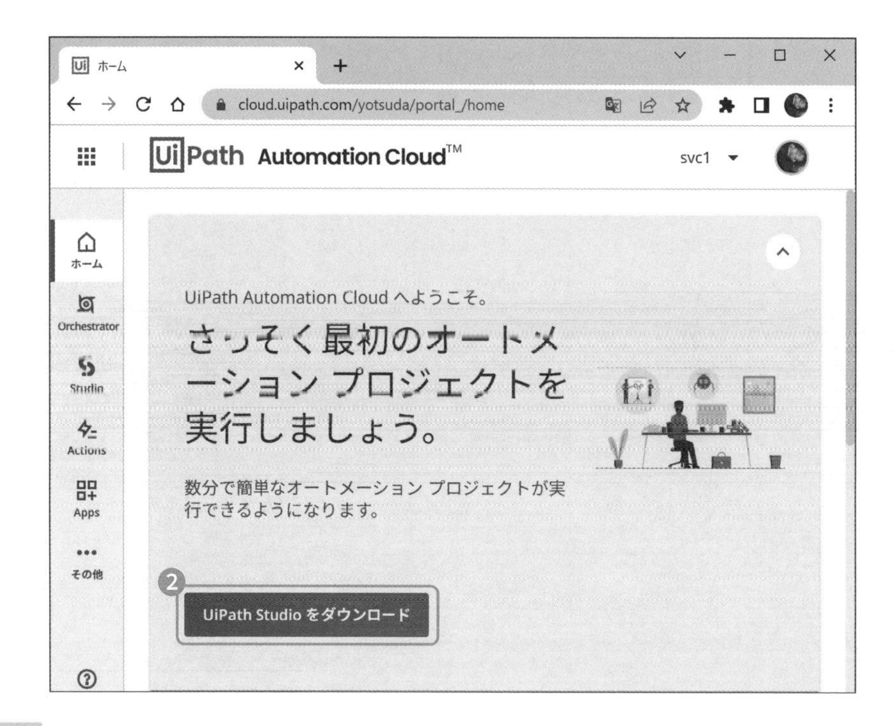

UiPathをインストールする

❶ダウンロードしたインストーラーを起動します。「クイック（Community版ユーザーに推奨）」が選択されていることを確認します。

❷「ライセンス契約の条件に同意します。」をチェックします。

❸「インストール」ボタンをクリックします。

❹Chrome拡張機能がインストールされた旨のダイアログが出たら「はい」もしくは「いいえ」をクリックします。

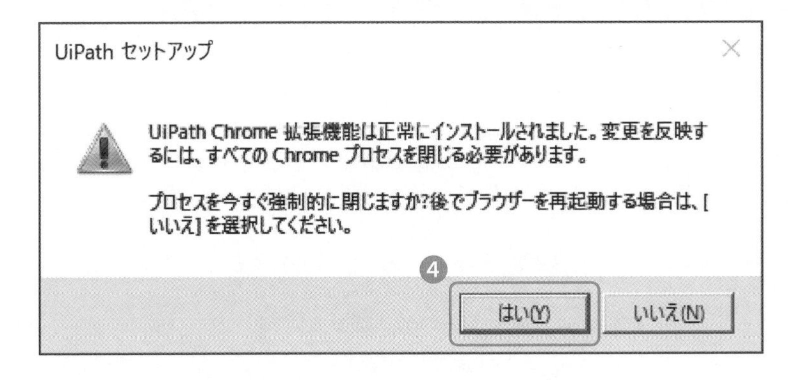

Hint

カスタムインストール

Unattended Robotsとして使うには、カスタムインストールを選択して「このコンピューター上のすべてのユーザーにインストール」してください。詳細は、UiPathのWebサイトにあるインストールガイドを参照してください。

Studioをインストールする

https://docs.uipath.com/ja/studio/standalone/2023.4/user-guide/install-studio

Hint

Chrome拡張機能

これはChromeブラウザーを自動化するときに必要となります。

以上で、StudioとRobotsをインストールできました。

1-2 Studioで自動化を開発する

Studioは、高度な自動化を簡単に作成できる

Windowsのスタートメニューから Studioを起動してください。自動化プロセスを作成する手順は、次の通りです。

Orchestratorにサインイン

❶まだサインインしていなければ「サインイン」をクリックします。ブラウザーが開くので、使用しているAutomation Cloudアカウントでサインインします。

Hint

ほかの接続方法もある

ここで紹介した接続方法は、対話型サインインというものです。このほか、クライアント資格情報やマシンキーを使う方法があります。Unattended RobotsがWindowsマシンにログインするときは、対話型サインインは使えません。詳細は次を参照してください。

●Robot を Orchestrator に接続する

https://docs.uipath.com/ja/orchestrator/standalone/2023.4/user-guide/connecting-robots-to-orchestrator

❷サインインしたブラウザーに表示されるダイアログで「UiPathを開く」ボタンをクリックします。

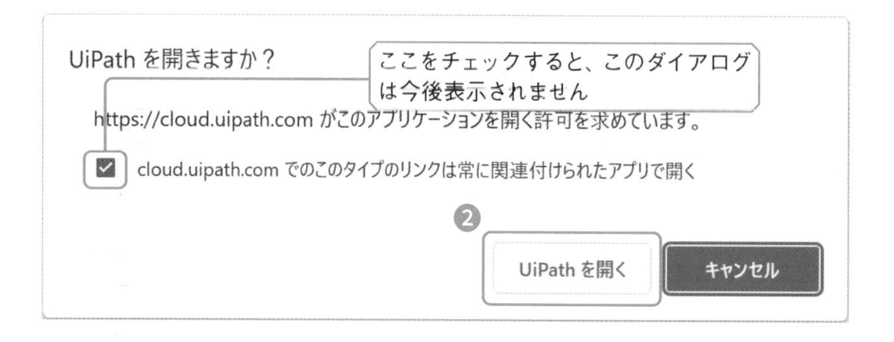

以上で、StudioとAttended Robotsの両方がOrchestratorに接続されました。

新規プロセスプロジェクトを作成する

自動化プロセスは、プロセスプロジェクトで作成します。ここでは、メッセージダイアログを表示するだけの自動化を作成します。

❶ Studioの画面左側にある「スタート」をクリックした後、新規プロジェクトで「プロセス」をクリックします。

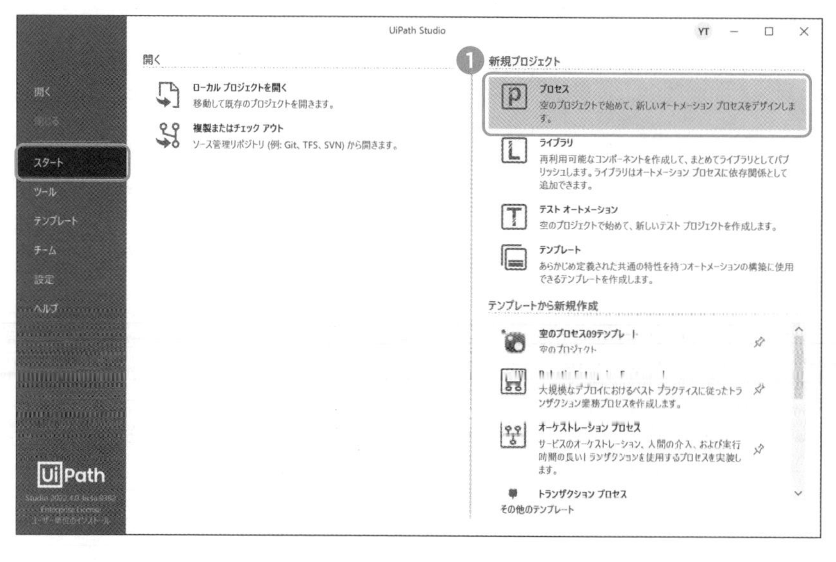

❷「名前」に、好きな名前を入力します。

❸「対応OS」が「Windows」となっていることを確認します。

❹「作成」ボタンをクリックします。

> **Hint**
> **そのほかのプロジェクト**
>
> ・**ライブラリ**……複数のプロジェクトで使える共通部品を作成します。
> ・**テストオートメーション**……ほかのソフトウェア製品のテストを自動化します。
> ・**テンプレート**……プロジェクトの新規作成時に使えるテンプレートを作成します。
>
> これらは、本書では扱いません。

Hint

対応OSについて

次の3つから選択できます。

- **Windows**……既定のオプションです。.NET 6で動作します。Windowsでのみ実行できます。
- **クロスプラットフォーム**…….NET 6で動作します。Windows、Mac、Linuxで実行できますが、利用できるアクティビティに制限があります。
- **Windowsレガシ**…….NET 4.6で動作します。この使用は推奨されません。

以上で、新規プロセスプロジェクトを作成できました。

ワークフローを作成する

UiPathでは、プログラムのことをワークフローといいます。ワークフローは拡張子が.xamlのファイルで、自動化の処理の流れを定義します。

Hint

プロジェクトパネルについて

プロジェクトパネルは、このプロジェクトに含まれる一式を表示します（→p.38 プロジェクトの設定を確認する）。

❶プロジェクトパネルを開きます（→p.37 パネルを開く）。

❷「Main.xaml」をダブルクリックすると、このファイルがデザイナーパネルで開きます。

❸アクティビティパネルを開きます（→p.37 パネルを開く）。

❹ここでは『メッセージボックス』を探し、ワークフローに配置します（→p.41 アクティビティを配置する）。

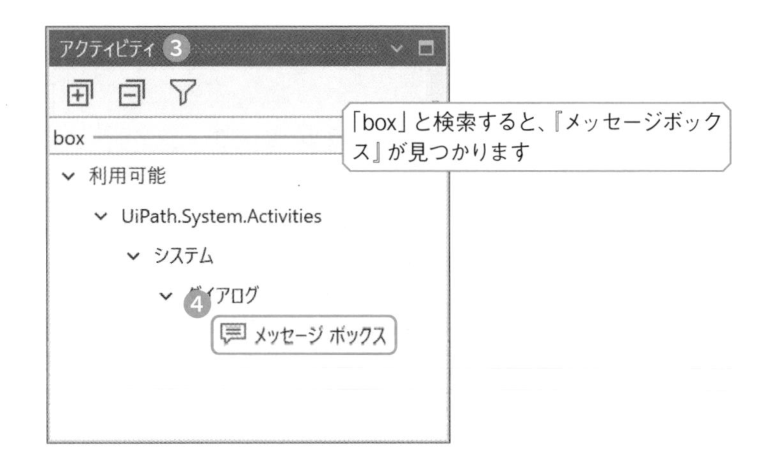

❺ワークフローに配置したアクティビティをクリックして選択し、そのプロパティを設定します（→p.46 プロパティを設定する）。ここでは、『メッセージボックス』の「テキスト」に"もしもし、UiPathの世界!"を設定します。

Hint

アクティビティとは

さまざまな操作を自動化するための部品を指します。アクティビティをワークフロー上に配置していくことで、簡単にプログラム構造を作成できます。UiPathにはアプリケーションに固有な操作を簡単に自動化できるアクティビティが豊富に揃っており、各アクティビティは固有のプロパティ（設定）をもっているので、ややこしいプログラミングをしなくても、プロパティを設定するだけで簡単に使えます。そのため、これらのアクティビティを活用して作成したワークフローは、人が読みやすいものになります。複数のアプリケーションをまたがった操作を自動化するのも簡単です。

Hint

アクティビティ名の表記

本書はアクティビティの名前を『』でくくって表記します。

Hint

自動化を完成させるには

この手順を繰り返して、必要なアクティビティをすべて配置する必要があります。ここでは『メッセージボックス』だけを配置して次に進んでください。ほかの便利なアクティビティは、後で多く紹介します。

> **Hint**
> **ワークフローにエラーがあるとパブリッシュできない**
>
> 先にエラーを修正してください。エラーがあるアクティビティの右上には ❗ が、その外側のアクティビティの右上には ⚠ が、表示されます。

ワークフローをデバッグする

「デバッグ」リボンの「ファイルをデバッグ」をクリックしてください。このワークフローがデバッグ実行され、メッセージボックスが表示されます。今はアクティビティを1つしか配置していないので、すぐに問題なく動くでしょう。しかし、多くのアクティビティを複雑に配置すると、すぐには期待通り動かないこともあります。Studioの「デバッグ」リボンを活用して、間違いを取り除いてください（→p.60 デバッグリボンの使い方）。

> **Hint**
> **ステップイン実行はとても便利**
>
> 「ステップイン」をクリックすると、アクティビティを1つ実行するたびに一時停止します。一時停止中は、ローカルパネルで変数の内容を確認したり、変数の内容を書き換えたりできます。

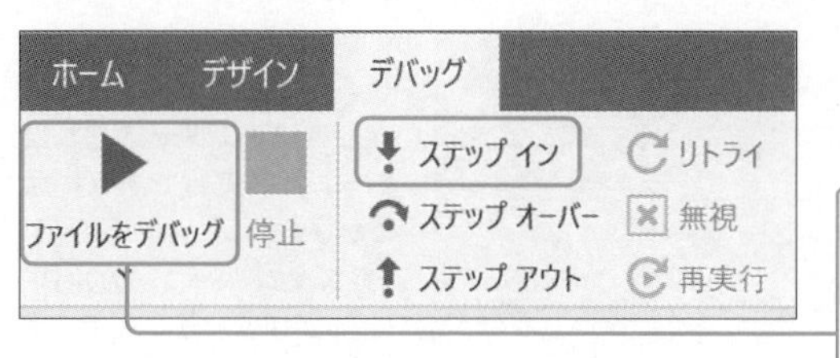

デバッグするには「ファイルをデバッグ」をクリックするか、「ステップイン」を繰り返しクリックします

プロセスをパブリッシュする

意図通り動くことを確認したら、パブリッシュしてUiPath Assistant（Robotsの設定画面）から実行できるようにしてください。

❶「パブリッシュ」をクリックします。

❷「プロセスをパブリッシュ」ウィンドウが開きます。

❸左側の「パブリッシュのオプション」を選択し、「パブリッシュ先」は「Orchestrator 個人用ワークスペースフィード」を選択します。
❹「パブリッシュ」ボタンをクリックします。

以上で、自動化プロセスが個人用ワークスペースフィードにパブリッシュされ、Assistantから実行できるようになります。

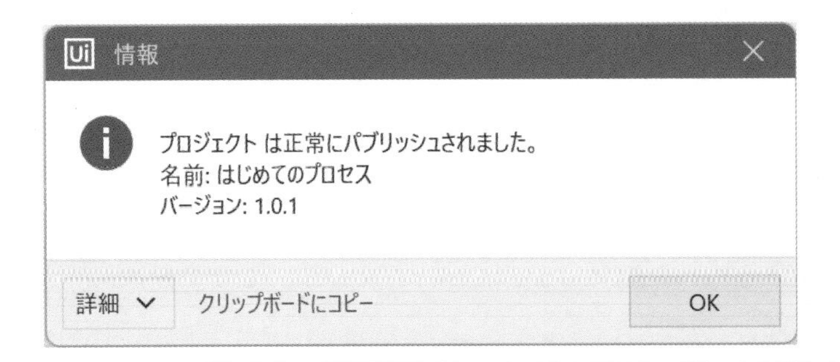

Hint

パブリッシュとは

UiPath Studioで開発したプロジェクト一式を、Robotsで実行可能な形式として1つのパッケージファイルに変換することです。

Hint

パブリッシュ先について

・**個人用ワークスペースフィード**……パブリッシュしたユーザー専用のプロセスです。パブリッシュした自動化プロセスは、すぐにAssistantから実行できる状態になります。
・**テナントプロセスフィード**……ほかのユーザーやRobotsに使ってもらうことができるプロセスです。パブリッシュした後に、Orchestrator上のフォルダーに割り当てることで実行できる状態になります。
・**カスタム**……ローカルPCにパブリッシュします。作成された.nupkgファイルは、手動でOrchestratorのフィードにアップロードしてください。

Hint

パブリッシュされたプロセスをOrchestratorで確認するには

ブラウザーでAutomation Cloud（https://cloud.uipath.com/）を開き、ログインしてください。このプロセスは、Orchestratorの「My Workspace」フォルダーの「マイパッケージ」にアップロードされ、同じフォルダーの「プロセス」に自動で追加されているはずです。

1-3 Assistantを使う

Assistantは、業務をお手伝いしてくれるパートナー

PCにインストールされたRobotsに自動化の開始を指示するには、Assistantウィンドウを使います。各プロセスの設定を変更することもできます。

Assistantを起動する

❶ WindowsのスタートメニューからUiPath Assistantを起動します。Windowsのタスクバー右の通知領域にアイコンが常駐します。
❷ AssistantがOrchestratorと未接続なら、「サインイン」ボタンをクリックします。ブラウザーが開くので、Orchestratorにサインインします。

Hint
Assistantはウィンドウを閉じても終了しない

Assistantは、タスクバー右の通知領域にアイコンで常駐します。

以上で、Assistantで実行できるプロセスが一覧表示されます。

Assistantで自動化プロセスを実行する

パブリッシュしたプロセスは、Studioがなくても実行できます。

❶Assistantを起動します（→p.33 Assistantを起動する）。
❷実行したいプロセスの⬇をクリックして、このプロセスをインストールします。
❸▶をクリックして、プロセスを実行します。

Hint

3点メニューでできる操作

プロセスの右端の3点メニューからは、次の操作ができます。

- **お気に入りに追加**……このプロセスをお気に入りのグループに追加します。
- **デスクトップショートカットを作成**……このプロセスを開始するショートカットを、デスクトップ上に作成します。
- **個人のオートメーションを削除**……このプロセスを、個人用ワークスペースフォルダーから割り当て解除します。このプロセスパッケージは、このフォルダーのフィードからは削除されないので、Orchestrator上で再度フォルダーに割り当てることにより元に戻せます。

プロセスの設定を変更する

Assistant上で、プロセスの設定の確認と変更ができます。

❶Assistantを起動します（→ p.33 Assistantを起動する）。
❷プロセス名をクリックして、プロセスの詳細を表示します。

以上で、Assistantにプロセスの設定画面が表示されます。ピクチャインピクチャや、このプロセスを開始するショートカットキーなどの設定ができます。Integration Serviceを使うプロセスは、構成されたアカウントをここで確認できます（→p.373 外部Webサービスへのログイン情報を構成する）。

Hint

OrchestratorからもプロセスのTs実行を指示できる

Orchestratorでは、スケジュールやさまざまなイベントを契機に自動でプロセスを開始できます。この手順は後述します(→p.79 自動化をOrchestratorから開始する)。

Hint

AttendedとUnattended

Assistantにより有人のPCでプロセスを実行することをAttended(有人実行)といいます。一方で、Orchestratorにより無人のPCでプロセスを実行することをUnattended(無人実行)といいます。

1-4 Studioのパネルを使う

基本的なパネルの種類と使い方を理解する

Studioには多くのパネルが用意されていますが、本書ではワークフロー開発に必須となる次の4つのパネルのみ説明します。

Ⓐプロジェクトパネル

プロジェクトフォルダーの内容を表示します。

Ⓑデザイナーパネル

ワークフロー（.xamlファイル）に複数のアクティビティを配置し、その実行順を定義します。

Ⓒアクティビティパネル

ワークフローに配置できるアクティビティを表示します。

Ⓓプロパティパネル

デザイナーパネルで選択したアクティビティのプロパティ（設定一覧）を表示します。

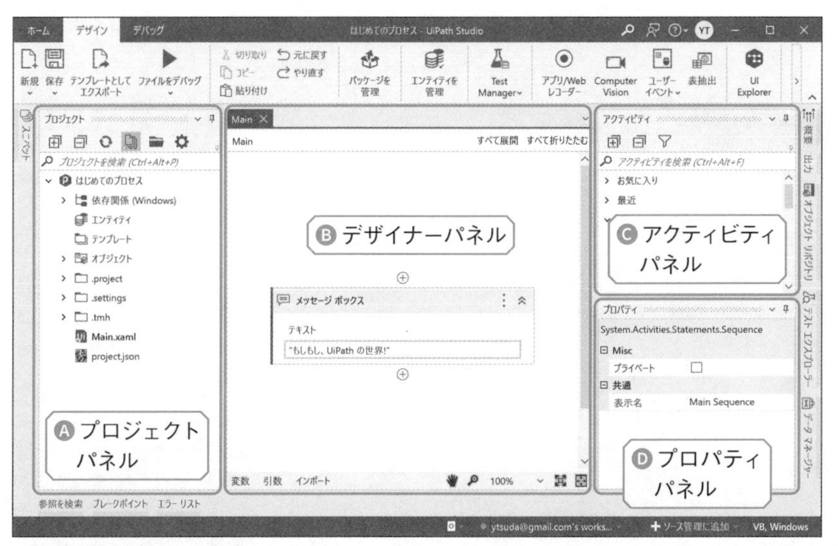

Hint

パネルの配置は変更できる

各パネルは、移動したり、Studioの外枠の中に隠したりできます。そのため、読者の環境のパネル配置は、この画面写真と異なっているかもしれません。

パネルを開く

パネルの表示位置は、パネル上部のタイトルもしくは下部のタブをドラッグして移動できます。使いたいパネルをすぐに見つけるには、次のようにします。

❶［Ctrl］＋［Tab］キーを押します。ウィンドウ切り替えウィンドウが表示されます。
❷ここではⒶの「🗀 プロジェクト」をクリックします。

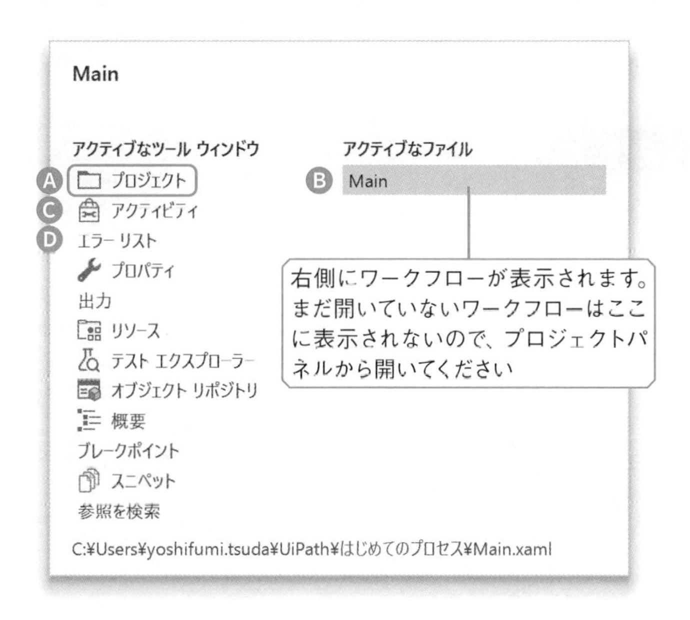

以上により、Ⓐ のプロジェクトパネルが前面に表示されます。

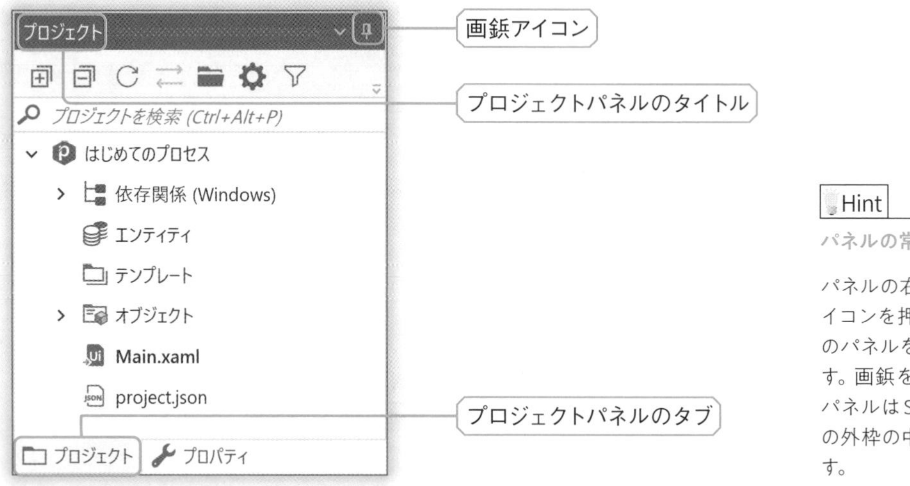

Hint

パネルの常時表示

パネルの右上にある画鋲アイコンを押し込む と、このパネルを常時表示できます。画鋲を外す と、このパネルはStudioウィンドウの外枠の中に自動で隠れます。

プロジェクトの設定を確認する

「プロジェクト設定」ウィンドウを使います。ここでは「モダンデザインエクスペリエンス」を有効にします。

❶プロジェクトパネルを開きます（→p.37 パネルを開く）。
❷ をクリックします。

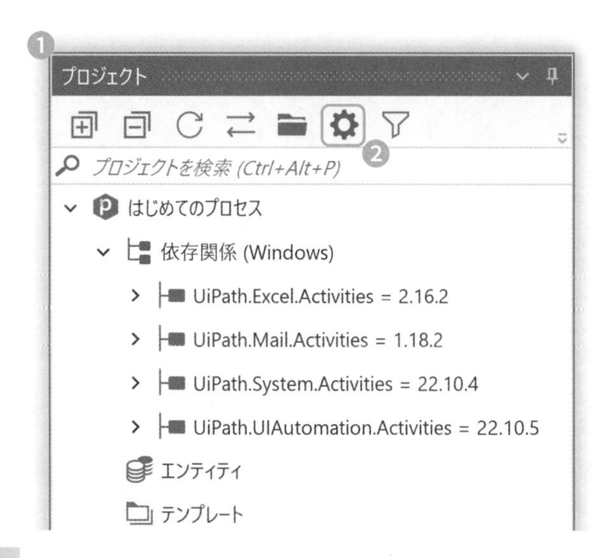

Hint

プロジェクトパネル上部のツールボタン

・ ……パネル内を展開します。
・ ……パネル内を省略します。
・ ……パネル内を最新の状態に更新します。
・ ……デザイナーパネルで開いているワークフローを、プロジェクトパネル内で選択します。
・ ……プロジェクトフォルダーを、ファイルエクスプローラーで開きます。
・ ……プロジェクトの設定を開きます。
・ ……表示する項目をフィルターします。

❸「プロジェクト設定」ウィンドウが開きます。

❹「モダンデザインエクスペリエンス」を「はい」にして、「OK」ボタンをクリックします。

Hint
このほかの設定項目

ここには、ほかにも多くの設定項目があります。詳細については、次を参照してください。

● オートメーションプロジェクトについて（Studioユーザーガイド）

https://docs.uipath.com/ja/studio/standalone/2023.4/user-guide/about-automation-projects

Hint
モダンエクスペリエンス

これは、画面（クリックや文字入力など）とExcelの操作について、新しいスタイルのアクティビティを使うことを指定します。本書では、必ず「はい」に設定してください（→p.160 UIモダンアクティビティを使う）。

❺確認ダイアログが表示されたら「再読み込み」ボタンをクリックします。

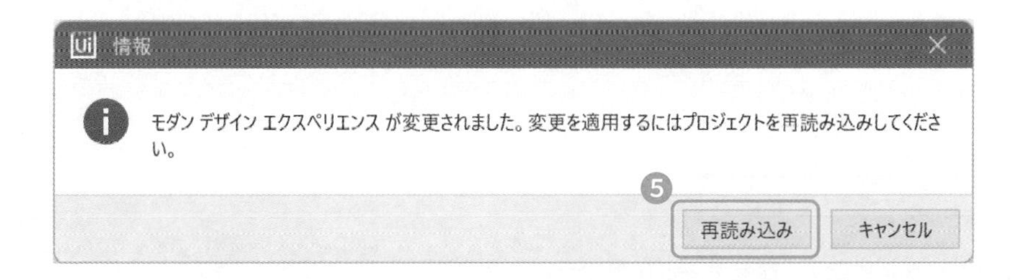

以上で、アクティビティパネルにUIモダンアクティビティが表示されるようになります。なお、Studio 21.10以降では、既定でモダンエクスペリエンスが有効となっています。

1-5 ワークフローを編集する

ワークフローの上に、処理の流れを作成する

UiPathにおけるプログラムをワークフローといいます。これは拡張子が.xamlのファイルです。この上に複数のアクティビティ（部品）を配置して、自動化を作成します。

ワークフローファイルを開く

❶プロジェクトパネルを開きます（→p.37 パネルを開く）。
❷編集したいワークフローをダブルクリックします。

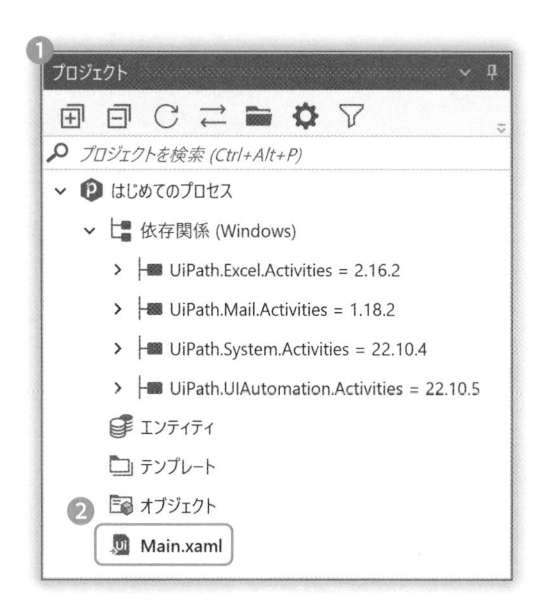

❸ワークフローがデザイナーパネルで開き、編集できる状態になります。

Hint

ワークフローの種類

シーケンス、フローチャート、ステートマシンの3つがあります。ほとんどの場合でシーケンスが最も使いやすいため、本書はシーケンスについてのみ説明します。既定のワークフロー Main.xamlもシーケンスです。

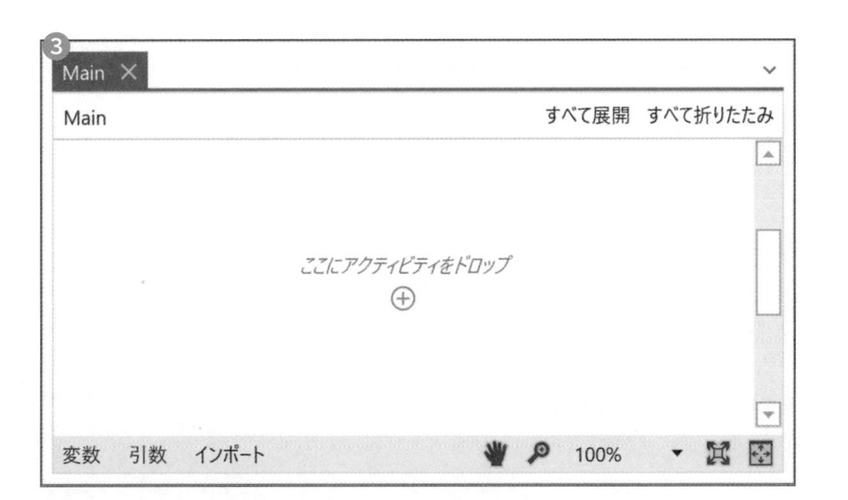

Hint

デザイナーパネル下部のツールボタン

・……デザイナーパネルを、マウスのドラッグでスクロールできるようにします。
・……ズームの倍率を100%にリセットします。
・……画面に合わせてズームの倍率を調整します。
・……概要ウィンドウを表示します。

1

アクティビティを配置する

さまざまな操作を自動化するための部品をアクティビティといいます。アクティビティをワークフロー上に配置するには、アクティビティパネルからワークフローにドラッグ＆ドロップしてください。

❶ Main.xamlを開きます（→p.40 ワークフローファイルを開く）。
❷アクティビティパネルを開きます（→p.37 パネルを開く）。
❸配置したいアクティビティをドラッグして、配置したい場所にドロップします。

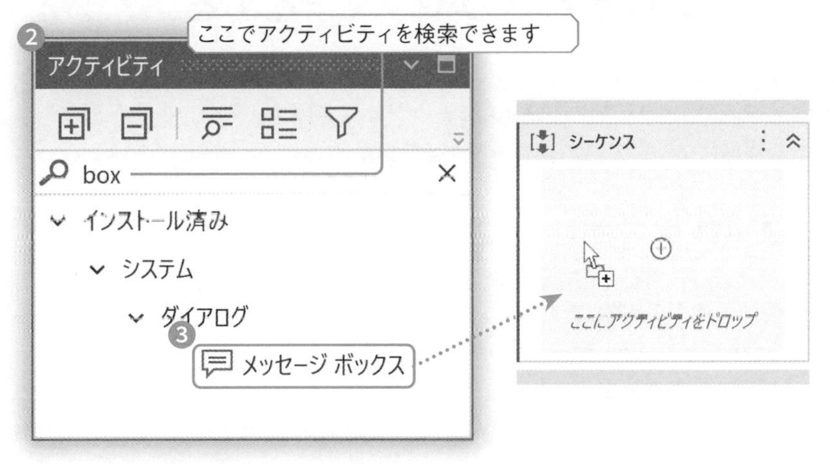

Hint

アクティビティパネル上部のツールボタン

・……パネル内を展開します。
・………パネル内を省略します。
・…アクティビティの説明も検索できるようにします。
・…アクティビティをグループ化して表示します。
・…アクティビティをフィルターして表示します。

以上で、『メッセージボックス』をワークフローに配置できます。

アクティビティをスムーズに配置するためのヒント

アクティビティを配置するたびに、アクティビティパネルの中を探し回るのは大変です。素早くアクティビティを追加するコツを紹介します。

コツ① よく使うアクティビティは、お気に入りに登録しましょう。アクティビティパネルでアクティビティを右クリックし、「お気に入りに追加」を選択してください。

コツ② アクティビティは、英語の表示名でも検索できます。よく使うアクティビティを探せるキーワードを決めておきましょう。たとえば『シーケンス』（sequence）はseq、『代入』（assign）はass、『メッセージボックス』（message box）はboxですぐに見つかります。

コツ③ どのアクティビティを使うべきか分からないときは、アクティビティパネル上部の を押し込んで「説明で検索」を有効にしましょう。アクティビティの説明文も検索対象になります。この説明文は、アクティビティの上にマウスをホバーすると表示されます。

コツ④ 配置したい場所に ⊕ 丸十字アイコンがないときは、すぐ近くの丸十字アイコンでアクティビティを配置し、それをドラッグして配置したい場所に移動しましょう。アクティビティパネルからドラッグするより簡単です。

Hint

アクティビティを配置するそのほかの方法

次のいずれかの方法でも、アクティビティを配置できます。

Ⓐ [Ctrlt] + [Shift] + [T] キーを押して検索窓を開き、アクティビティを検索します。
Ⓑ [Ctrl+Alt+F] でアクティビティパネルを開き、アクティビティを検索します。
Ⓒ 配置したいアクティビティを、アクティビティパネルでダブルクリックします。
Ⓓ アクティビティを配置したい場所で ⊕ をクリックし、アクティビティを検索します。

『シーケンス』で、処理をわかりやすくまとめる

複数のアクティビティを配置したら、意味のある単位で『シーケンス』の中にまとめましょう。ワークフローがとても読みやすくなります。末端の『シーケンス』に含まれるアクティビティの数が2～3個程度になるまで、この操作を繰り返してください。

❶まとめたいアクティビティを見つけます。ここでは、『代入』と『メッセージボックス』をまとめます。
❷『シーケンス』をまとめたい処理の近くに配置します。
❸まとめたいアクティビティをドラッグして、『シーケンス』の中に移動します。
❹まとめた『シーケンス』は、右上の で省略表示します。

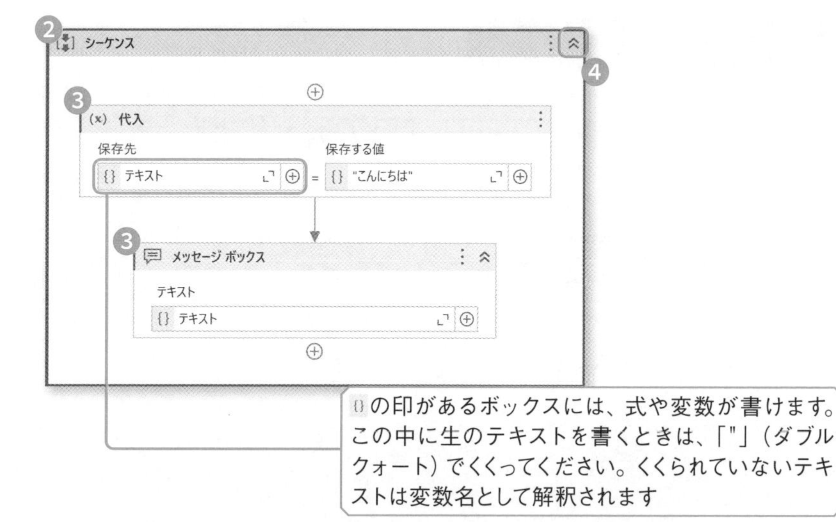
シーケンス
代入
保存先
保存する値
テキスト
"こんにちは"
メッセージ ボックス
テキスト
テキスト
{} の印があるボックスには、式や変数が書けます。この中に生のテキストを書くときは、「"」(ダブルクォート)でくくってください。くくられていないテキストは変数名として解釈されます

以上で、画面に表示される情報が多くなり、ワークフローが読みやすくなります。

Hint

複数の『シーケンス』を『シーケンス』でまとめる

このような構造を『シーケンス』の入れ子といいます。適切な入れ子であれば、深くなってもまったく問題ありません。どんどん入れ子を作りましょう。

表示名の変更と、注釈の追加

『シーケンス』の表示名を変更して、まとめた処理を簡潔に説明してください。[F2] キーで変更できます。必要に応じて、注釈も [Shift] + [F2] キーで追加できます。ただし、注釈の追加は必要最低限にし、書かなくてもわかることは書かないようにしてください。不要な注釈を丁寧に書くと、短い時間でワークフローを作成することが難しくなります。

Hint

処理をまとめた『シーケンス』の表示名を変更すれば十分

多くの場合、『シーケンス』の中にまとめた各アクティビティの表示名は、変更の必要はありません。ただし『シーケンス』による分割とまとめは十分に行ってください。

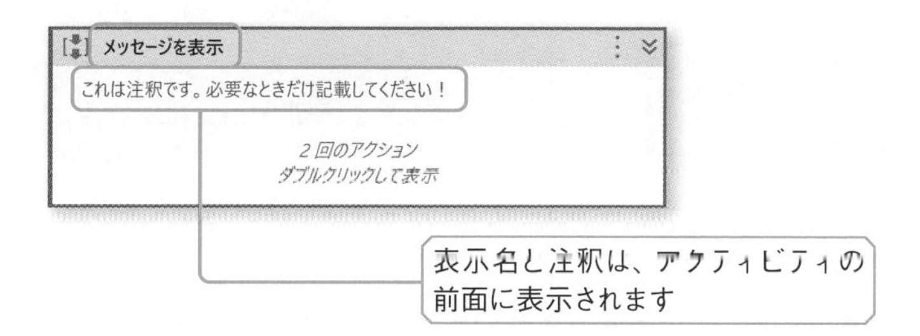
メッセージを表示
これは注釈です。必要なときだけ記載してください！
2 回のアクション
ダブルクリックして表示
表示名と注釈は、アクティビティの前面に表示されます

「パンくずリスト」の活用

子アクティビティをダブルクリックすると、その親アクティビティが非表示になり、ワークフローが見やすくなります。「パンくずリスト」をクリックすると、親アクティビティが再表示されます。

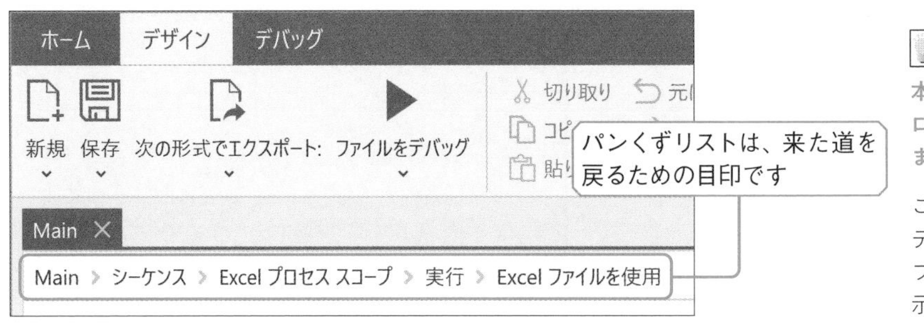

Hint

本書のサンプルワークフローにはパンくずを併記しました

これにより、親アクティビティの表示を省略し、サンプルワークフローを簡潔に示しました。

本書では、上記のパンくずリストを次のように表示します。

パンくず Excelプロセススコープ > Excelファイルを使用

冗長な『シーケンス』を削除する

前述の通り、『シーケンス』で関連する処理をまとめるのは、ワークフローを作成する上で最も重要なテクニックの1つです。しかし、冗長な『シーケンス』は削除した方がワークフローは見やすくなります。

●冗長な『シーケンス』の例

Hint

冗長なシーケンスを削除するには

内側のアクティビティを[Ctrl] + [X] キーでカット、冗長な『シーケンス』を[Del] キーで削除、カットしたアクティビティを[Ctrl] + [V] キーでペースト、の手順で削除できます。なお誤った操作は[Ctrl] + [Z] キーで元に戻せます。

Hint

冗長な『シーケンス』を非表示にするには

Studio 22.10以降では、「ホーム」リボンの「設定」にある「デザイン」タブの「シーケンスを非表示」をオンにすると、冗長な『シーケンス』が非表示になります。

●冗長な『シーケンス』を削除した後

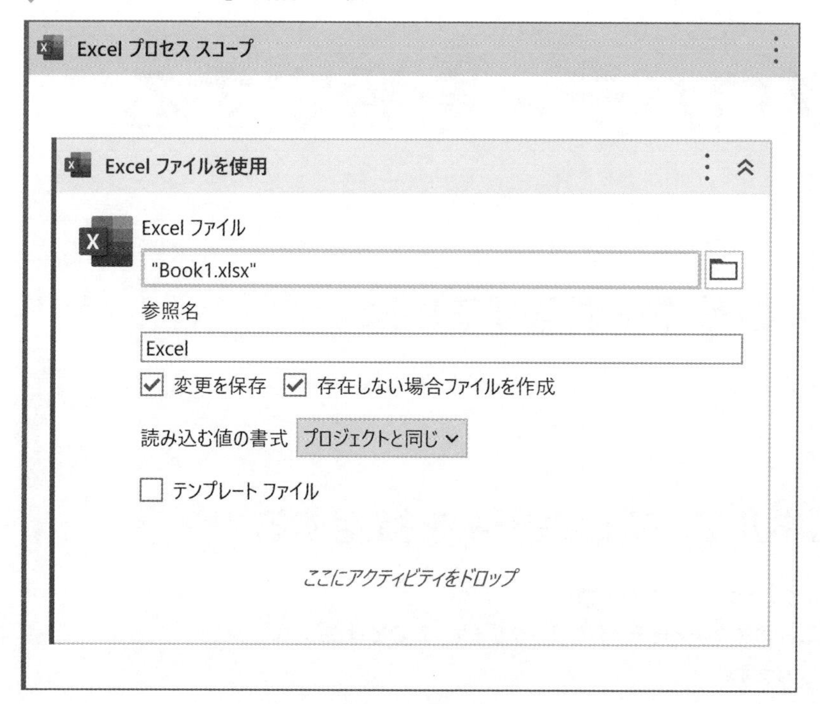

Hint

『シーケンス』は、実行しても何も起きない

『シーケンス』の機能は、ワークフローの設計時にほかのアクティビティを整理して名前をつけることだけです。ワークフローの実行時には、『シーケンス』は何もしません。

1-6 プロパティを設定する

アクティビティの動作を調整するには

プロパティとは、アクティビティの設定のことです。アクティビティの動作は、プロパティで調整できます。

プロパティパネルで、プロパティを指定する

❶プロパティパネルを開きます（→p.37 パネルを開く）。
❷デザイナーパネルに配置済みのアクティビティをクリックします。ここでは、『メッセージボックス』をクリックします。
❸指定したいプロパティに値を設定します。ここでは、「テキスト」プロパティに次の式を設定します。

```
"もしもし、UiPathの世界!"
```

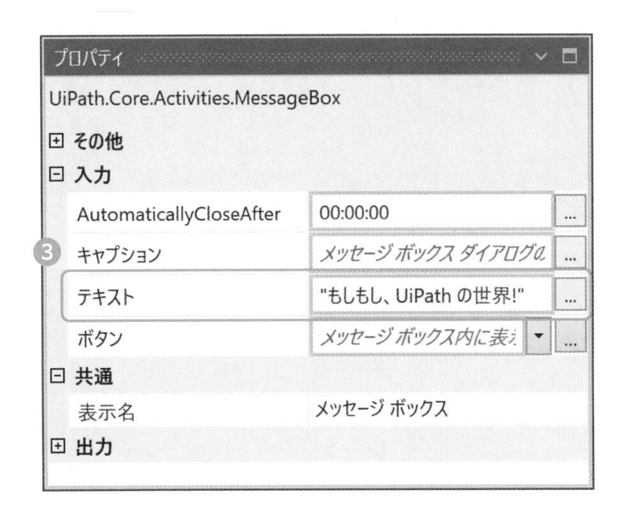

Hint

プロパティには変数も指定できる

この例では、生のテキストを直接指定しています。変数でテキストを指定する方法については、次を参照してください（→p.96 変数を加工して、別のテキストを得る）。

共通のプロパティ

多くのアクティビティが装備する共通のプロパティです。

Hint

『クリック』などのUIアクティビティに共通のプロパティ

次の解説を参照してください（→p.179 UIモダンアクティビティに共通のプロパティ）。

●共通のプロパティ

プロパティ名	説明
表示名	このアクティビティの名前。アクティビティ前面で[F2]キーを押しても変更できる
エラー発生時に実行を継続	Trueにすると、このアクティビティ実行によりエラーが発生しても例外はスローされない
プライベート	Miscカテゴリにある。「アクティビティをログ」を有効にしたとき、変数やプロパティの値はログに出力されないようにする（→p.60 デバッグリボンの使い方）。なお『シーケンス』の「プライベート」をTrueにすると、その中に配置されたアクティビティもすべてプライベートとして扱われる

式エディターの活用

プロパティには、プロパティパネル右端に … ボタンを持つものがあります。このボタンで「式エディター」ウィンドウが開き、この中でプロパティに指定する式を編集できます。

アクティビティの前面で、プロパティを指定する

指定が必須のプロパティは、アクティビティの前面でも設定できます。ここでは、『メッセージボックス』の「テキスト」プロパティをアクティビティの前面で指定します。

❶『メッセージボックス』を配置します（→p.41 アクティビティを配置する）。

❷アクティビティの前面で、設定したいプロパティ値を入力します。ここでは、次のように入力します。

"もしもし、UiPathの世界!"

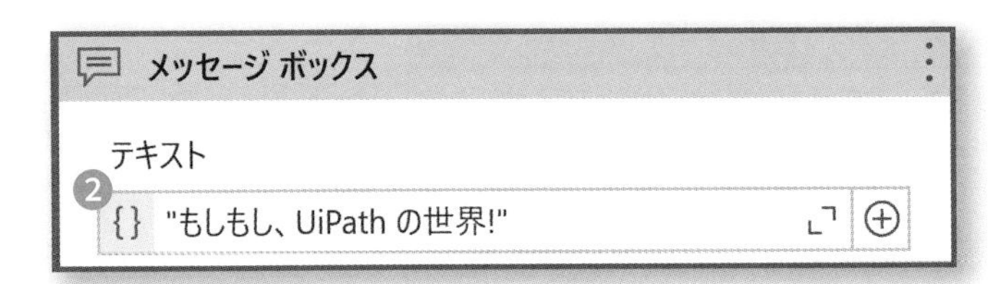

以上で、プロパティに値を設定できました。プロパティパネルを開き、この値がプロパティパネルにも反映されていることを確認してください（→p.37 パネルを開く）。

1-7 変数を使う

データ値は、変数に『代入』して保持する

ワークフローでは、テキストや整数など、さまざまな種類の値を扱います。この値の種類のことを「型」(もしくは「データ型」)といいます。テキストはString型、整数はInt32型です。値は、同じ型の変数に『代入』できます。たとえばString型の値はString型の変数に、Int32型の値はInt32型の変数に、それぞれ代入できます。型によって、その値に対してできる操作(演算)が異なります。

Hint

変数とは

プログラムの中で、データに名前をつけて一時的に記憶しておくための箱のようなものです。

基本的な型

UiPathでよく使う変数の型には、次のものがあります。既定値とは、その型の変数に最初から入っている値のことです。

●基本的な型

値の種類	型名	説明	既定値
文字列	String	"ほえほえ" のようなテキスト	Nothing
整数	Int32	3のような数字	0
真偽値	Boolean	TrueかFalseのどちらかの値	False
日時	System.DateTime	時間的な位置。2022/8/4 03:00:00 のような値	0001/01/01 00:00:00
期間	System.TimeSpan	時間的な距離。15:00:00 のような値。日数の成分も表現可能	0.00:00:00
倍精度小数点数	System.Double	3.5のような小数点がつく数値	0
通貨	System.Decimal	有効桁数が広く、誤差が生じにくい小数点数。金額を扱うのに適す	0

Hint

値型と参照型

左の表のうち、String型だけは参照型に分類されます。表中のほかの型はすべて値型の仲間です。Nothingは、変数が空っぽであることを示す特別な値です。値型の変数は空っぽにできないため、Nothingは代入できません(代入すると、既定値に変わります)。左の表に示した以外にも多くの型がありますが、そのほとんどは参照型です。

Hint

DateTime型の既定値

これはDateTime.MinValueと同じ値です。

変数の作成と利用

変数は、デザイナーパネル下部にある変数パネルで作成するほか、式を記述できるさまざまな場所の右端の⊕丸十字アイコンから「(v)変数の作成」でも作成できます。作成したら変数パネルを開き、意図した型とスコープになっているか確認してください。ここでは、『クリップボードから取得』から出力されるテキストを変数に受け取って、それを『メッセージボックス』に入力します。

❶『クリップボードから取得』を配置します（→p.41 アクティビティを配置する）。
❷『メッセージボックス』を配置します（→p.41 アクティビティを配置する）。

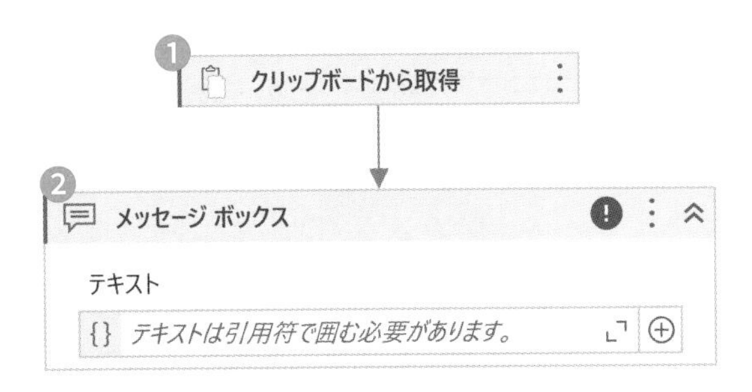

❸『クリップボードから取得』のプロパティパネルで、「結果」の右端の⊕丸十字アイコンから「(v)変数を作成」を選択します。ここで変数名「テキスト」を入力します。

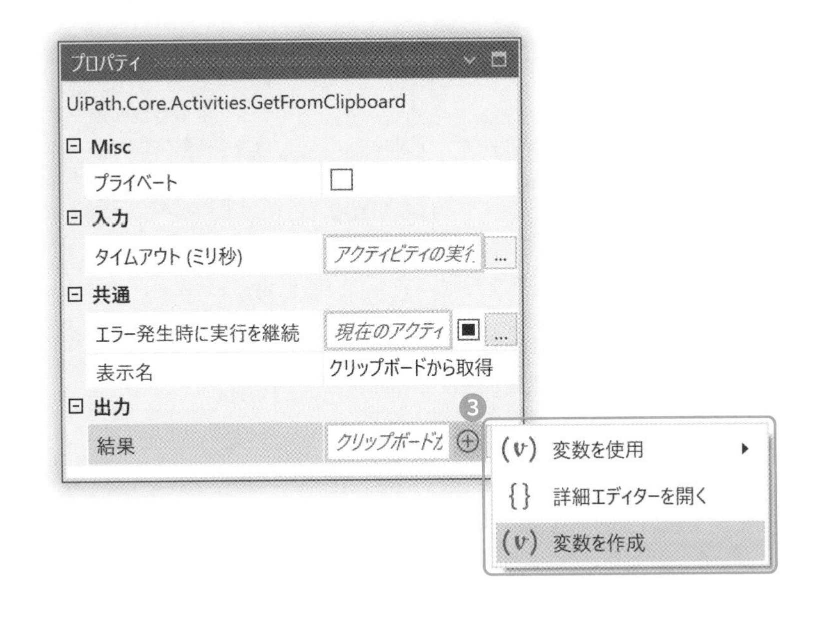

Hint

『メッセージボックス』右上のアイコンについて

❗は、設計時エラーがあることを示します。このアイコンの上にマウスをホバーすると、エラーの内容を確認できます。このエラーは、次ページの❺の手順で解消します。

Hint

[Ctrl]＋[K]を押しても変数を作成できる

「変数を作成」を選択する代わりに、[Ctrl]＋[K]キーを押しても変数を作成できます。このあと、変数名を入力してください。

❹デザイナーパネル下部から「変数」パネルを開き、変数「テキスト」が意図通り、String型で作成されていることを確認します。

名前	変数の型	スコープ	既定
テキスト	String	シーケンス	VB の式を入力
変数を作成			

変数　引数　インポート　100%

❺『メッセージボックス』の「テキスト」右端の⊕をクリックし、「変数を使用」→「テキスト」を選択します。

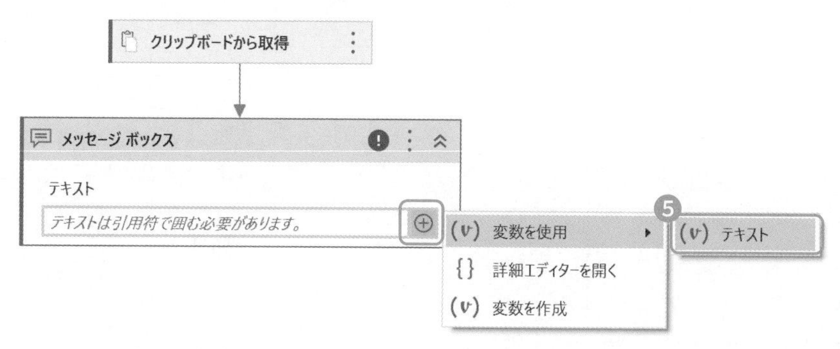

ここまでできたら、リボンの「ファイルをデバッグ」ボタンから実行してください。クリップボードにあるテキストがメッセージボックスで表示されます。クリップボードにテキストがないときは、テキストがコピーされるまで待機します（→p.204 クリップボードのテキストを取り出す）。

データマネージャーパネルの活用

変数パネルには、デザイナーパネルで選択したシーケンスの外側にある変数は表示されません。一方で、データマネージャーパネルには、このワークフローに作成された変数がすべて表示されます。もし作成したはずの変数が行方不明になったら、データマネージャーパネルで探してください。変数のスコープも、ここでわかりやすく調整できます。

Hint

式の中を範囲選択して[Ctrl]＋[K]キーを押しても変数を作成できる

範囲選択した部分は変数名になります。

Hint

プロパティは、入力プロパティと出力プロパティに分類される

アクティビティに入力する値を指定するのが入力プロパティ、アクティビティから出力される値を受け取るのが出力プロパティです。ここでは、『クリップボードから取得』の出力プロパティから出てきたテキストを変数で受け取って、これを『メッセージボックス』の入力プロパティに入れています。

Hint

変数のスコープ

変数は、『シーケンス』の中に作成できます。この『シーケンス』を、変数のスコープ（範囲）といいます。変数が使えるのは、そのスコープの中でだけです。

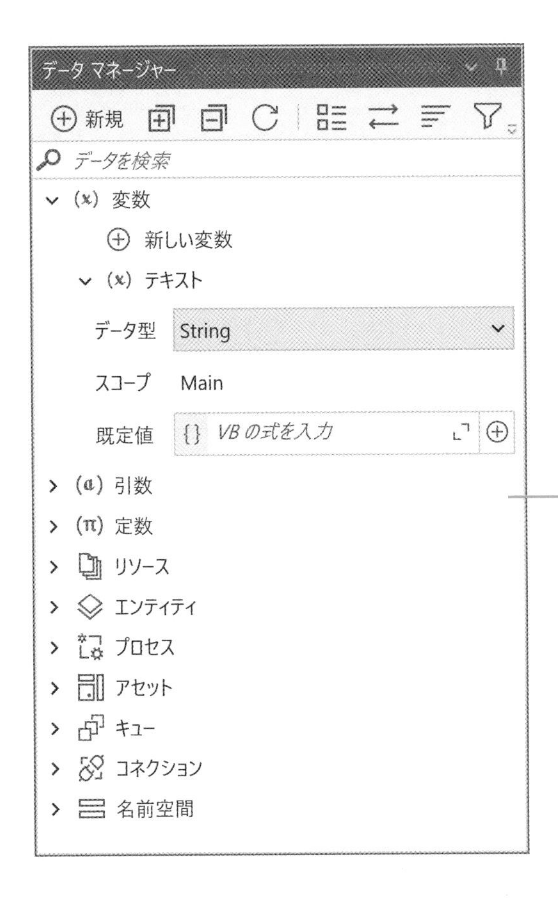

データマネージャーパネルには、このワークフローにあるすべての変数が表示されます

Hint

データマネージャーパネル上部のツールボタン

- ⊕新規……変数/引数/定数を新規作成します。
- ⊞……パネル内を展開します。
- ⊟……パネル内を省略します。
- ↻……パネル内を最新の状態に更新します。
- ☷……変数をスコープでグループ化します。
- ⇄……デザイナーパネルで選択したアクティビティから利用できない変数は非表示にします。
- ☰……表示する項目をソートします。
- ▽……表示する項目をフィルターします。

Hint

変数のスコープはなるべく狭くする

変数の数が多いと、短時間で意図通りワークフローを作ることが難しくなってしまいます。変数のスコープを狭くすると、一度に扱うべき変数の数が減り、ワークフローがわかりやすくなります。

Hint

アクセスできない変数を隠すには

データマネージャー上部の⇄を押し込むと、スコープ外でアクセスできない変数は非表示になります（デザイナーパネル上で選択されたアクティビティと同期します）。作成した変数が多いとき、とても便利です。

1-8 アクティビティの実行順序を制御する

ワークフローに配置したアクティビティの実行順序を制御するには

アクティビティは、上から順に実行されます。条件に応じて処理を分岐したり、繰り返したりできます。

条件に応じて、処理を分岐する

『条件分岐(else if)』を使います。Else Ifセクションにより、分岐をいくつでも追加できます。条件式の書き方は次を参照してください(→p.92 条件式を書く)。

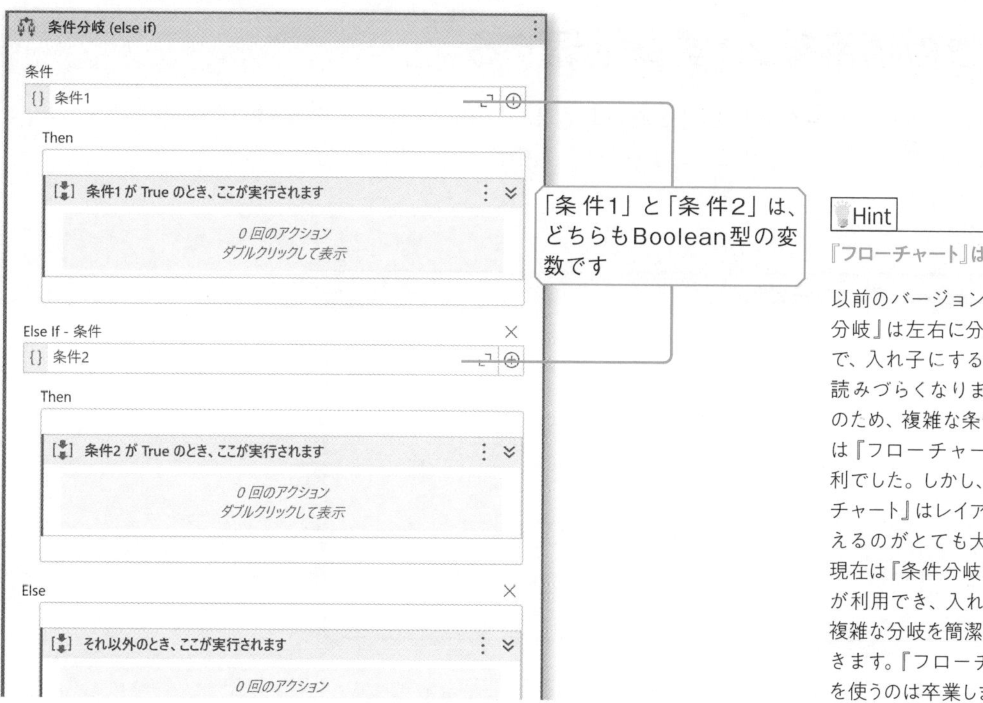

Hint

『フローチャート』は使わない

以前のバージョンの『条件分岐』は左右に分岐するので、入れ子にするととても読みづらくなりました。そのため、複雑な条件分岐には『フローチャート』が便利でした。しかし、『フローチャート』はレイアウトを整えるのがとても大変です。現在は『条件分岐(else if)』が利用でき、入れ子なしで複雑な分岐を簡潔に表現できます。『フローチャート』を使うのは卒業しましょう。

変数の値に応じて、処理を分岐する

『条件分岐（switch）』を使います。次の例は、String型（テキスト）の変数「食材」の値に応じて処理を分岐します。式（Expression）にString型の変数を使うときは、プロパティパネルで「TypeArgument」にStringを指定してください。

Hint

式がどのCaseにも一致しないときは

Default節が実行されます。

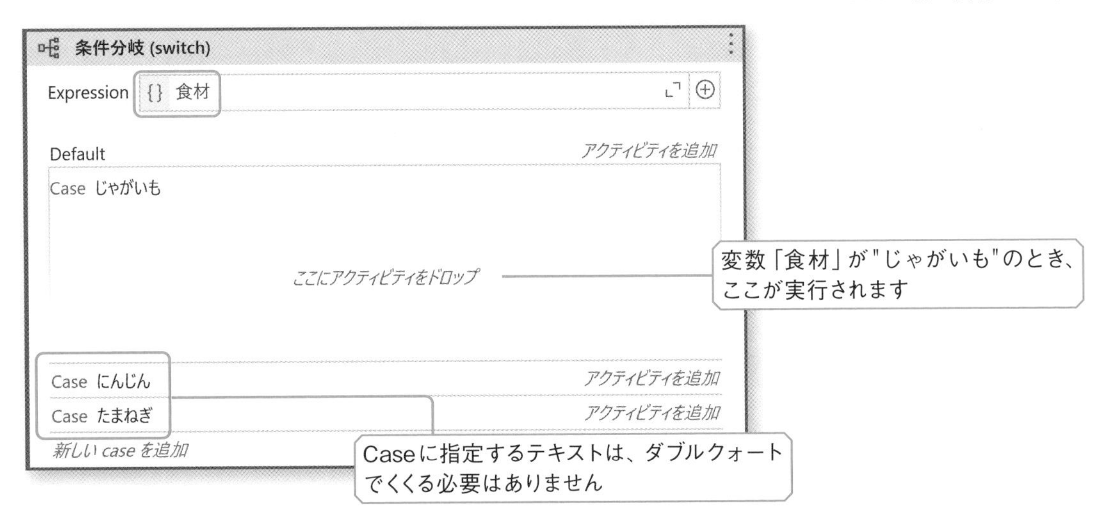

複数の項目を1つずつ処理する

『繰り返し（コレクションの各要素）』を使います。String型（テキスト）の配列に含まれる要素を1つずつ処理する例を示します。詳細は、次を参照してください（→p.310 列挙データから、要素を順に取り出す）。

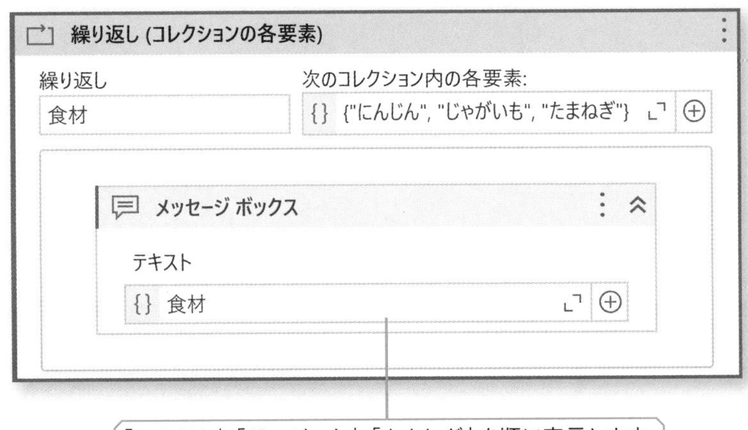

●繰り返しアクティビティの種類

アクティビティ名 （繰り返し変数の型）	1つずつ取り出す項目
『繰り返し（コレクションの各要素）』 （TypeArgumentプロパティで指定）	配列やリスト内の要素 （→p.54 複数の項目を1つずつ処理する）
『繰り返し（前判定）』 （なし）	条件がTrueなら繰り返し （条件を判定するのは、各繰り返しの実行前）
『繰り返し（後判定）』 （なし）	条件がTrueなら繰り返し （条件を判定するのは、各繰り返しの実行後）
『繰り返し（各UI要素）』 （UiPath.Core.UiElement）	ブラウザー上の同じ種類のUI要素 （→p.217 並んだUI要素を順に操作する）
『繰り返し（フォルダー内の各ファイル）』 （System.IO.FileInfo）	指定のフォルダー内のファイル （→p.113 フォルダー内のファイルを列挙する）
『繰り返し（フォルダー内の各フォルダー）』 （System.IO.DirectoryInfo）	指定のフォルダー内のフォルダー →p.113 フォルダー内のフォルダーを列挙する）
『繰り返し（データテーブルの各行）』 （System.Data.DataRow）	DataTable型の変数に含まれる行 （→p.350 データテーブルを1行ずつ処理する）
『繰り返し（Excelの各行）』 （CurrentRowQuickHandle）	Excelの範囲に含まれる行 （→p.255 範囲内の行を、上から順に処理する）
『繰り返し（Excel の各シート）』 （UiPath.Excel.WorksheetQuickHandle）	Excelに含まれるシート名 （→p.300 すべてのシート名を列挙する）
『繰り返し（各メール）』 （System.Net.Mail.MailMessage）	条件に合致するメールメッセージ （→p.384 メールを受信する）
『繰り返し（ファイル / フォルダー）』 （Microsoft.Graph.DriveItem）	OneDrive上のファイル / フォルダー （→p.397 OneDriveを操作するアクティビティ一覧）

このほかにも、多くのパッケージにさまざまな繰り返しアクティビティが用意されています。

1-9 実行時のエラーに対処する

エラーが発生すると、制御はすぐに『トライキャッチ』の「キャッチ」節に移る

アクティビティの実行中にエラーが発生すると、このアクティビティはエラー情報を含む例外（Exception型のデータ）をスローし（投げ）ます。すると、後続のアクティビティの実行はすべてスキップされ、外側の『トライキャッチ』のCatch節にジャンプします。『トライキャッチ』がないときは、この例外はワークフローの外までとんでいき、このプロセスは異常終了します。例外が発生しても自動化プロセスが異常終了しないようにするには、例外をスローしそうなアクティビティをすべて『トライキャッチ』の中に入れて、例外を漏らさないようにしてください。

『トライキャッチ』を構成する

❶『トライキャッチ』を配置します（p.41 アクティビティを配置する）。
❷「Add new catch」から、「System.Exception」を選択します。ExceptionのCatch節が作成されます。
❸Catch節の中にエラー処理を作成します。ここでは『メッセージボックス』でエラーメッセージを表示し、『メッセージをログ』でエラー情報をログに出力します。

Hint

エラー処理

このほか典型的なエラー処理としては、画面写真を撮影しておくとか、担当者にメールを送信するなどが有益です（→p.205 画面写真を撮影する）。

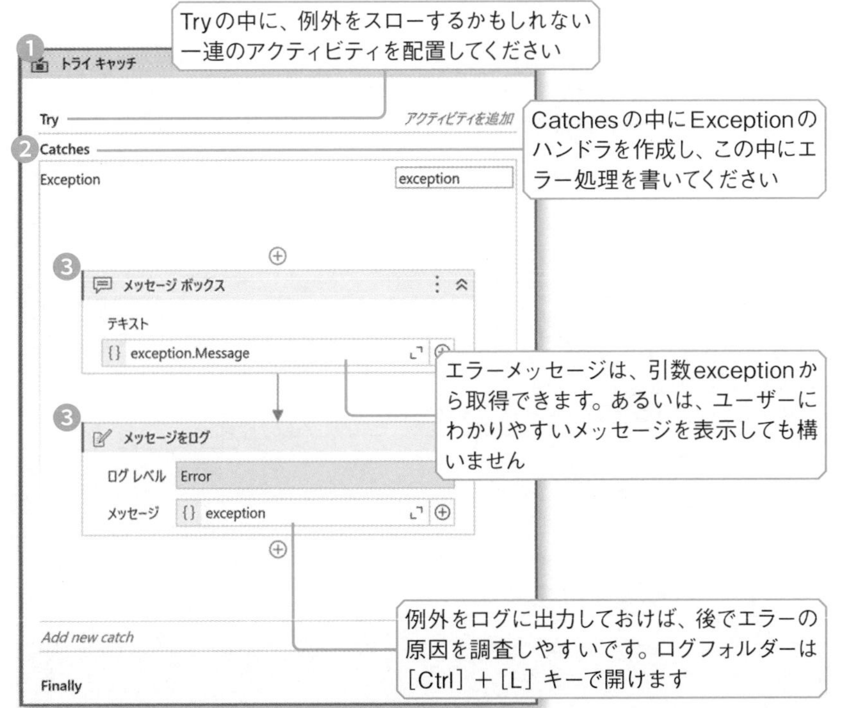

Tryの中に、例外をスローするかもしれない一連のアクティビティを配置してください
トライ キャッチ
Try
アクティビティを追加
Catchesの中にExceptionのハンドラを作成し、この中にエラー処理を書いてください
Catches
Exception
exception
メッセージ ボックス
テキスト
exception.Message
エラーメッセージは、引数exceptionから取得できます。あるいは、ユーザーにわかりやすいメッセージを表示しても構いません
メッセージをログ
ログ レベル
Error
メッセージ
exception
例外をログに出力しておけば、後でエラーの原因を調査しやすいです。ログフォルダーは［Ctrl］＋［L］キーで開けます
Add new catch
Finally

Hint

例外が漏れた経路を確認するには

実行証跡を有効にしておくと、例外が漏れた経路が各アクティビティの右上に表示されます（→p.60 デバッグリボンの使い方）。

Hint

Finally節

『トライキャッチ』のFinally節は、例外が発生してもしなくても、最後に必ず実行されます。ただし、『トライキャッチ』から例外が漏れるときに限り、そのFinally節は実行されません。これを避けるには、System.ExceptionのCatch節を作成し、かつ例外をCatch節からスロー（再スロー）しないでください。そうしておけば例外が漏れることはなく、Finally節が必ず実行されます。

『リトライスコープ』を構成する

『リトライスコープ』は、その中の任意のアクティビティが失敗（例外をスロー）したら、その中を先頭からリトライします。また、この中を最後まで実行したときに条件を評価し、これが失敗（False）なら、やはりその中を先頭からリトライします。リトライした回数が、プロパティ「リトライの回数」に設定された数を超えたら、リトライせずにこの例外をそのまま外に漏らします。

Hint

『リトライスコープ』の中に入れるアクティビティ

アクティビティをたくさん入れると、成功したアクティビティも再実行することになり、非効率です。失敗する可能性があるアクティビティだけを、再実行できる単位で小さく区切って『リトライスコープ』の中に入れることをお勧めします。

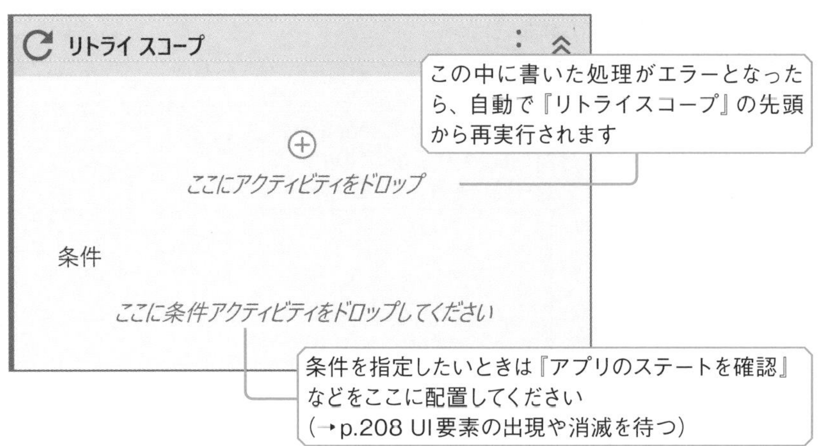
リトライ スコープ
この中に書いた処理がエラーとなったら、自動で『リトライスコープ』の先頭から再実行されます
ここにアクティビティをドロップ
条件
ここに条件アクティビティをドロップしてください
条件を指定したいときは『アプリのステートを確認』などをここに配置してください
(→p.208 UI要素の出現や消滅を待つ)

Hint

エラーの後始末をしてから再実行するには

『リトライスコープ』の中に『トライキャッチ』を配置し、Tryの中にリトライしたい処理を配置してください。そのCatch節でエラーの後始末（エラーダイアログを閉じるなど）をしてから『再スロー』すると、再実行できます。

Hint

『リトライスコープ』よりもUIアクティビティの検証機能を使う

検証機能の方が高度なリトライを簡単に構成できます（→p.182 クリックに失敗したら、自動で再クリックさせる／→p.186 文字の入力に失敗したら、自動で再入力させる）。

意図してエラーを発生させる

『スロー』は、例外をスローします。この結果、後続のアクティビティの実行はすべてスキップされ、外側の『トライキャッチ』のCatch節にジャンプします。外側に『トライキャッチ』がないときは、この自動化プロセスは異常終了します。

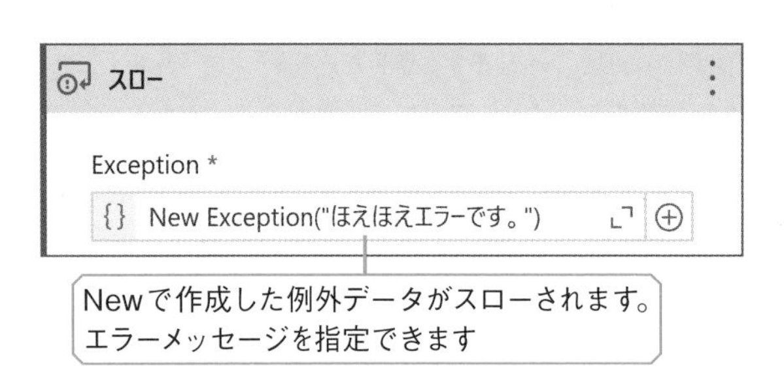
スロー
Exception *
New Exception("ほえほえエラーです。")
Newで作成した例外データがスローされます。エラーメッセージを指定できます

Hint

例外をスローし直すには

『トライキャッチ』のCatch節の中に配置された『再スロー』は、キャッチした例外をそのままスローし直します。これにより、ログを出力してから『再スロー』して、自動化プロセスを異常終了させるなどのことができます。

1-10 Studioの検索機能を活用する

Studioで利用可能な検索機能

検索すると、必要なものがすぐに見つかります。これを活用して、ワークフローを短い時間で作成してください。

まとめて検索

[Ctrl] + [F] キーで、さまざまなものをまとめて検索します。

開きたいワークフローファイル名を検索

[Ctrl] +[Shift] + [F] キーで、プロジェクト内のファイルを開きます。

配置したいアクティビティを検索

[Ctrl] + [Shift] + [T] キーで検索ウィンドウを開き、アクティビティを検索します。あるいは、[Ctrl] + [Alt] + [F] キーでアクティビティパネルを開き、アクティビティを検索します。

配置済みのアクティビティを検索

[Ctrl] + [J] キーで、配置済みのアクティビティにジャンプします。

変数を使っている箇所を検索

変数パネルで変数を右クリックして「参照を検索」すると、この変数を使っている箇所がすべて表示されます。

ワークフローを呼び出している個所を検索

プロジェクトパネルでワークフローを右クリックして「参照を検索」すると、このワークフローを『ワークフローファイルを呼び出し』している箇所がすべて表示されます。

1-11 ワークフローをデバッグする

Studioのデバッグ機能はとても強力

デバッグの各機能は、デバッグリボンで呼び出せます。どれを押しても壊れたりしないので、端から順に全部押してみましょう。すぐに使い方がわかるはずです。

「デバッグ実行」と「実行」

Studioでワークフローを実行するには、「実行」と「デバッグ実行」のどちらかを使います。通常は「デバッグ実行」を使うと良いでしょう。

Hint

「ファイルをデバッグ」と「デバッグ」の違い

・**ファイルをデバッグ**……デザイナーパネルで開いているワークフローの先頭から、デバッグ実行を開始します。
・**デバッグ**……Main.xamlの先頭から、デバッグ実行を開始します。

デバッグ実行

ワークフローの実行速度はかなり遅いですが、Studioのデバッグ機能を利用できます。ブレークポイントを設定した箇所や、エラーが発生した箇所で自動的に一時停止します。停止中は、ローカルパネルで変数の値を確認したり、変更したりできます。

実行

Assistantから実行したときと同じように、ワークフローをとても高速に実行します。ただし、Studioのデバッグ機能は利用できません。出力パネルでログ出力をリアルタイムに確認することはできます。

デバッグリボンの使い方

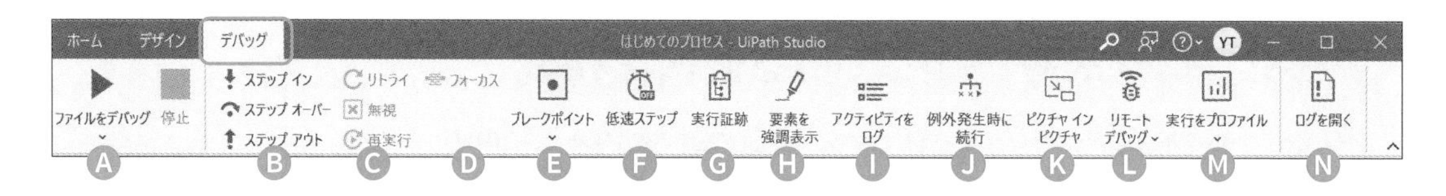

Ⓐファイルをデバッグ

デバッグ実行を開始します。ブレークポイントが設定されている箇所で一時停止します。

Ⓑステップイン

停止した状態から、次のアクティビティを1つだけ実行して再停止します。このボタンからデバッグ実行を開始することもできます。一時停止した状態で、繰り返し押してください。「ステップオーバー」と「ステップアウト」も同様ですが、ボタンを押してから再停止するまでに実行するアクティビティの数が多く（範囲が広く）なります。

Ⓒリトライ

例外をスローしたアクティビティを再実行します。たとえば、『クリック』したいアプリが画面上に見つかないとき、『クリック』は例外をスローし、デバッグ実行は自動で一時停止します。このとき、そのアプリを手動で起動してから「リトライ」ボタンを押せば、例外をスローしたアクティビティ（この例では『クリック』）の実行からデバッグを再開できます。ワークフローを最初からデバッグし直す必要はありません。

Ⓓフォーカス

停止中のアクティビティに戻ります。今どこで停止しているか、わからなくなったときに押してください。

Ⓔブレークポイント

選択したアクティビティにブレークポイントを設定します。デバッグ実行は、ここで自動的に一時停止します。一時停止したら、ローカルパネルで変数値を確認したり、「続行」や「ステップイン」でデバッグ実行を継続したりできます。

Ⓕ低速ステップ

デバッグ実行がゆっくりになり、ワークフローの処理を目で追えるようになります。この速さは4段階に切り替えられます。ステップインを連打するよりも楽にデバッグできます。

Ⓖ実行証跡

デバッグ実行すると、アクティビティの右上に実行中、実行済み、例外漏れ、の印がつきます。デバッグで実行済みの実行経路や、例外が漏れた経路を確認できます。実行証跡のは実行時エラーであり、設計時エラーではないことに注意してください。

Ⓗ 要素を強調表示

実行中のアクティビティが操作対象とするUI要素（ボタンなど）が強調表示されるようになります。

Ⓘ アクティビティをログ

すべてのアクティビティが、自動で詳細なログを出すようになります。この詳細なログには、変数やプロパティの内容も含まれます。変数にパスワードが入っているときなどは、それがログに出力されないように、各アクティビティの「プライベート」プロパティをTrueにしてください。変数とプロパティがログに出ないようになります。『シーケンス』をプライベートにすると、その中のアクティビティもすべてプライベートとして扱われます。

Ⓙ 例外発生時に続行

例外が発生しても、デバッグ実行が自動で停止しないようになります。その場合でも、ブレークポイントでは停止します。『トライキャッチ』のCatch節にブレークポイントを設定したら、押しておくと良いでしょう。

Ⓚ ピクチャインピクチャ

このプロセスをピクチャインピクチャでデバッグ/実行します(→p.73 ピクチャインピクチャを使う)。

Ⓛ リモートデバッグ

現在Studioで開いているプロセスプロジェクトを、別のPC上のRobotsでデバッグ実行します。Unattendedのプロセスや、Mac上で実行するプロセスの開発に便利です。

Ⓜ 実行をプロファイル

各アクティビティの実行時間を詳細に確認します。プロセス全体の実行時間が長いとき、どのアクティビティで時間を使っているのかすぐにわかります。このボタンを押し込んだ状態で、ワークフローを実行してください。なお「デバッグ実行」ボタンでワークフローを実行すると、処理はかなり遅くなってしまいます。実行時間を評価するときは、より正確な結果を得るために「実行」ボタンで実行してください。

Ⓝログを開く

UiPathのログフォルダーを開きます。この中には、多くの種類のログファイルが記録されます。『メッセージをログ』が出力する実行ログのファイル名は<日付>_Execution.logです。

指定のアクティビティだけをデバッグ実行する

右クリックメニューの「アクティビティをテスト」は、そのアクティビティだけをデバッグ実行します。『クリック』などのアクティビティを配置したら、すぐに「アクティビティをテスト」することを習慣にしてください。『シーケンス』を指定して「アクティビティをテスト」を選択すると、その中に含まれる一連のアクティビティだけをデバッグ実行できます。

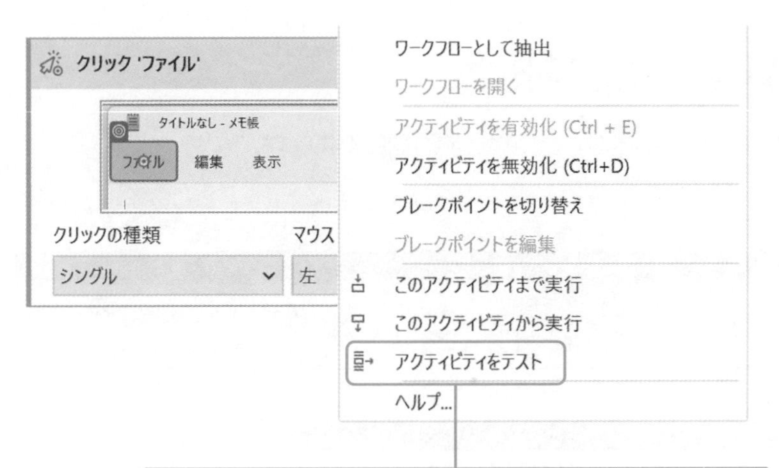

選択すると、すぐにデバッグ実行が一時停止した状態になります。必要に応じてローカルパネルで変数値を編集したら、「続行」もしくは「ステップイン」で、デバッグを開始します

Hint

このアクティビティまで実行

このワークフローの先頭からデバッグ実行を開始し、指定のアクティビティで一時停止します。

Hint

このアクティビティから実行

指定のアクティビティからデバッグ実行を開始します。

1-12 パッケージの管理

アクティビティパネルにアクティビティを追加できる

プロジェクトにパッケージをインストールすると、追加のアクティビティが使えるようになります。たとえば、UiPath.PDF.Activitiesパッケージをインストールすると、PDFファイルを操作するアクティビティがアクティビティパネルに追加されます。

「パッケージを管理」ウィンドウ

プロジェクトにパッケージをインストールするには、「パッケージを管理」を使います。

Ⓐ 設定

ライブラリパッケージが置いてある場所（パッケージフィード）を登録します。

Ⓑ プロジェクト依存関係

このプロジェクトにインストール済みのライブラリパッケージと、そのバージョンを表示します。

Ⓒ すべてのパッケージ

すべてのパッケージフィードから、利用できるパッケージをまとめて表示します。

Ⓓ 登録されたパッケージフィード一覧

選択したパッケージフィードで、利用できるパッケージを表示します。

Ⓔ アンインストール

選択したパッケージを、このプロジェクトからアンインストールします。

Ⓕ 更新

選択したパッケージを、指定のバージョンに更新します。このパッケージがまだ追加されていなければ、インストールします。

パッケージをインストールする

パッケージをインストールする手順は、次の通りです。

❶デザインリボンの「パッケージを管理」をクリックします。「パッケージを管理」ウィンドウが表示されます。
❷左側から「すべてのパッケージ」を選択します。
❸上の検索欄に「pdf」と入力します。
❹検索結果から『UiPath.PDF.Activites』を選択します。
❺「インストール」ボタンをクリックして、このパッケージをインストールします。
❻「保存」ボタンをクリックします。

Hint

検索欄

❸の検索欄では、パッケージ名の一部を入力して検索できます。検索結果が多くてパッケージが見つからないときは、右側の ▽ から「UiPathのみ」でフィルターします。

以上で、パッケージがプロジェクトにインストールされ、新しいアクティビティがアクティビティパネルに追加されます（→p.37 パネルを開く）。

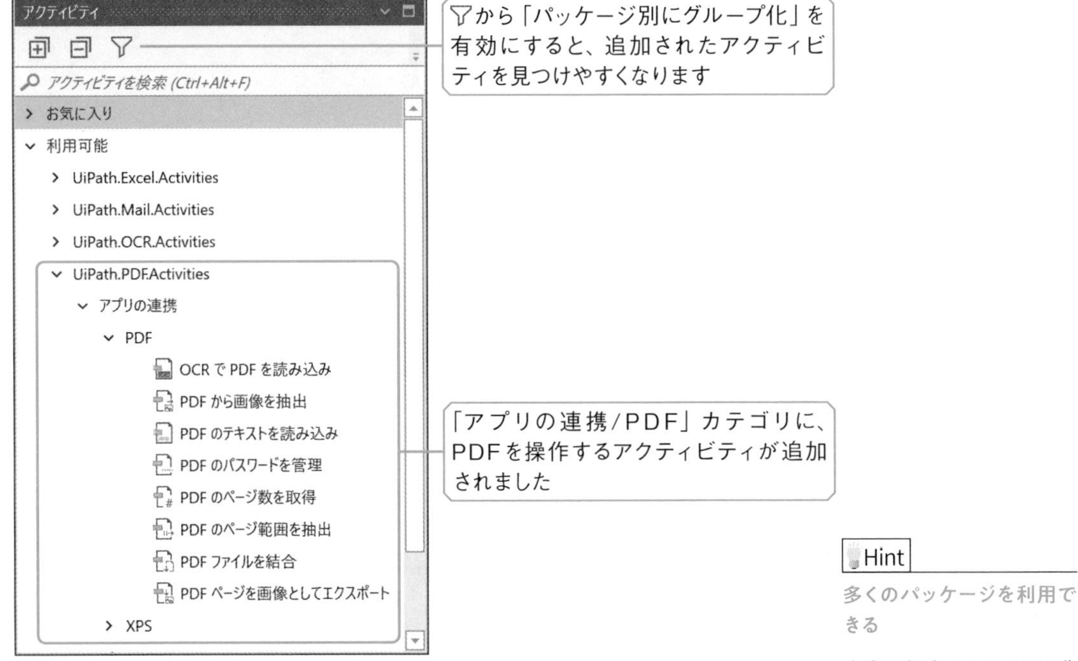

本書で説明しているパッケージ一覧です。これらは、すべてUiPathから提供されています。

Hint

多くのパッケージを利用できる

本書で紹介するほかにも非常に多くのパッケージが利用可能です。ぜひ探してみてください。

本書で紹介するパッケージ一覧

パッケージ名	説明
UiPath.UIAutomation.Activities	画面の操作 (→p.158 画面操作を自動化する)
UiPath.Excel.Activities	Excelファイルの操作 (→p.228 Excelの操作を自動化する)
UiPath.PDF.Activities	PDFファイルの操作 (→p.136 PDFファイルの読み書き)
UiPath.Word.Activities	Wordファイルの操作 (→p.141 Wordファイルの読み書き)
UiPath.Presentations.Activities	PowerPointファイルの操作 (→p.150 PowerPointファイルの読み書き)
UiPath.WebAPI.Activities	Webプログラミングの支援 (→p.222 ファイルをブラウザーなしでダウンロードする)
Microsoft Office 365 (UiPath.MicrosoftOffice365.Activities)	Microsoft Office 365の操作 (→ p.393 OneDriveを使う) (→ p.398 OneDrive上のExcelファイルを操作する)
Google Workspace (UiPath.GSuite.Activities)	Googleドライブ/スプレッドシートの操作 (→ p.405 Googleドライブを使う) (→ p.410 Googleスプレッドシートを使う)

上記のパッケージをインストールしたところ

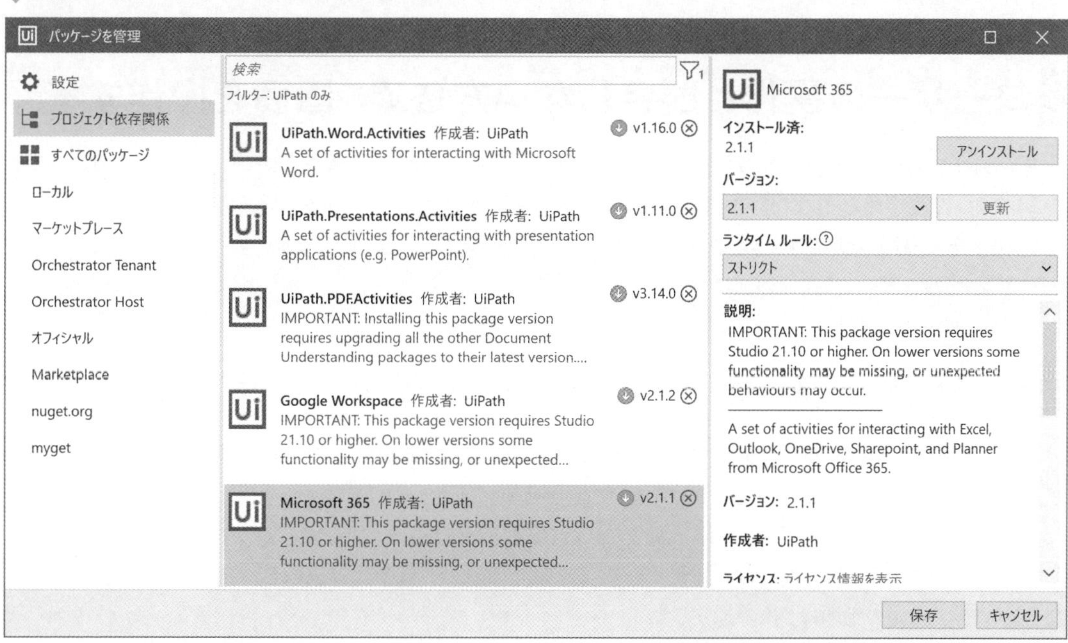

1-13 人とロボットが同じPCを同時に操作できるようにする

UiPathなら、ユーザーとロボットが同時に同じPCを操作できる

一般に、ユーザーは自動化を実行中のPCを使えません。ユーザーにキーボードやマウスを奪われると、ロボットは自動化の実行に失敗してしまうからです。しかし、UiPathにはこの制限を緩和するための仕組みがいくつか用意されています。

画面を操作しないで処理する

UiPathは、画面を一切操作せずにファイルやデータを処理する自動化を作成できます。このような自動化は、ユーザーが操作中のPC上でも安全に実行できます。

ユーザーの操作と競合しない方法で、画面を操作する

多くのUIアクティビティには「入力モード」プロパティがあります。この値を「シミュレート」に設定すると、ロボットはマウスやキーボードを使わずに『クリック』したり『文字を入力』したりできます。これはユーザーの操作と競合しません（→ p.179 UIモダンアクティビティに共通のプロパティ）。

一時的に、ユーザーによるPCの操作を禁止する

ほとんど画面を操作しない自動化でも、一部の処理に限っては画面の操作が必要となることがあります。また、「シミュレート」で競合せずに『クリック』しても、それで開いたメニューがユーザーの操作で閉じられたら、自動化は失敗してしまいます。そこで、そのような短い間だけユーザーの操作を禁止すれば、自動化は失敗しなくなります。設定の手順は、次の通りです。

❶『ユーザー入力をブロック』を配置します。

❷『クリック』など、画面を操作する一連のアクティビティをすべて『ユーザー入力をブロック』の中に配置します。

パンくず アプリケーション/ブラウザーを使用 > ユーザー入力をブロック

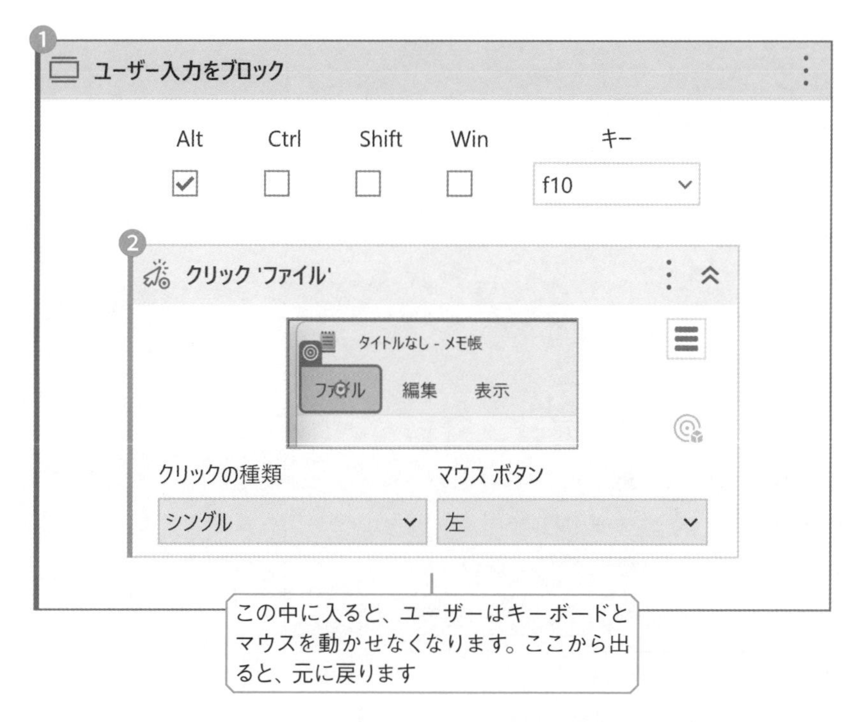

Hint

『ユーザー入力をブロック』を解除するには

PCの操作ができない状態を解除するには[Alt]+[F10]キーを押してください。このキーの組み合わせは『ユーザー入力をブロック』で変更できますが、事情がない限り[Alt]+[F10]キーのままとしておくことをお勧めします。

以上により、このワークフローはユーザーが操作中のPCでも同時に実行できます。『ユーザー入力をブロック』の中は、なるべく短い時間で処理できるように工夫してください。

プロセスをバックグラウンドで開始する

画面を一切操作しない自動化は、バックグラウンドで実行しましょう。バックグラウンドでは、複数のプロセスを同時に実行できます。

❶プロジェクトパネルからプロジェクトの設定を開きます(→p.38 プロジェクトの設定を確認する)。
❷左側から「全般」を選択します。
❸「バックグラウンドで開始」を「はい」に設定します。
❹「OK」ボタンをクリックします。

❺このプロセスをパブリッシュします（→p.31 プロセスをパブリッシュする）。

このプロセスをAssistantで実行すると、バックグラウンドで開始されます。バックグラウンドで実行中のプロセスには、Assistantに が表示されます。

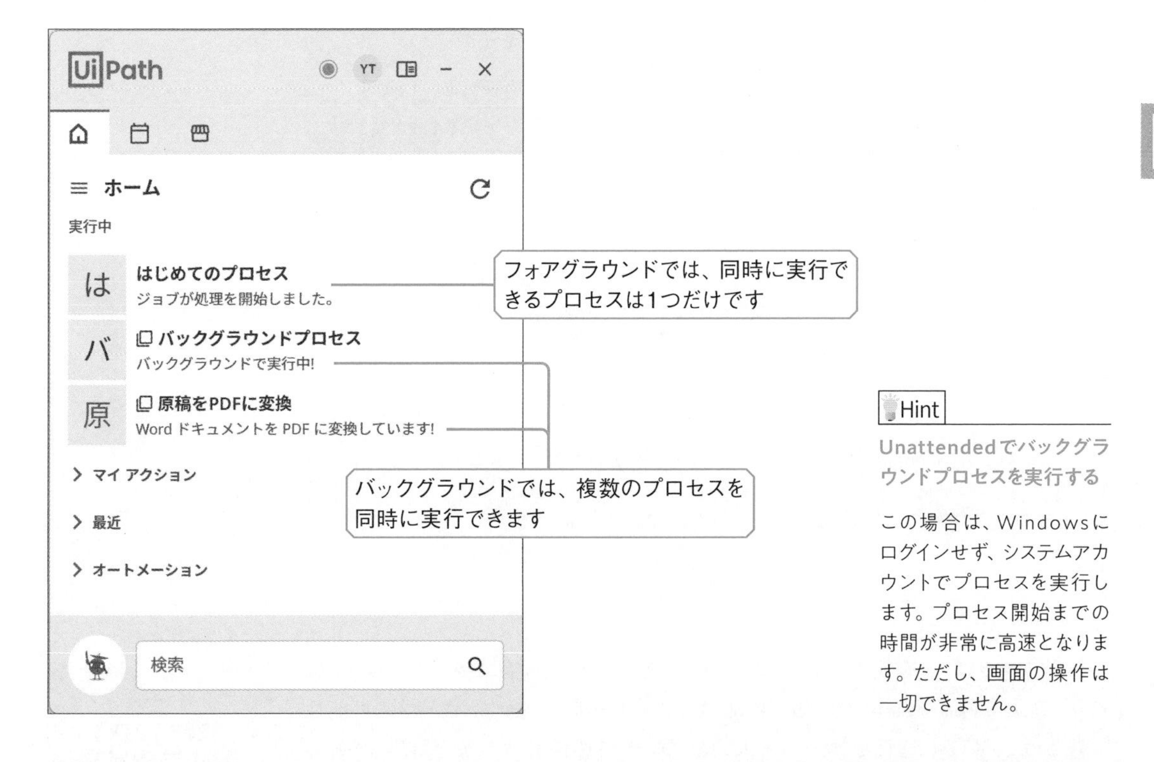

Hint

Unattendedでバックグラウンドプロセスを実行する

この場合は、Windowsにログインせず、システムアカウントでプロセスを実行します。プロセス開始までの時間が非常に高速となります。ただし、画面の操作は一切できません。

一時的に、バックグラウンドプロセスで画面を操作する

複数の自動化プロセスが同時に画面を操作すると、マウスやキーボードを取り合ってしまい、実行は失敗するでしょう。そのため、バックグラウンドプロセスは画面を操作すべきではありません。とはいえ、やはり一時的に画面を操作したいこともあるでしょう。そのようなときは、画面を操作したいプロセスを一時的にフォアグラウンドにしてください。フォアグラウンドで実行できるプロセスは1つだけなので、フォアグラウンドのプロセスだけが画面を操作するようにしておけば、プロセス間で画面操作が競合することはありません。設定の手順は、次の通りです。

❶『フォアグラウンドを使用』を配置します。
❷『クリック』など、画面を操作する一連のアクティビティを『フォアグラウンドを使用』の中に配置します。

Hint

Unattendedでは『フォアグラウンドを使用』は機能しない

Unattendedで実行中のバックグラウンドプロセスをフォアグラウンドにすることはできません。

パンくず アプリケーション/ブラウザーを使用 > フォアグラウンドを使用

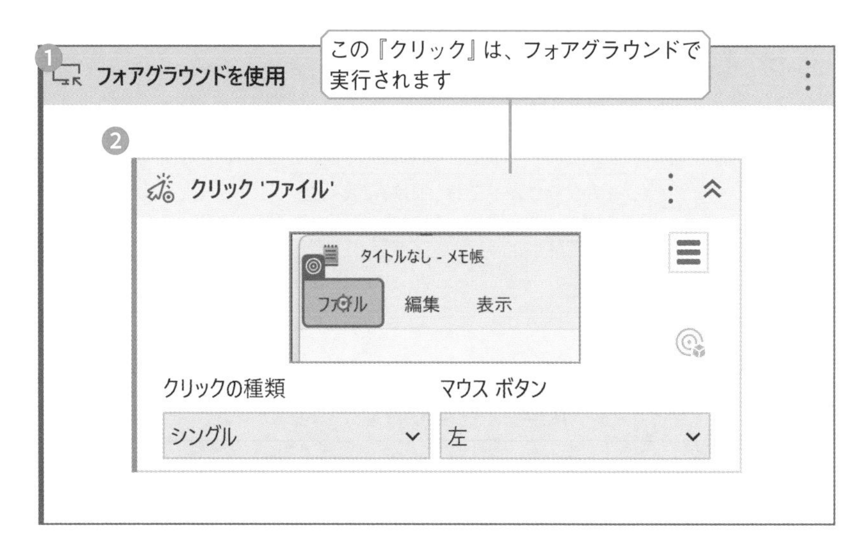
フォアグラウンドを使用
この『クリック』は、フォアグラウンドで実行されます
クリック 'ファイル'
タイトルなし - メモ帳
ファイル
編集
表示
クリックの種類
シングル
マウス ボタン
左

『フォアグラウンドを使用』に入ると、このプロセスは一時的にフォアグラウンドになり、安全に画面を操作できる状態になります（ユーザーの操作と競合する可能性は残るので、必要に応じて『ユーザー入力をブロック』を併用してください）。『フォアグラウンドを使用』から出ると、このプロセスはバックグラウンドに戻ります。

Hint

ほかのプロセスがフォアグラウンドで実行中のとき

このプロセスがいなくなるまで『フォアグラウンドを使用』の中に入れないため、実行は待機（一時停止）します。待機中のプロセスは、Assistant上に ⌛ が表示されます。

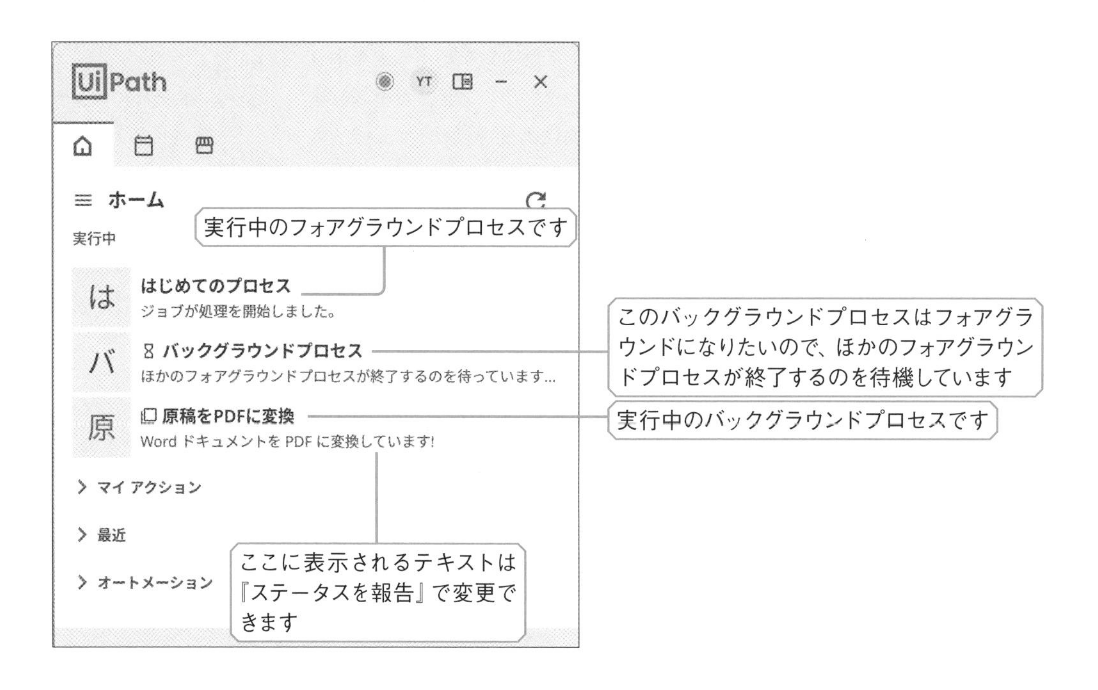
UiPath
YT
ホーム
実行中
実行中のフォアグラウンドプロセスです
はじめてのプロセス
ジョブが処理を開始しました。
バックグラウンドプロセス
ほかのフォアグラウンドプロセスが終了するのを待っています…
このバックグラウンドプロセスはフォアグラウンドになりたいので、ほかのフォアグラウンドプロセスが終了するのを待機しています
原稿をPDFに変換
Word ドキュメントを PDF に変換しています!
実行中のバックグラウンドプロセスです
マイ アクション
最近
オートメーション
ここに表示されるテキストは『ステータスを報告』で変更できます

1-14 ピクチャインピクチャを使う

ロボットが自動化を実行中でも、人がPCを使える

UiPathのPiP（ピクチャインピクチャ）は、自動化プロセスをPiPウィンドウの中で実行します。ユーザーとロボットの画面操作が干渉しなくなるため、自動化を実行中でもユーザーがPCを使えます。PiPにはセッション型とデスクトップ型があり、どちらかを選択できます。これは、プロジェクト設定の「全般」タブの「PiPの種類」で切り替えられます（→p.38 プロジェクトの設定を確認する）。

セッション型のPiP

自動化を開始すると、ロボットがこのPCの別のセッションにログインします。このとき、ロボットに代わってユーザーがWindowsパスワードを入力する必要があります。するとPiPウィンドウが開き、その中で自動化が実行されます。このログイン時には、Windowsのスタートアップに登録されたアプリも開始されることに注意してください。

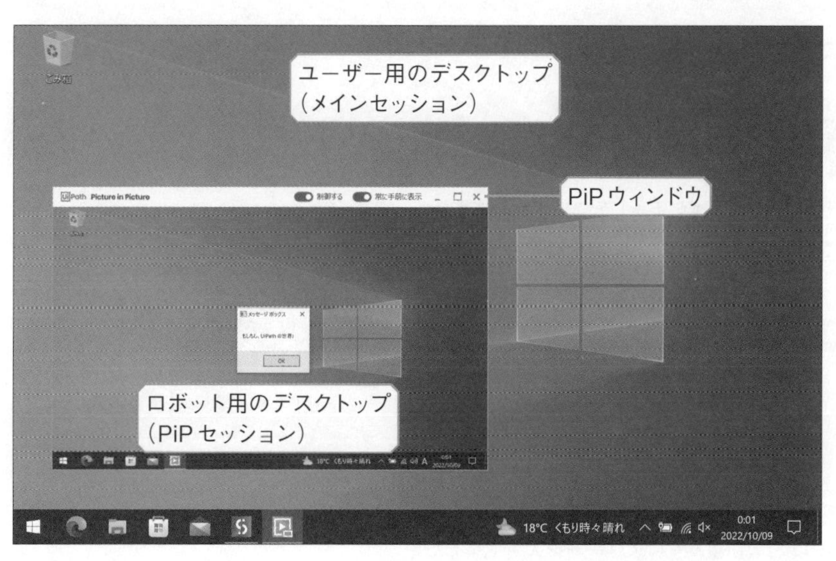

Hint

Windows Home Editionでは、セッション型のPiPは使えない

ぜひ、デスクトップ型のPiPを活用してください。

Hint

セッション型PiPウィンドウ右上のオプション

- **制御する**……PiPウィンドウの中を、ユーザーが制御（操作）できるようにします。ロボットの実行が失敗しないように、通常はオフにしておきましょう。
- **常に手前に表示**……PiPウィンドウを常に手前に表示します。

デスクトップ型のPiP

ユーザーがするのと同じように、ロボットが自分用のWindows仮想デスクトップを開いて作業します。この方法では、ユーザーのログインは必要ありません。また、セッション型のPiPよりも軽快に動作します。ユーザー用のデスクトップとロボット用のデスクトップは、全画面で切り替えられます。

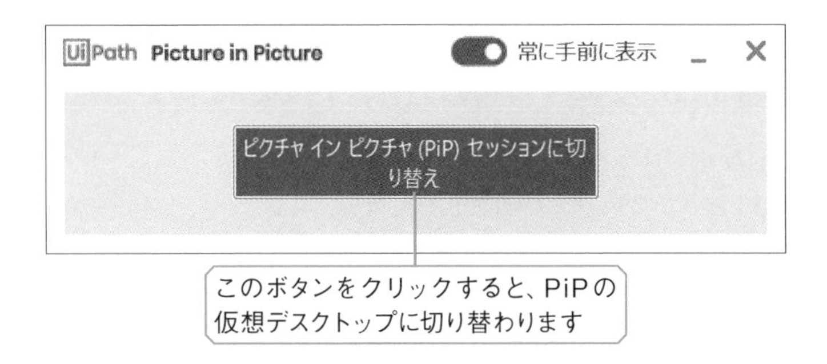

Hint

ユーザーが仮想デスクトップを開くには

Windowsタスクバー左端のアイコンをクリックし、画面上の「新しいデスクトップを開く」をクリックします。

- ……Windows10で仮想デスクトップを開くアイコン
- ……Windows11で仮想デスクトップを開くアイコン

●プロジェクト設定で指定できるPiPの種類

PiPの種類	PiPウィンドウ	Windowsのパスワード入力	スタートアップアプリ	Windowsのテクノロジー
セッション	常時表示	必要	起動する	子セッション
デスクトップ	切替表示	不要	起動しない	仮想デスクトップ

StudioでPiPを実行する

StudioでPiPを実行する手順は、次の通りです。

❶プロジェクト設定の「全般」にある「PiPの種類」を選択し、プロジェクト設定を閉じます（→p.38 プロジェクトの設定を確認する）。
❷「デバッグ」リボンの「ピクチャインピクチャ」をクリックします。
❸「ファイルをデバッグ」をクリックします。

以上の操作で、デバッグ実行がPiPで開始されます。セッション型PiPではログインウィンドウが表示されるので、Windowsパスワードを入力してください。

AssistantでPiPを実行する

AssistantでPiPを実行する手順は次の通りです。

❶プロジェクト設定の「全般」にある「PiPの種類」を選択します（→p.38 プロジェクトの設定を確認する）。
❷プロジェクト設定の「全般」にある「PiPのオプション」を「PiPの使用をテスト済み、PiPで開始」に設定します。
❸プロセスをパブリッシュします（→p.31 プロセスをパブリッシュする）。
❹このプロセスをAssistantから実行開始します。

以上により、このプロセスはAssistantからPiPで開始されるようになります。

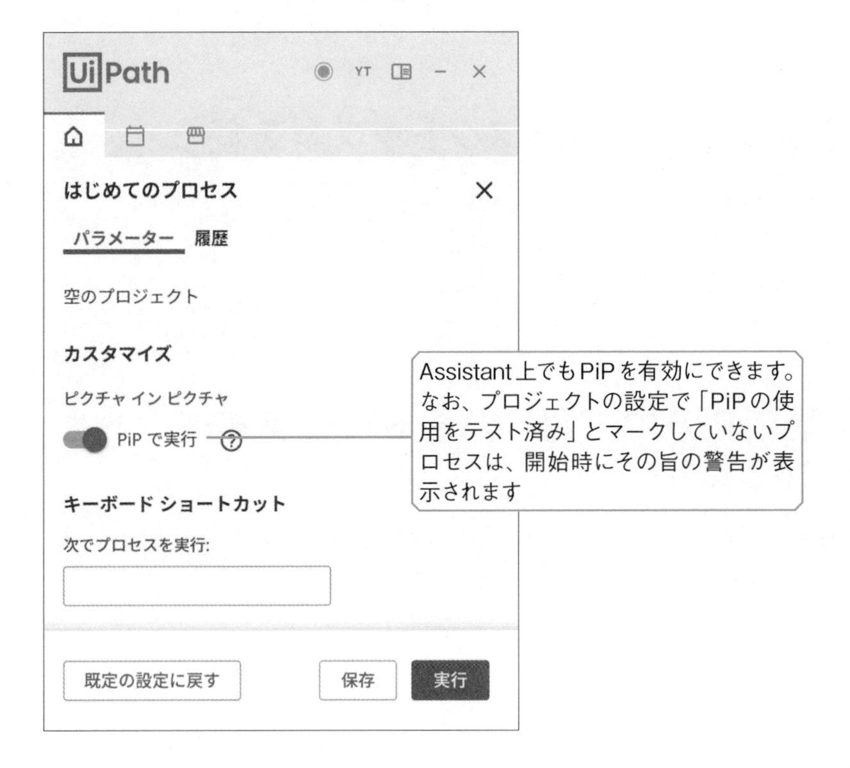

Hint

Assistantでは、PiPの種類を切り替えることはできない

PiPの種類により、ワークフローの作成方法が違ってきます（デスクトップ型PiPでは、入力メソッドに「ハードウェアイベント」は使えないなど）。そのため、PiPの種類はStudioのプロジェクト設定でのみ切り替えることができるようになっています。

1-15 ピクチャインピクチャ活用のヒント

PiPは強力だが、上手に使うには少しコツが必要

PiPを活用すれば、あなたの横に別のPCを持ったアシスタントが控えてくれて、面倒な作業をバリバリこなしてくれるように思えるでしょう。実際には、このアシスタントはあなたと同じPCを同時に操作しているので、あなたはアシスタントとの約束事を守る必要があります。

なるべくセッション型よりもデスクトップ型を使う

デスクトップ型PiPは、PCのスペックがさほど高くなくても快適に動作し、パスワード入力も必要ありません。なお画面操作をほとんどしない自動化であれば、PiPを使わずにバックグラウンドプロセスで構成することも検討してください。その方が簡単となることが多いためです。

デスクトップ型PiPの中では、ハードウェアイベントと画像認識は動作しない

デスクトップ型PiPでは、『クリック』などのUIアクティビティにおいて、「入力モード」プロパティに「ハードウェアイベント」を指定すると動作しません。また、画像認識も動作しません。この制限は、セッション型PiPにはありません（→p.179 UIモダンアクティビティに共通のプロパティ）。

セッション型のPiPウィンドウは開けたままにしておく

PiPウィンドウは、自動化が終了しても自動では閉じません。手動で閉じることもできますが、開けたままにしておくことをお勧めします。次回のPiP開始時に再ログインが不要となりますし、スタートアップアプリの再起動も避けられます。

デスクトップ型のPiPにタスクバーを表示する

既定では、デスクトップ型PiPのウィンドウは真っ黒で何も表示されません。このままでも画面操作を伴う自動化を実行できますが、Windowsタスクバーが表示されていればワークフローの開発がしやすいでしょう。これには、explore.exeを起動してください。次のようにします。これだけをするデスクトップ型PiPのプロセスを作成しておくと便利です（→p.75 AssistantでPiPを実行する）。

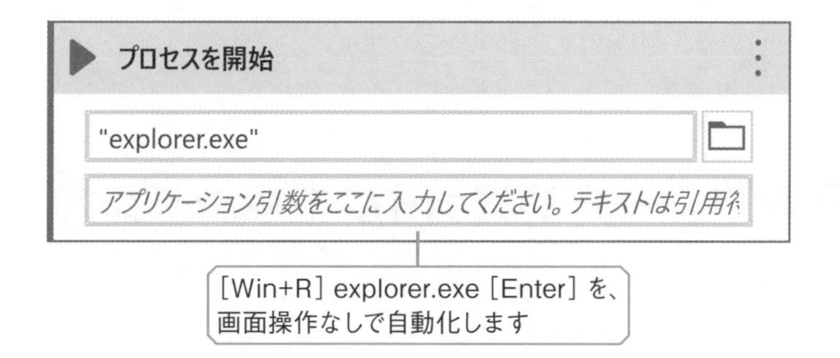
プロセスを開始
"explorer.exe"
アプリケーション引数をここに入力してください。テキストは引用符
[Win+R] explorer.exe [Enter] を、
画面操作なしで自動化します

別セッションのアプリは操作できない

PiPで実行中のワークフローは、メインセッション内のアプリを操作できません。逆に、メインセッションで実行中のワークフローは、PiP内のアプリを操作できません。そのため、ターゲットアプリ（ブラウザーやExcelなど）は、ワークフローを実行するのと同じセッションの中で起動してください。

ファイルの競合を避ける

同じアプリをメインセッションとPiPの両方で起動するとき、それぞれで同じファイルを開くことは避けた方が安全です。それが必要なときは、どちらか側ではファイルを読み取りモードで開いてください。競合が発生しにくくなります。

二重起動しないアプリに注意する

アプリには、二重起動を抑止するものがあります（起動済みのアプリをもう1つ起動すると、それは起動直後に自動で終了します）。このようなアプリがメインセッションで起動済みのとき、同じアプリをPiPの中で起動できないことがあります。そのため、アプリの起動に失敗するときは、別のセッションで起動済みでないことを確認してください。なおExcelはメインセッションで起動済みでも、PiPで別のExcelプロセスを起動できます。

PiP内のブラウザーは、メインセッションのブラウザーとユーザーデータを共有しない

PiP内のブラウザーは、メインセッションのブラウザーとの競合を避けるため、既定で別のユーザーデータフォルダーを使います。ここには、閲覧履歴やクッキーなどが格納されます。そのためPiP内のブラウザーには、メインセッションのブラウザーでのログイン状態などが反映されません（→p.170 オプション - ブラウザー）。

PiPで実行中の自動化を、一時的にメインセッションで動かす

『ワークフローファイルを呼び出し』は、呼び出したワークフローをどのセッションで実行するかをプロパティで指定できます。これにより、PiPで実行中のプロセスが、ユーザー向けの『メッセージボックス』はメインセッションで表示する、などのことができます。このほかにも、ターゲットセッションを指定できるアクティビティがあります。

●ワークフローもしくは自動化プロセスを呼び出すアクティビティ

アクティビティ	説明	実行先セッションの指定
『ワークフローファイルを呼び出し』	ワークフローファイルを呼び出して、終了まで待機	できる
『プロセスを呼び出し』	同じPCでプロセスを呼び出して、終了まで待機	できる
『プロセスを並列実行』	同じPCでプロセスを開始して、終了を待たずに戻る。複数のフォアグラウンドプロセスは並列実行できないことに注意	できる
『ジョブを開始』	別のPCでUnattendedプロセスを開始	できない

1-16 自動化をOrchestratorから開始する

プロセスをOrchestrator から開始する手順

パブリッシュしたプロセスは、Assistantから手動で開始できるほか、Orchestratorからも手動もしくは自動で開始できます。ただし、Orchestratorからフォアグラウンドプロセスを開始するには、Unattended RobotsがPCにログインするときのWindowsアカウント情報をOrchestrator上に構成してください。下記に、この手順を示します。

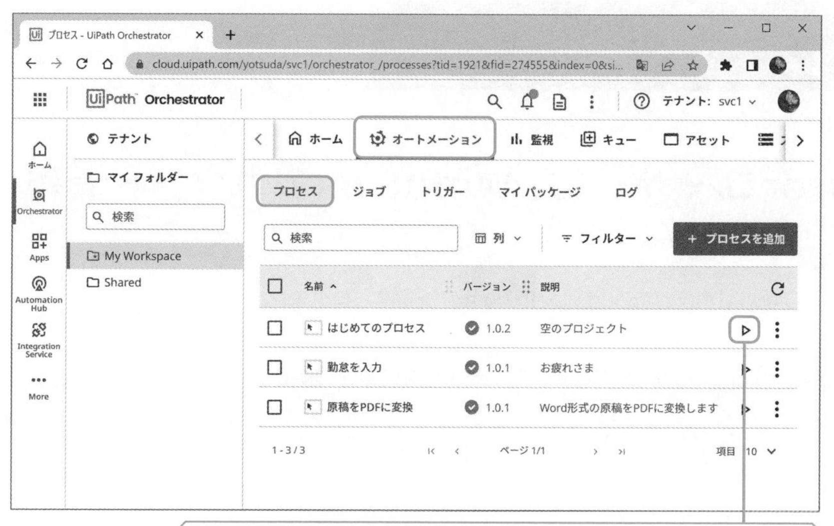

本節の手順を実施すると、Orchestratorのwebページから自動化プロセスの開始を指示できるようになります。「オートメーション」タブの「プロセス」ページで▷ボタンをクリックすると、このプロセスが読者のPCで実行されます。「トリガー」ページで、自動実行のスケジュールを設定することもできます

Hint

無人のPCで自動化を開始する

本書に示した手順で自動化を開始するには、このPCにログインしてAssistantを起動しておく必要があります。誰もログインしていない無人のPCで自動化を開始するには（ロボットがPCにログインできるようにするには）、Robotsをサービスモードで構成してください。詳細な手順は、『公式ガイド UiPathワークフロー開発 実践入門』（津田義史 著、秀和システム刊）を参照してください。

Windowsドメインユーザー名を確認する

ここで確認したドメインユーザー名は、後でOrchestratorに設定します。

❶［Win + R］cmd［Enter］と入力し、コマンドプロンプトを起動します。真っ黒なウィンドウが表示されます。
❷真っ黒なウィンドウの中でwhoami［Enter］（私は誰）と入力し、表示されたドメインユーザー名をメモします。

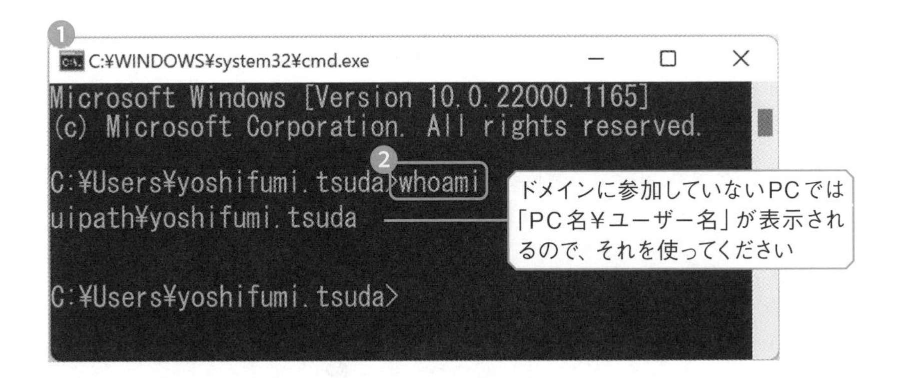

Orchestratorユーザーに、Windowsアカウント情報を設定する

❶ブラウザーでAutomation Cloud（https://cloud.uipath.com/）を開き、ログインします。
❷画面の左側にある「Orchestrator」→「テナント」→「アクセス権を管理」の順に選択します。
❸名前の右端にある⋮3点メニューをクリックし、「編集」を選択します。

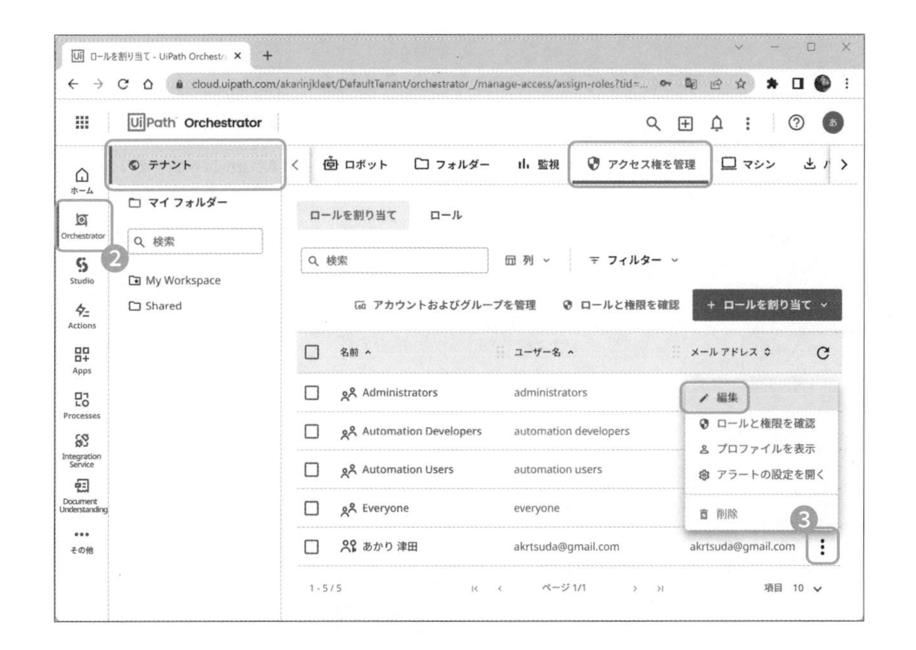

❹「無人オートメーションの設定」をクリックします。

❺「特定のWindowsユーザーアカウントを使用します。以下の資格情報を追加します」ラジオボタンにチェックを入れます。

❻「ドメイン\ユーザー名」には、先にメモしておいたドメインユーザー名を入力します。

❼「パスワード」には、そのWindowsパスワードを入力します。

❽「更新」ボタンをクリックします。

Hint

Unattendedでバックグラウンドプロセスを実行する

これはWindowsのシステムアカウントで実行されるので、ロボット用のアカウント情報を構成する必要はありません。

Hint

UiPathのライセンスを割り当てる場所

・**Attendedライセンス**……「テナント」の「アクセス権を管理」タブで、ユーザーに割り当てます。

・**Unattendedライセンス**……「テナント」の「マシン」タブで、マシンに割り当てます。

個人用ワークスペースのマシンに、Unattendedライセンスを割り当てる

読者の皆様がお使いのマシンに、Unattendedライセンスを1つ割り当ててください。

❶ブラウザーでAutomation Cloud（https://cloud.uipath.com/）を開き、ログインします。

❷画面の左側にある「Orchestrator」→「テナント」→「マシン」の順に選択します。

❸読者の皆様の個人用ワークスペースのマシンの右端にある⋮3点メニューをクリックし、「マシンを編集」を選択します。

Hint

個人用ワークスペース用のマシン

このマシンは、対話型サインインで接続したユーザーに対して、「<ユーザーのメールアドレス>'s workspace machine」という名前で自動的に作成されます。ここでは、読者の皆様の個人用ワークスペース用マシンを編集します。

❹「Production（Unattended）」に「1」を設定します。

❺「更新」ボタンをクリックします。

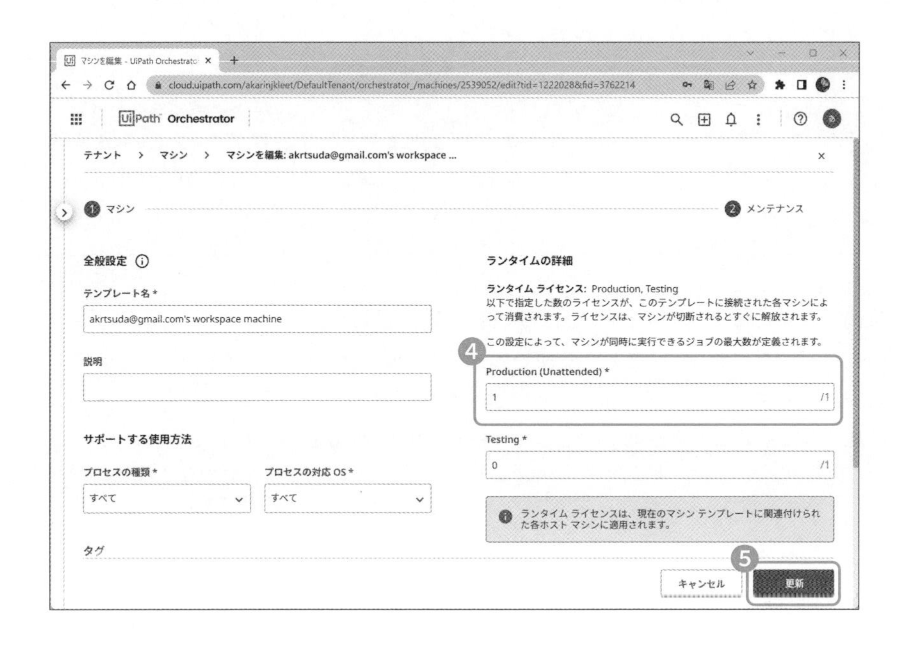

以上で、Orchestratorから自動化プロセスの開始を指示できるようになりました。この自動化は、個人用ワークスペースのマシンで実行されます。

プロセスをOrchestratorから手動で実行する

ここでは、p.31でパブリッシュした「はじめてのプロセス」の開始を指示します。

❶ブラウザーでAutomation Cloud（https://cloud.uipath.com/）を開き、ログインします。
❷画面の左側にある「Orchestrator」→「My Workspace」→「オートメーション」→「プロセス」の順に選択します。
❸プロセス名の右端にある ▷ をクリックします。

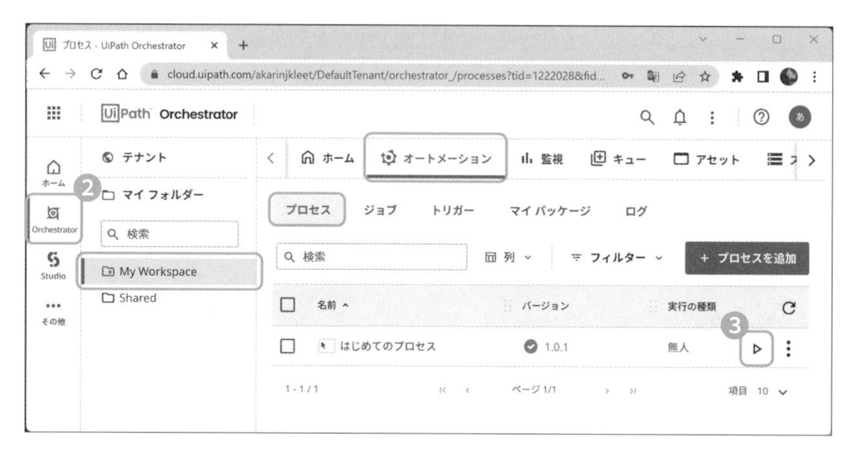

初回は、開始までに時間がかかることがあります。しばらく待っても「はじめてのプロセス」がお使いのPC上で開始されないときは、お使いのPC上でAssistantが起動していることを確認してください（→p.33 Assistantを起動する）。また、ここまでの手順が正しく構成されていることを確認してください（→p.79 自動化をOrchestratorから開始する）。

Hint

「オートメーション」タブの各ページについて

・**プロセス**……このフォルダーに割り当てられて実行可能となっているプロセスが表示されます。
・**ジョブ**……ジョブ（実行したプロセス）の状態が表示されます。
・**トリガー**……自動でプロセスを実行する設定が行えます。
・**マイパッケージ**……このフォルダーにパブリッシュされたプロセスパッケージが表示されます。このページは、フィードつきのフォルダーでのみ利用可能です。
・**ログ**……プロセスの実行ログが表示されます。

Hint

フォルダーフィードについて

Orchestrator上にフォルダーを作成するとき、テナントのフィードを使うか、このフォルダー専用のフィードを作成するか、どちらかを選択できます。個人用ワークスペースは、フィードつきのフォルダーです。フィードつきのフォルダーには、テナントのフィードにあるプロセスパッケージを割り当てることはできません。

1-17 トリガーで、プロセスを自動で開始する

プロセスは、さまざまなタイミングによって自動で開始できる

プロセスは、定期的なスケジュールや、メールを受信したなどのタイミングによって、自動で開始できます。この機能をトリガーといいます。トリガーを構成する前に、次の手順を実施しておいてください（→p.79 自動化をOrchestratorから開始する）。

プロセスを定期的に自動で開始する

ここでは、「はじめてのプロセス」が毎日15:30に開始されるようにします。

❶ブラウザーでAutomation Cloud（https://cloud.uipath.com/）にアクセスし、ログインします。
❷画面の左側にある「Orchestrator」→「My Workspace」→「オートメーション」→「トリガー」→「タイムトリガー」の順に選択します。
❸「新しいトリガーを追加」ボタンをクリックします。

Hint

キュートリガーについて

本書で紹介するタイムトリガーのほか、キュートリガーを追加することもできます。キュートリガーは、Orchestrator上のキューにアイテムが追加されたときに指定のプロセスを開始します。これは、複数のUnattended Robotsを効率よく使いたいときに必須の機能です。この詳細は、『公式ガイド UiPathワークフロー開発 実践入門』（津田義史著、秀和システム刊）を参照してください。

❹「名前」、「プロセス名」、「タイムゾーン」を設定し、タイムトリガーを構成します。
❺「追加」ボタンをクリックします。

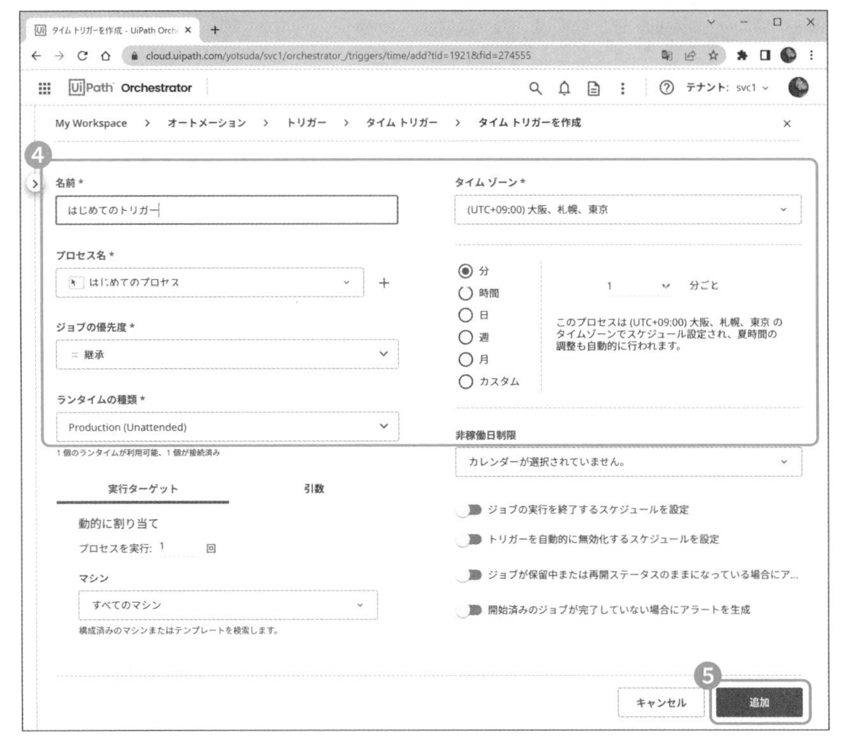

Hint
ランタイムの種類

p.83で割り当てたのと同じライセンスProduction (Unattended) となっていることを確認してください。

Hint
トリガーがプロセスを開始できないときは

あらかじめWindowsにログインしてAssistantを起動しておかないと、Robotsはプロセスを開始できません。RobotsがWindows PCに自動でログインできるようにするには、Robotsをサービスモードでインストールしてください。

プロセスを、メールの受信時などに自動で開始する

外部のWebサービスのイベント発生時にプロセスを自動で開始できます。たとえば、Outlookの予定が変更されたときや、クラウドのファイル共有サービスGoogleドライブにファイルが追加されたときなどです。ここでは、Gmailにメールが届いたときに自動でプロセスが開始されるようにします。先に、Unattended Robotsを構成してください（→p.79 自動化をOrchestratorから開始する）。

❶ブラウザーでAutomation Cloud（https://cloud.uipath.com/）にアクセスし、ログインします。
❷画面の左側にある「Integration Service」→「My Workspace」→「トリガー」の順に選択します。
❸「＋ トリガーを追加」ボタンをクリックします。

Hint
コネクションの共有

ここでは、コネクションを個人用ワークスペースに作成します。ほかのフォルダーに作成したコネクションは、ほかのユーザーやRobotsと共有できるので大変便利です。ただし意図せず共有すると、あなたのログイン情報をほかのユーザーやRobotsに使われてしまうことになるので注意してください。

❹「コネクタを選択」→「コネクション」→「イベント」→「実行するプロセス」→「ランタイムライセンス」の順で設定していきます。

❺「トリガーを追加」ボタンをクリックし、トリガーを構成します。

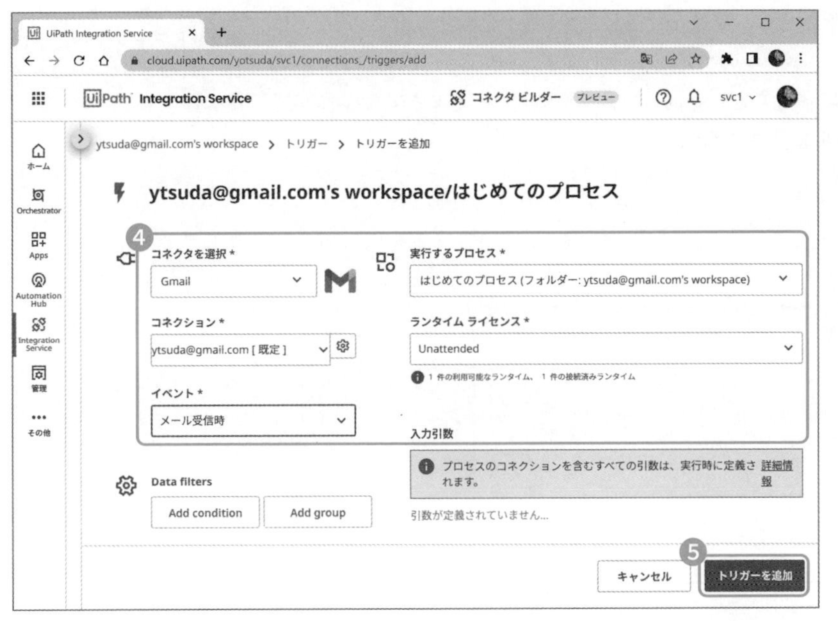

以上で、作成したコネクションのGmailアカウントにメールが届くと、指定のプロセスが自動で開始されるようになります。

Hint

イベント

利用できるイベントは、コネクタの種類により異なります。Gmailコネクタでは、「メール受信時」のほか、「メール送信時」「カレンダーの予定の作成時」などが使えます。

Hint

コネクション

「コネクション」では、Integration Serviceのコネクションを新規作成するか、既存のコネクションを選択します。

Hint

ランタイムライセンス

ここには、マシンに割り当てたライセンスと同じものを設定してください（→p.82個人用ワークスペースのマシンに、Unattendedライセンスを割り当てる）。

Hint

データフィルター

イベント発生時に、プロセスを実行するか否かをフィルターできます。Gmailコネクタでは、メールの件名や、添付ファイルの有無などで指定できます。

トリガーで開始されるプロセスに、イベントデータを渡す

トリガーで開始されるプロセスは、そのきっかけとなったイベントデータを受け取ることができます。たとえば、Gmail受信時に開始されるプロセスは、受信したメールのメールIDを受け取れます。これを使って、受信したメールを操作できます。

❶ Mail.xamlの引数パネルに、String型の引数を「UiPathEventObjectId」という名前で追加します。
❷『Gmailを使用』を配置し、メールの受信を準備します（→p.370 Gmailの自動化を準備する）。
❸『メールをIDで取得』を配置します。
❹「アカウント」の右端の⊕丸十字アイコンをクリックし、「Gmail」を選択します。
❺「メールID」の右端の⊕丸十字アイコンをクリックし、変数「UiPathEventObjectId」を使用します。
❻「参照名」の右端の⊕丸十字アイコンから、変数「受信したメール」を作成します。
❼任意のアクティビティを配置し、変数「受信したメール」を操作します。ここでは『メッセージボックス』で、メールの件名を表示します。このほか、添付ファイルの取り出しやフォルダーに移動など、受信したメールに対してさまざまな操作ができます（→p.384 メールを受信する）。

Hint
トリガーの種類

トリガーには、次の3種類があります。

・**タイムトリガー**……指定の日時にプロセスを開始します。
・**キュートリガー**……指定のキューにアイテムが追加されたときにプロセスを開始します。
・**イベントトリガー**……Integration Serviceで接続した外部のWebサービスのイベント発生時にプロセスを開始します。

イベントデータを受け取れるのは、イベントトリガーだけです。

パンくず　Gmailを使用

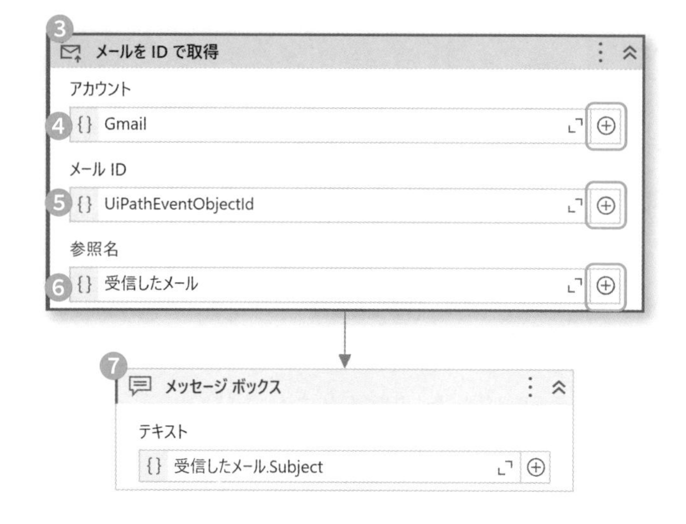

名前	方向	引数の型	既定値
UiPathEventObjectId	入力	String	*VBの式を入力*
引数を作成			

変数 引数 インポート 100%

このプロセスは、届いたメールの件名を表示します。これをパブリッシュして、Gmailのメール受信トリガーにより自動で開始されるように構成してください（→p.86 プロセスを、メールの受信時などに自動で開始する）。

トリガーで受け取れる引数名の一覧を下の表に示します。必要に応じて、Main.xamlの引数パネルに追加してください。すべてString型です。

●Integration Serviceのトリガーで実行するプロセスのMain.xamlに追加できる引数

引数名	説明
UiPathEventConnector	コネクタの名前
UiPathEvent	イベントの名前
UiPathEventObjectType	イベントをトリガーしたレコードの種類
UiPathEventObjectId	イベントをトリガーしたレコードのID

Hint

引数は引数パネルに作成する

引数「UiPathEventObjectId」を、誤って変数パネルに作成しないように注意してください。

Hint

MailMessage型の変数

MailMessage型の変数「受信したメール」は、変数パネルにあります。

Hint

これらの引数は、作成しても引数パネルに表示されない

Studio 23.4.x には、これらの引数が引数パネルに表示されない問題があります。将来のバージョンでは、この問題が修正されることをお祈りしてください。

ワークフローを短い時間で開発するには

多くのお客様から、「自動化をもっと短い時間で作成したい」というご相談をよく頂戴します。業務の自動化に時間をかけすぎると、手作業で行うよりもかえって時間がかかることになり、自動化の意味がなくなってしまうからです。そこで、この問題の解決に有効な「ペアプログラミング」についてご紹介します。

ペアプログラミングとは、1台のPCを2人で共有してプログラミングすることです。これはアジャイルなソフトウェア開発方法論「エクストリーム・プログラミング（XP）」のプラクティスの1つです。これは、良いことはすべて極端（エクストリーム）に実践しよう、というものです。ペアプログラミングのほか、テストを先に書くことや、ユーザーに開発に参加してもらうことなどをエクストリームにやるべきだ、と主張しています。

私の経験では、業務担当者の方とペアプログラミングすることが開発期間の短縮に非常に有効でした。要件の獲得も早く、多くの場合1日から2日で自動化の作成を完了できました。ただし、その後に要件を文書化する時間が必要となることに注意が必要です。また、業務担当者を1日～2日ほど拘束する必要があるため、導入が困難な場合もあるでしょう。

また導入にあたっては、実装技術をしっかり習得しておくことも大切です。デバッグに時間をかけてしまうと、業務担当者の時間を無駄にすることになるからです。デバッグの時間を短縮するには、なるべくコード（ワークフロー）を書かないことです。コードを書かなければ、バグも入ることはありません。この観点から、コードを短く簡潔に書くことが非常に重要です。

これには、LINQや正規表現などの技術が役に立ちます。LINQは、複雑な繰り返し処理を簡潔に書くテクニックで、本書の5章で詳細に解説しています。ちょっとした処理でも、3～4個のアクティビティを配置しなければならないことはよくあります。すると、それだけでバグが混入する余地が生じ、動作確認も面倒になります。これがLINQなら、正しく動くと確信できる同等のコードをたった1行で書けます。

正規表現は、文字列の高度な検索を簡潔に書くテクニックです。複雑な文字列処理が、やはり1行で書けてしまいます。この基礎の習得には1日もかからないので、ぜひ取り組んでみてください。本書では扱いませんが、拙著『公式ガイド UiPathワークフロー開発実践入門 ver2021.10対応版』で詳しく説明しています。

業務担当の方ご自身が、同僚の方とペアプログラミングで自動化を作成されることも強くお勧めします。業務とその自動化のノウハウを共有いただき、UiPathの高い生産性を実感していただけたらと思います。皆様の効率的なワークフロー開発の成功をお祈りしています。

※なお、上記はUiPathの公式見解ではなく、筆者個人の考えであることにご留意ください。

第 2 章

文字列とファイルの操作

本章では、条件式の記述方法や、文字列操作の手法など、ワークフロー作成における基本的な知識を解説します。また、ファイルやフォルダーを指定するときに使うパス文字列の操作方法にも触れます。さらに、CSV、PDF、Word、PowerPointなどの様々なファイル形式を読み書きする方法についても紹介します。

2-1 条件式を書く

条件式の値は、TrueかFalseのどちらかになる

ここに示す各式は、『条件分岐（else if）』の「条件」に指定したり、Boolean型の変数に『代入』したりできます。

●『条件分岐』の「条件」に指定

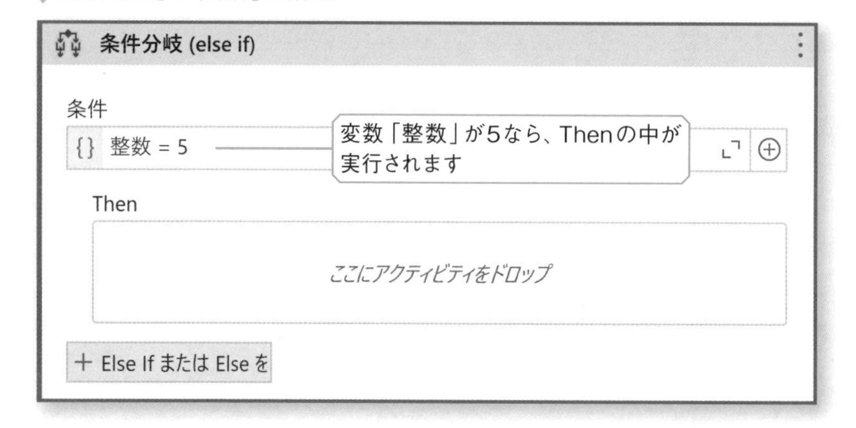

●Boolean型の変数に代入

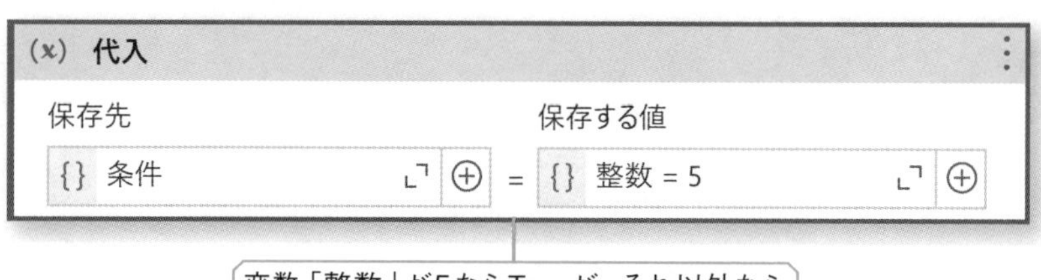

変数「整数」が5ならTrueが、それ以外ならFalseが、変数「条件」に代入されます

Hint

Else IfまたはElseを追加する

『条件分岐（else if）』には、複数のElse Ifを追加することで、複数の条件式を指定できます。これらの条件式は上から順に評価され、最初にTrueとなった箇所が実行されます。もし指定された条件式のすべてがFalseなら、Elseの中が実行されます。

ある数と同じか

Int32型の変数「整数」が、5ならTrueです。

```
整数 = 5
```

ある数以下か

Int32型の変数「整数」が3より大きく、かつ10以下ならTrueです。

```
(3 < 整数) AndAlso (整数 <= 10)
```

指定の文字列と同じか

String型の変数「テキスト」が、"じゃがいも"もしくは"にんじん"ならTrueです。

```
(テキスト = "じゃがいも") OrElse (テキスト = "にんじん")
```

指定の文字列と違うか

String型の変数「テキスト」が、"じゃがいも"とも"にんじん"とも違うならTrueです。

```
(テキスト <> "じゃがいも") AndAlso (テキスト <> "にんじん")
```

指定の文字列を含むか

String型の変数「テキスト」が、"いも"を含んでいればTrueです。

```
テキスト.Contains("いも")
```

指定の文字列を含まないか

String型の変数「テキスト」が、"いも"を含んでいなければTrueです。

```
Not テキスト.Contains("いも")
```

指定の文字列で始まるか

String型の変数「テキスト」が、"じゃが"で始まっていればTrueです。

```
テキスト.StartsWith("じゃが")
```

指定の文字列で終わるか

String型の変数「テキスト」が、"いも"で終わっていればTrueです。

```
テキスト.EndsWith("いも")
```

いずれかの文字列と同じか

String型の変数「テキスト」が、"じゃがいも"、"にんじん"、"たまねぎ"のどれかならTrueです（→p.331 要素を判断する）。

```
{"じゃがいも","にんじん","たまねぎ"}.Contains(テキスト)
```

文字列が空っぽか

String型の変数「テキスト」が、Nothingもしくは""（空文字）ならTrueです。

```
String.IsNullOrEmpty(テキスト)
```

String型の変数「テキスト」が、Nothingもしくは空白文字（スペースやタブ文字など）だけならTrueです。

```
String.IsNullOrWhiteSpace(テキスト)
```

文字列のどちらが小さいか

2つのテキストを比較すると、辞書順で前にくる方が小さいと判断されます。

```
"あい" < "こい"
```

この式はTrueです。

Hint

データテーブルをテキスト型の列でソートする

データテーブルをテキスト型の列でソートすると、その列の辞書順で並び替えられます（→p.361 データテーブルをソートする）。

参照型の変数が空っぽか

参照型の任意の型の「変数」がNothingならTrueです。なお、値型（Int32、Boolean、DateTimeなど）の変数がNothingになることはありません。値型と参照型については次を参照してください（→p.49 基本的な型）。

```
変数 Is Nothing
```

日時が昨日より古いか

DateTime型の変数「日時」が、昨日の0:00よりも古ければTrueです。

```
日時 < DateTime.Today.AddDays(-1)
```

Hint

DateTime.Todayについて

これは、DateTime型で今日の日付を返します。この時刻の成分は00:00です。時刻の成分を含む現在の日時が必要なときは、DateTime.Nowを使います。

今日が日曜日か

今日が日曜日ならTrueです。

```
DateTime.Today.DayOfWeek = DayOfWeek.Sunday
```

DateTime型の変数「日時」が日曜ならTrueです。

```
日時.DayOfWeek = DayOfWeek.Sunday
```

2-2 変数を加工して、別のテキストを得る

変数に入っている値は、さまざまな方法でテキストに変換できる

テキスト（文字列）とは、String型の値のことです。本節で紹介する式は、すべてString型です。これらの式は『代入』でString型の変数に代入したり、各アクティビティのString型のプロパティに直接指定したりできます。たとえば、変数「テキスト」と、変数「本文」に入っている値を連結して、変数「テキスト」に入れるには次のようにします。

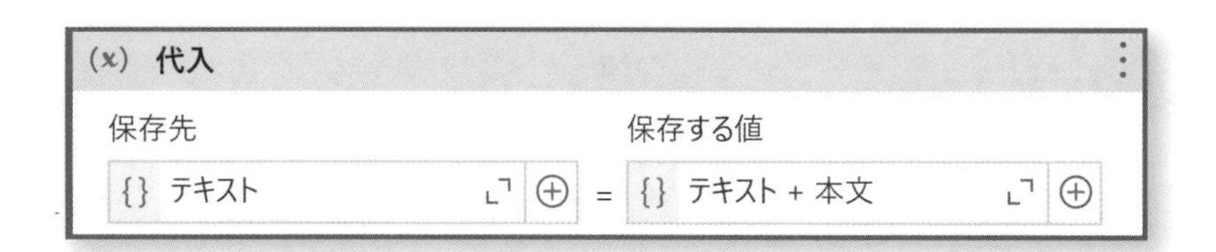

2つのテキストを連結する

2つのString型の変数「テキスト」と「本文」に入っている値を連結します。それぞれに"じゃが"と"いも"が入っていれば、この式は"じゃがいも"になります。

```
テキスト + 本文
```

Hint

+（プラス記号）は、数値に対しては足し算をする

たとえば次のように『代入』して、数値型の変数「数値」に1を足すことができます。

```
数値 = 数値 + 1
```

テキストの前後を除去する

テキストが" じゃがいも "のとき、この式は"じゃがいも"になります。

```
テキスト.Trim
```

任意の型の変数を、テキストに変換する

どんな型の変数でも.ToStringをつけると、その値をString型に変換できます。

```
整数.ToString
```


テキストの中に「"」を含める

テキストの中にダブルクォートを含めるには、「"」(ダブルクォート)を重ねてエスケープしてください。変数「テキスト」に「猫は"ニャー"と鳴く」を『代入』するには、次のようにします。

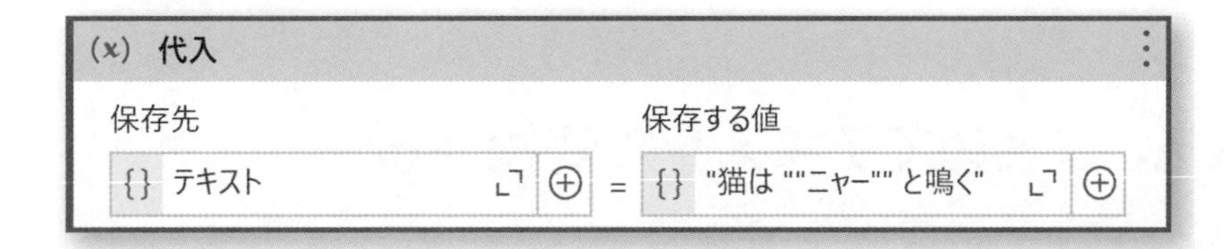

数値を、書式つきでテキストに変換する①

数値をToStringするときは、数値の書式を指定できます。たとえばSystem.Double型(倍精度小数点数)の変数「数値」に1234567.89が入っているとき、次の式は"1,234,567.89"になります。

```
数値.ToString("#,#.##")
```

数値を、書式つきでテキストに変換する②

数値の書式には、#の代わりに0(ゼロ)も使えます。Int32型の変数「整数」に35が入っているとき、次の式は"035"になります。

```
整数.ToString("000")
```

日時型を、書式つきでテキストに変換する

日時データ（System.DateTime型の値）をToStringするときは、日時の書式を指定できます。たとえば現在の日時（DateTime.Now）をテキストに変換するには、次のようにします。

```
DateTime.Now.ToString("yyyy年MM月dd日 h時m分ss秒")
```

Hint
月と分を間違えないようにする

大文字のM（Month）は月、小文字のm（minutes）は分です。

Hint
時刻は24時間でも表示できる

大文字のH（Hour）は24時間表記、小文字のhは12時間表記です。

複数の変数を、まとめてテキストに変換する

「お名前」はString型の変数とします。中かっこの中の数字は、テキストの後に指定した引数の順を示す番号です。

```
String.Format("{0} さん、今日は {1, yyyy/MM/dd} です。", お名前, DateTime.Now)
```

複数の変数を、補間文字列でテキストに変換する

先頭に$をつけたテキストの中には、{式:書式文字列}の形で式を埋め込むことができます。ワークフローがとても読みやすくなるのでお勧めです。次の式は前節の例と同じですが、読みやすいものになっています。

```
$"{お名前} さん、今日は {DateTime.Now:yyyy/MM/dd} です。"
```

補間文字列は、対応OSが「Windowsレガシ」のプロジェクトでは使えないことに注意してください（→p.28 新規プロセスプロジェクトを作成する）。

Hint
補間文字列は、どんな式や変数でもテキストに変換できる

これは{ }（中かっこ）の中に記載した式や変数に対して、自動で（暗黙に）ToStringが呼び出されるためです。

2-3 日時データを操作する

日時はSystem.DateTime型で簡単に扱える

ここに示した各式は、System.DateTime型の変数に『代入』するか、変数パネルでDateTime型の変数の「既定」に指定してください。

現在の日時を取得する

次の式は、現在の日時を取得します。

```
DateTime.Now
```

今日の日付を取得する

次の式はDateTime.Nowと同様ですが、時刻の成分はゼロです。

```
DateTime.Today
```

年月日の数字をDateTime型に変換する

かっこ内の数字は、数値型の変数でも指定できます。

```
New DateTime(2022, 10, 3)
```

日時のテキストをDateTime型に変換する

String型の変数「日時」に入っている文字列"20220804"をDateTime型に変換するには、次のようにします。この式は、DateTime型で2022年8月4日になります。なお大文字のMは月（Month）、小文字のmは分（minute）です。

```
DateTime.ParseExact(日時, "yyyyMMdd", Nothing)
```

日時データから年や月などを取り出す

DateTime型の変数からは、年や月などの成分をYearやMonthなどのプロパティで取り出せます。これらの値は整数（Int32型）です。たとえばDateTime型の変数「日時」の西暦は次の式で取り出せます。この式は、Int32型の変数に『代入』したり、条件式で使ったりできます。

```
日時.Year
```

同様に、現在の西暦は次のようにして取り出せます。

```
DateTime.Now.Year
```

Hint

DateTime値のプロパティ

- **Year**……西暦
- **Month**……月
- **Day**……日
- **Hour**……時
- **Minute**……分
- **Millisecond**……ミリ秒
- **DayOfYear**……今年1/1からの経過日数
- **DayOfWeek**……曜日（DayOfWeek.Sundayなどと比較可能）

2つの日時データの差分をとる

2つの日時（DateTime型の値）を引き算すると、期間（TimeSpan型の値）が得られます。TimeSpan値のTotalDaysなどのプロパティで、期間の日数や時間などを取り出せます。たとえば、次の式は7/23から9/1までの日数を計算します。

```
(New DateTime(2022, 9, 1) - New DateTime(2022, 7, 23)).TotalDays
```

Hint

日時と日時の差分について

9/1から7/23を引き算して作成したTimeSpan値の日数には、9/1の分は含まれないことに注意してください。

元の日付から、ほかの日付を探す①

DateTime型のAddMonthsやAddDaysメソッドは、元の日付に月や日数を加算して別の日付を取得します。次の式は、今日より1週間前の日付です。

```
DateTime.Today.AddDays(-7)
```

次の式は、先月の月末の日付です。

```
DateTime.Parse(DateTime.Now.ToString("yyyy/M/1")).AddDays(-1)
```

Hint

DateTime型で使えるメソッド

- **AddYeras**……年を加算
- **AddMonths**……月を加算
- **AddDays**……日を加算
- **AddHours**……時間を加算
- **AddMinutes**……分を加算
- **AddSeconds**……秒を加算
- **AddMilliseconds**……ミリ秒を加算

元の日付から、ほかの日付を探す②

『日付を変更』は、元の日付から、前の月曜日やその月の月末などの日付を取得します。次の例は、同じ週の最初の日を取得します。

❶『日付を変更』を配置します。
❷「変更する日付」に「DateTime.Today」を入力します。
❸「変更を追加」ボタンをクリックし、「年/月/週の最初/最後の日付を検索」を追加します。
❹「テスト」ボタンをクリックして、必要な日付が得られるか確認します。
❺「名前を付けて結果を保存」の右端にある⊕丸十字アイコンをクリックし、変数「今週の日曜日」を作成します。

実行すると、DateTime型の変数「今週の日曜日」に、今週の日曜の日付が代入されます。

Hint

「変更を追加」ボタン

❸の「変更を追加」ボタンでは、次の変更を追加できます。

・次/前の曜日を検索
・期間を加算/減算
・年/月/週の最初/最後の日付を検索

Hint

複数の「変更を追加」した場合

変更は、上から順に適用されます。この順は、マウスのドラッグで入れ替えられます。

Hint

「変更する日付」の指定

「変更する日付」には、DateTime型の変数も指定できます。また、同じ変数を「名前を付けて結果を保存」に指定しても大丈夫です。この場合は、変更された値が元の変数に代入されます。

Hint

出力をテキストとして書式設定

ここにチェックすると、変更した結果をString型の変数で受け取れます。日付の書式は選択して指定できるほか、カスタム書式を指定することもできます。

2-4 パス文字列を操作する

パスとは、フォルダーやファイルを指すテキストのこと

フォルダーやファイルは、パス文字列で指定できます。パス（path：経路）とは、一番上のフォルダー（ルートフォルダー）からの経路のことです。

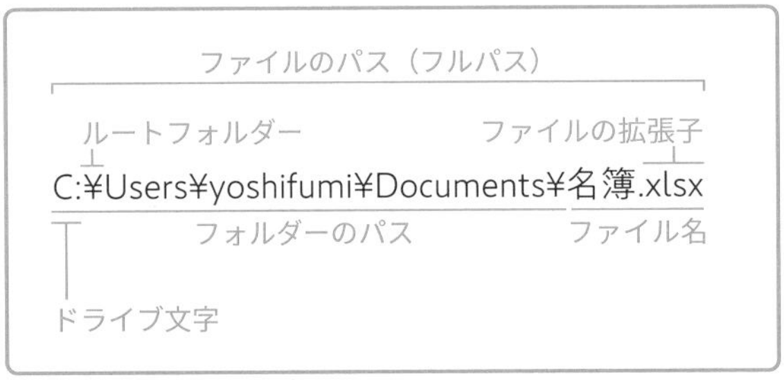

ファイルのパス（フルパス）
ルートフォルダー
ファイルの拡張子
C:¥Users¥yoshifumi¥Documents¥名簿.xlsx
フォルダーのパス
ファイル名
ドライブ文字

●フォルダーやファイルは、パス文字列で指定できます

Hint

絶対パスと相対パス

絶対パスとは、ルートフォルダーから始まるパスです。相対パスは、ルートフォルダーから始まらないパスです。相対パスは、現在のフォルダーからの相対位置として解釈されます（→p.105 現在のフォルダーを取得する）。

以下に紹介する各式は、String型の変数に『代入』するか、任意のアクティビティのString型のプロパティに直接指定できます。

●サンプルの式中で使うString型の変数とその値

変数名	値
フォルダーのパス	C:¥Users¥yoshifumi¥Documents
ファイル名	名簿.xlsx
ファイルのパス	C:¥Users¥yoshifumi¥Documents¥名簿.xlsx

Hint

フォルダーのパスの末尾は、¥をつけなくても良い

ただし、末尾に¥がつかないパスはファイルパスかもしれません。末尾に¥がついていれば、それは間違いなくフォルダーパスです。

フォルダーのパスとファイルの名前を連結する

フォルダーのパスの末尾の¥の過不足を自動で補い、パスを安全に連結します。3つ以上のパスを同時に指定して連結することもできます。この式はとても便利なので、使う機会は多いでしょう。

Path.Combine(フォルダーのパス, ファイル名)

この式は"C:¥Users¥yoshifumi¥Documents¥名簿.xlsx"になります。

フォルダーのパスから、親フォルダーのパスを取り出す

Path.GetDirectoryName(フォルダーのパス)

この式は "C:¥Users¥yoshifumi" になります。

フォルダーのパスから、一番下のフォルダー名を取り出す

Path.GetFileName(フォルダーのパス)

この式は "Documents" になります。

ファイルのパスから、フォルダーのパスを取り出す

Path.GetDirectoryName(ファイルのパス)

この式は"C:¥Users¥yoshifumi¥Documents"になります。

ファイルのパスから、ファイル名を取り出す

Path.GetFileName(ファイルのパス)

この式は"名簿.xlsx"になります。

ファイルのパスから、拡張子を除いたファイル名を取り出す

```
Path.GetFileNameWithoutExtension(ファイルのパス)
```

この式は"名簿"になります。なお、拡張子は、英語でExtensionといいます。

ファイルのパスについて、拡張子を変更する

```
Path.ChangeExtension(ファイルのパス, "pdf")
```

この式は"C:¥Users¥yoshifumi¥Documents¥名簿.pdf"になります。

特殊なフォルダーのパスを取得する

特殊フォルダーとは、デスクトップやドキュメントなどのフォルダーです。下記の式を入力するとき、SpecialFolderの後に「.」(ピリオド)を入力すると、取得できる特殊フォルダーが一覧表示されるので、ここから選択してください。

```
Environment.GetFolderPath(Environment.SpecialFolder.MyDocuments)
```

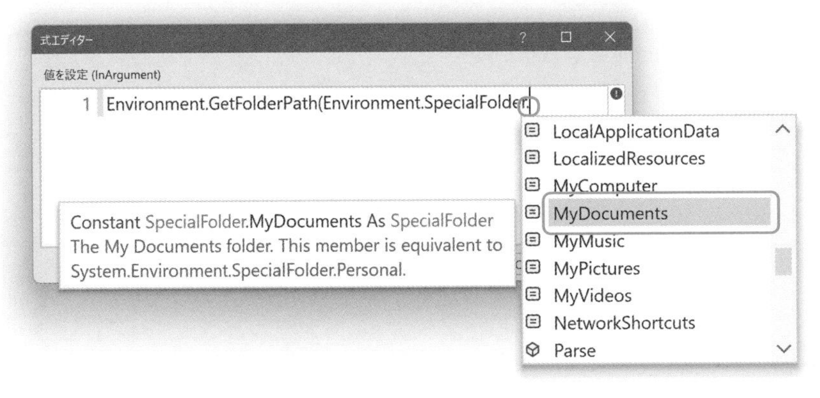

この式は"C:¥Users¥yoshifumi¥Documents"のようなものになります。この結果は、このワークフローを実行する環境によって異なります。

Hint

『特殊フォルダーのパスを取得』を使うこともできる

ただし、その場合は結果を受け取る変数を作成する必要があります。左の式は（変数に代入せず）必要な場所に直接指定できるので便利です。

Hint

式エディター

式エディターについては、次の項目を参照してください(→p.47 式エディターの活用)。

一時フォルダーのパスを取得する

Path.GetTempPath

この式は、現在のユーザーの一時フォルダーのパスになります。たとえば、"C:¥Users¥yoshifumi¥AppData¥Local¥Temp¥"のようなものになります。この結果は、環境により変化します。

現在のフォルダーを取得する

この自動化プロセスが実行されているフォルダーのパスを取得します。Studioで実行するときとAssistantで実行するときで、現在のフォルダーは異なることを確認してください。

Environment.CurrentDirectory

Environment.CurrentDirectoryにフォルダーのパスを『代入』することにより、この実行中のプロセスの現在のフォルダーを変更することもできます。

Hint

現在のフォルダーを指定する

現在のフォルダーは、"."で指定できます。".¥名簿.xlsx"は、"名簿.xlsx"と同じ意味です。また、親フォルダーは、".."です。現在のフォルダーの親フォルダーにあるファイルは、「"..¥名簿.xlsx"」のように指定できます。

相対パスを、絶対パスに変換する

相対パスとは、先頭がルートディレクトリで始まらないパスです。これは、現在のフォルダーからの相対位置として扱われます。たとえば、現在のフォルダーが"C:¥UiPath¥はじめてのプロセス"のとき、相対パス"project.json"は、絶対パス"C:¥UiPath¥はじめてのプロセス¥project.json"と同じ意味となります。

Path.GetFullPath(相対パス)

変数「相対パス」が"project.json"のとき、この式は"C:¥UiPath¥はじめてのプロセス¥project.json"のようなものになります。この結果は、現在のフォルダーにより変化します。

環境変数を含むパスを展開する

パス文字列には、環境変数を「%」でくくって含めることができます。たとえば、現在のユーザープロファイルディレクトリのパスは%UserProfile%です。これを含むパスを展開するには、次のようにします。

Hint

利用できる環境変数一覧

Windowsのコントロールパネルで確認できます。

```
Environment.ExpandEnvironmentVariables("%UserProfile%¥Documents")
```

この式は、"C:¥Users¥yoshifumi¥Documents"のようなものになります。

UiPathのログフォルダーのパスは、次のようにして取得できます。

```
Environment.ExpandEnvironmentVariables("%LocalAppData%¥UiPath¥Logs")
```

フォルダーパスの末尾の¥を除去する

パス文字列の末尾が¥で終わっていれば、これを除去します。そうでなければ、何もしません。

```
Path.TrimEndingDirectorySeparator(フォルダーのパス)
```

この式は、"C:¥Users¥yoshifumi¥Documents"になります。

2-5 環境変数の読み書き

ユーザー環境変数の取得と設定が簡単にできる

環境変数は名前と値のペアで、Windowsのコントロールパネルで設定できます。これは、このPCで動作する自動化（のほか、すべてのアプリケーション）で共有されます。

環境変数の値を設定する

『環境変数を設定』は、環境変数をWindowsのユーザー環境設定に追加します。同名の環境変数は上書きされます。この値は必ずString型です。

❶『環境変数を設定』を配置します。
❷「名前」に、環境変数の名前を入力します。ここでは"ひみつの設定"を入力します。
❸「値」に、設定したい値を指定します。ここでは"5"を指定します。

1 環境変数を設定
2 名前
{} "ひみつの設定"
3 値
{} "5"

設定した環境変数の値は、『環境変数を取得』で取り出せます（→p.108 環境変数の値を取得する）。

Hint
環境変数を削除するには

『環境変数を設定』で、その環境変数に""（空文字列）を設定してください。

環境変数の値を取得する

『環境変数を取得』は、ユーザー／システム環境変数のほか、多くの環境情報を取得します。

❶『環境変数を取得』を配置します。
❷前面のボックスに、環境変数の名前を入力します。あるいは右端にある［▼］から、取得したいプラットフォームの情報を選択します。

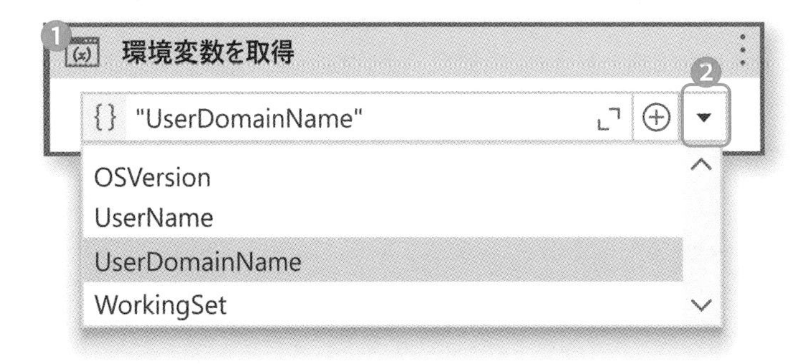

❸プロパティパネルで「変数値」右端にある⊕丸十字アイコンをクリックし、変数「設定値」を作成します。

実行すると、指定した設定値が、変数「設定値」に代入されます。

Hint

取得できる環境情報

各項目の意味は、下記のWebページの「プロパティ」の項目にあります。

●Environmentクラス(System)

https://docs.microsoft.com/ja-jp/dotnet/api/system.environment

2-6 ファイル/フォルダーを操作する

ファイルは、エクスプローラーを使わずに操作できる

ファイルを操作するアクティビティ群と、フォルダーを操作するアクティビティ群があります。本節ではファイル操作のアクティビティで説明しますが、フォルダー操作のアクティビティも同じように使えます。

Hint

フォルダーの変更を監視するには

『トリガースコープ』と『ファイル変更トリガー』を使います（→p.210 イベントの発生を待つ）。

ファイル/フォルダーの情報を取得する

『ファイル情報を取得』/『フォルダー情報を取得』を使います。

❶『ファイル情報を取得』を配置します。

❷「ファイルパス」の右端にある 🗀 フォルダーアイコンをクリックし、操作したいファイルのパスを指定します（→p.102 パス文字列を操作する）。

❸「出力先」右端にある ⊕ 丸十字アイコンをクリックし、変数「ファイル情報」を作成します。

❹『メッセージボックス』を配置します。

❺「テキスト」に「ファイル情報.」（最後にピリオド）を入力すると取得できるプロパティの一覧が表示されるので、取得したい項目を選択します。ここでは、CreationTimeを選択します。

Hint

CreationTime

CreationTimeは、ファイルの作成日時です。これはDateTime型なので、日時のさまざまな操作を簡単に行えます（→ p.99 日時データを操作する）。『代入』で「ファイル情報.CreationTime」にDateTime値を代入することにより、実際のファイルの作成日時を書き換えることもできます。

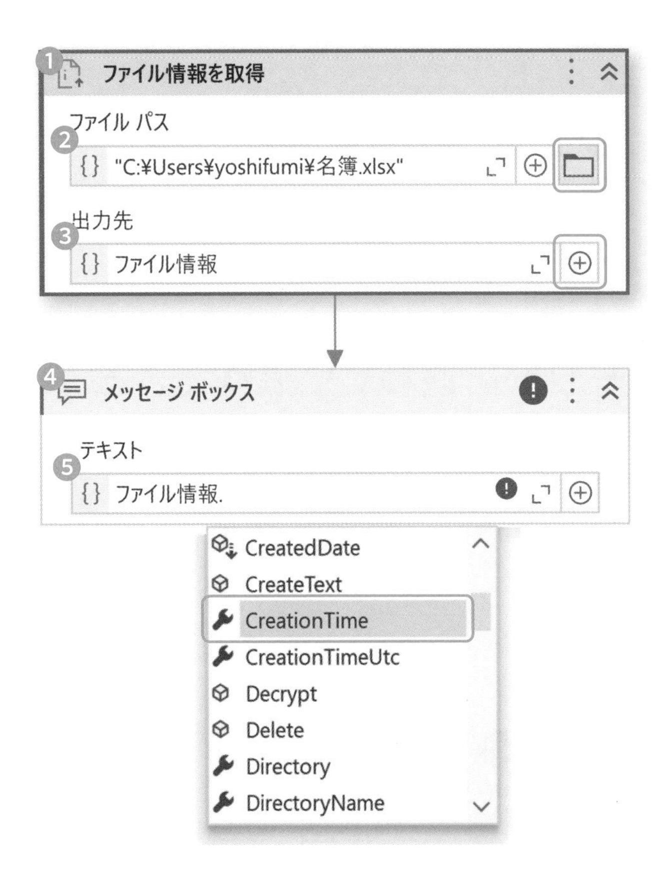

実行すると、名簿.xlsxの作成日時が画面に表示されます。

Hint

ここで取得できる変数について

『ファイル情報を取得』ではFileInfo型の変数が、『フォルダー情報を取得』ではDirectoryInfo型の変数が得られます。どちらもFileSystemInfo型の仲間です。

FileSystemInfo クラス

```
https://learn.microsoft.com/ja-jp/dotnet/api/system.io.filesysteminfo
```

FileInfo クラス

```
https://learn.microsoft.com/ja-jp/dotnet/api/system.io.fileinfo
```

DirectoryInfo クラス

```
https://learn.microsoft.com/ja-jp/dotnet/api/system.io.directoryinfo
```

ファイル/フォルダーをコピーする

『ファイルをコピー』/『フォルダーをコピー』を使います。

❶『ファイルをコピー』を配置します。
❷「コピー元」の右端にある🗀フォルダーアイコンをクリックし、コピーしたいファイルのパスを指定します（→p.102 パス文字列を操作する）。
❸「コピー先」の右端にある🗀フォルダーアイコンをクリックし、コピー先フォルダーのパスを指定します。

実行すると、コピー元のファイルが移動先のフォルダーに移動されます。

ファイル/フォルダーを移動する

『ファイルを移動』/『フォルダーを移動』を使います。

❶『ファイルを移動』を配置します。
❷「移動元」の右端にあるフォルダーアイコンをクリックし、移動したいファイルのパスを指定します（→p.102 パス文字列を操作する）。
❸「移動先」の右端にあるフォルダーアイコンをクリックし、移動先フォルダーのパスを指定します。

実行すると、移動元のファイルが移動先のフォルダーに移動されます。

Hint

既存のファイルを上書きするには

移動先に同名のファイルがある場合には、IOException例外がスローされます。エラーにせずファイルを上書きするには、「上書き」をチェックしてください。

Hint

ファイルパスを変数で指定する

「移動元」と「移動先」は、String型の変数でも指定できます。これはほかのアクティビティも同様です。

ファイル/フォルダーを削除する

『ファイルを削除』/『フォルダーを削除』を使います。

❶『ファイルを削除』を配置します。
❷「ファイル名」の右端にあるフォルダーアイコンをクリックし、削除したいファイルのパスを指定します（→p.102 パス文字列を操作する）。

実行すると、指定したファイルが削除されます。

Hint
指定したファイルが存在しないとき

『ファイルを削除』は、指定したファイルが存在しない場合は何もしません。ただし、ファイルパスに含まれるフォルダーが存在しないときはDirectoryNotFoundException例外をスローします。この例外をスローさせたくないときは、プロパティパネルで「エラー発生時に実行を継続」をTrueにしてください。

ファイル名/フォルダー名を変更する

『ファイル名を変更』/『フォルダーの名前を変更』を使います。

❶『ファイル名を変更』を配置します。
❷「ファイル」の右端にあるフォルダーアイコンをクリックし、名前を変更したいファイルのパスを指定します（→p.102 パス文字列を操作する）。
❸「新しい名前」に、このファイルの新しい名前を入力します。

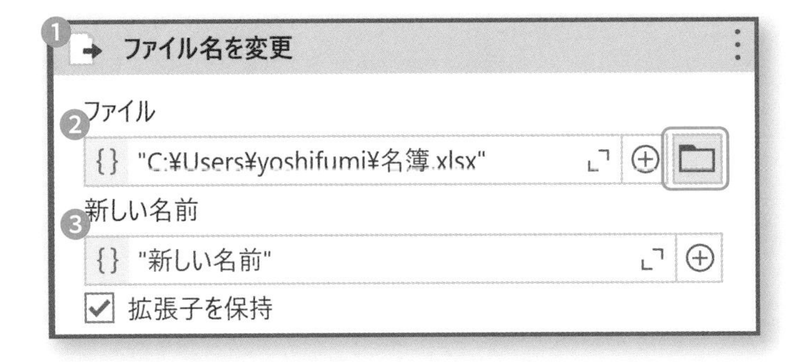

実行すると、「名簿.xlsx」の名前は「新しい名前.xlsx」に変更されます。

Hint
拡張子も変更するには

現在のファイル名と異なる拡張子を含む名前を「新しい名前」に指定するときは、「拡張子を保持」をアンチェックしてください。

ファイル/フォルダーの存在を確認する

『パスの存在を確認』を使うこともできますが、より簡潔な方法を紹介します。

❶『条件分岐（else if）』を配置します。
❷「条件」に、次のように入力します（→ p.102 パス文字列を操作する）。

```
File.Exists("ファイル名")
```

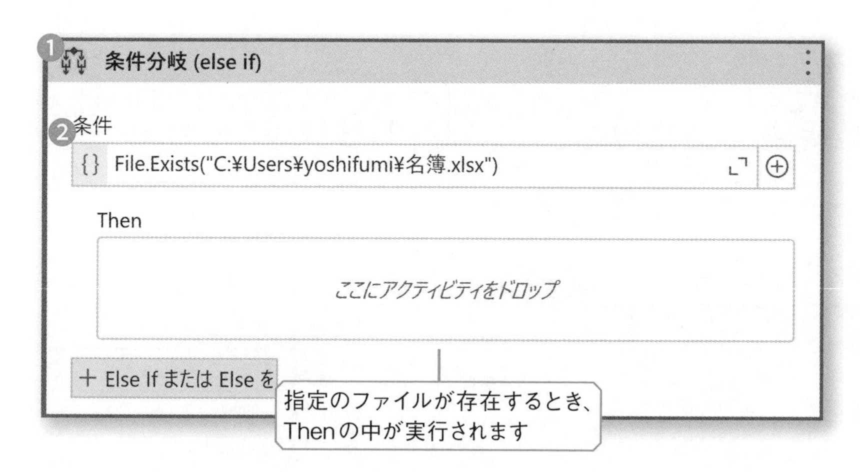

実行すると、指定のファイルが存在する場合に『条件分岐』のThenセクションが実行されます。

Hint

フォルダーの存在を確認するには

「条件」に指定する式を「Directory.Exists("フォルダー名")」としてください。

Hint

『パスの存在を確認』が必要なとき

ファイルへの参照をIResource型で取得したいときに必要となります。クロスプラットフォームのプロジェクトなどで使う機会があるでしょう。

フォルダー内のファイル/フォルダーを列挙する

『繰り返し（フォルダー内の各ファイル）』/『繰り返し（フォルダー内の各フォルダー）』は、指定のフォルダー内の各ファイル/フォルダーの情報を、繰り返し変数に取り出します。

❶『繰り返し（フォルダー内の各ファイル）』を配置します。
❷「フォルダー」の右端にあるフォルダーアイコンをクリックし、対象のフォルダーのパスを指定します（→p.102 パス文字列を操作する）。
❸必要に応じて、「フィルター条件」に列挙したいファイル名のフィルターを指定します。ここでは "*.xlsx"（Excelファイル）を指定します。
❹この中に、ファイル名を使いたいアクティビティを配置します。ここでは『メッセージボックス』）を配置します。

Hint

フィルターの指定方法

次のワイルドカードが使えます。

- *……0個以上の任意の個数の文字に合致
- ?……任意の1文字に合致

たとえば、フィルターに "*.xlsx"を指定すると、Excelのファイル（拡張子が.xlsxのファイル）だけを取り出せます。

❺「テキスト」の右端にある⊕丸十字アイコンをクリックし、「CurrentFile」の読み取りたい属性を選択します。たとえば「完全名（フルパスを含む）」を選択すると、自動で「CurrentFile.FullName」が入力されます。

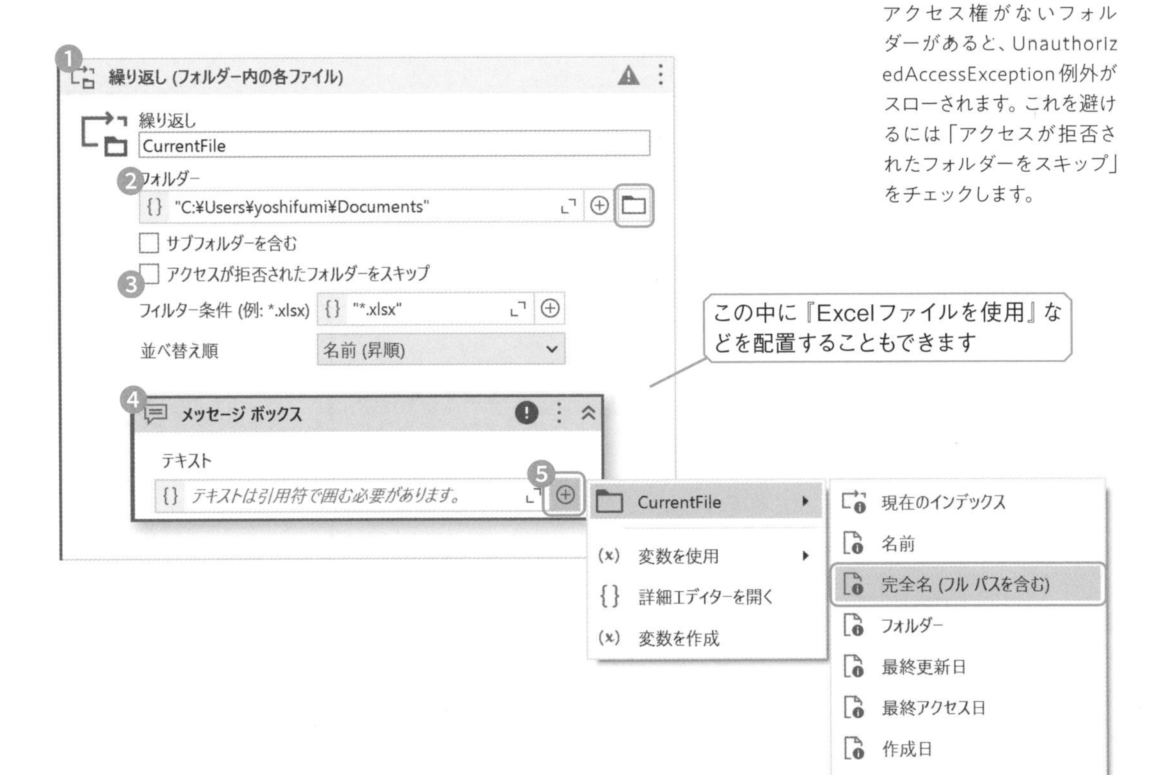

Hint

アクセスできないフォルダーをスキップするには

アクセス権がないフォルダーがあると、UnauthorIzedAccessException例外がスローされます。これを避けるには「アクセスが拒否されたフォルダーをスキップ」をチェックします。

実行すると、指定のフォルダーにあるExcelファイルのフルパスが順に表示されます。

ファイル/フォルダーをZipで圧縮する

『ファイルを圧縮（Zip）』を使います。これはフォルダーも圧縮できます。

❶『ファイルを圧縮（Zip）』を配置します。
❷「圧縮済みファイル名」の右端にあるフォルダーアイコンをクリックし、作成す

る.zipファイルのパスを入力します（→p.102 パス文字列を操作する）。
❸「zip圧縮するコンテンツ」の右端にある📁フォルダーアイコンをクリックし、圧縮したいファイル／フォルダーを選択します。
❹上記の❸の手順を繰り返して、圧縮したいファイル／フォルダーをすべて指定します。

実行すると、指定したファイル／フォルダーを含む.zipファイルが作成されます。

Hint

作成したzipファイルの情報を取得するには

「圧縮済みファイル」の右端にある⊕丸十字アイコンから変数を作成すると、作成されたzipファイルの情報がこの変数に代入されます（→p.109 ファイルの情報を取得する）。

Zipファイルを展開する

『ファイルを展開（Unzip）』を使います。

❶『ファイルを展開（Unzip）』を配置します。
❷「展開するファイル」の右端にある📁フォルダーアイコンをクリックし、展開したいzipファイルを指定します（→p.102 パス文字列を操作する）。
❸「展開先フォルダー」の右端にある📁フォルダーアイコンをクリックし、展開先フォルダーのパスを指定します。

Hint

zipファイルと同名のフォルダーを作成するには

「専用フォルダーに展開」をチェックすると、展開するファイルと同名のフォルダーが自動で作成されます。

実行すると、指定したファイルが展開先フォルダーに展開されます。

Hint

展開したファイル名を列挙するには

「展開済みコンテンツのフォルダー」の右端にある⊕丸十字アイコンから、変数を作成してください。この「変数.FullName」で、展開先のフォルダーのパスを取得できます。これを『繰り返し(フォルダー内の各ファイル)』の「フォルダー」に指定してください(→p.113 フォルダー内のファイルを列挙する)。

2-7 ダイアログを操作する

さまざまなダイアログが用意されている

UiPathは、さまざまなダイアログでユーザーに情報を提示し、ユーザーの選択を受け取れます。

メッセージボックスを表示する

『メッセージボックス』は、メッセージダイアログを表示します。ダイアログに表示するボタンは、「ボタン」プロパティで変更できます。ユーザーが選択したボタンは、「選択されたボタン」プロパティで受け取れます。

❶『メッセージボックス』を配置します。
❷「テキスト」に、表示したいメッセージを設定します。
❸プロパティパネルで、「キャプション」にダイアログのタイトルを設定します。
❹プロパティパネルで、「ボタン」に表示したいボタンを選択します。

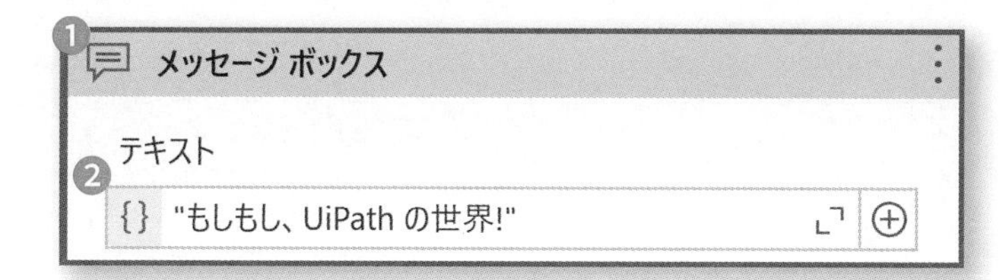

実行すると、選択したボタンのメッセージボックスが表示されます。

●ボタンが「OK」のとき

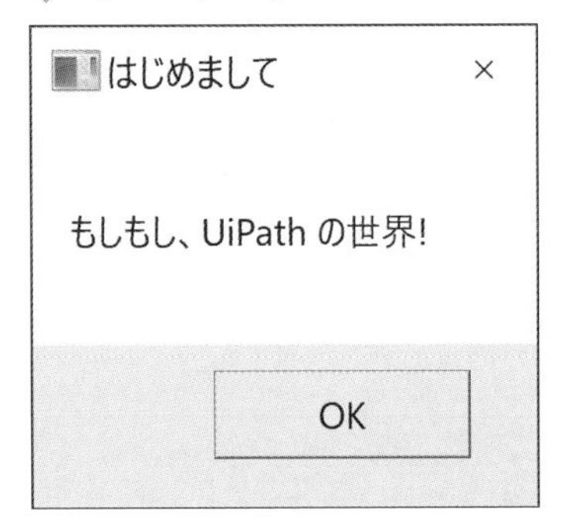

●ボタンが「OkCancel」のとき

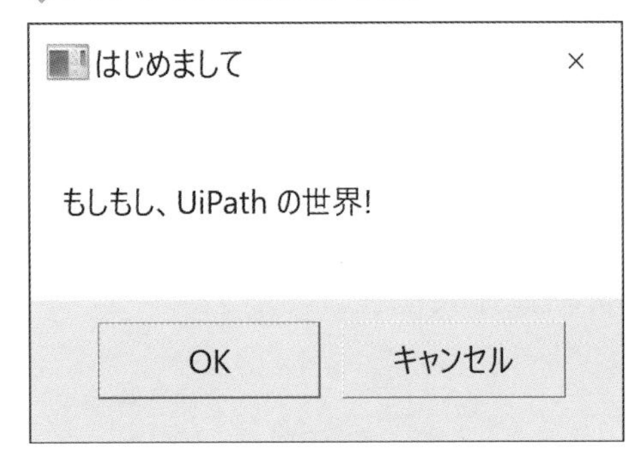

●ボタンが「YesNo」のとき

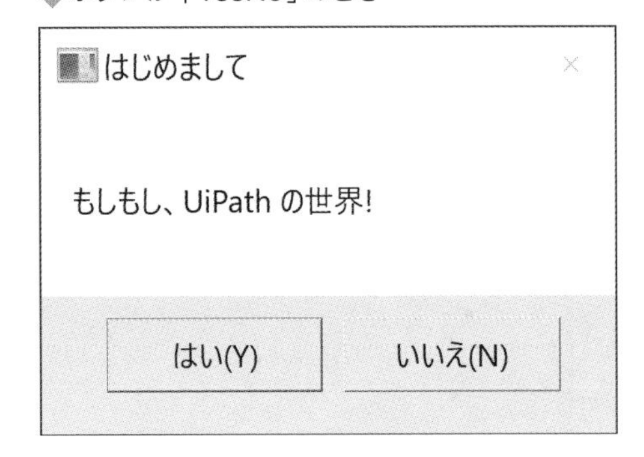

Hint

ウィンドウ右上の×はキャンセル

ダイアログウィンドウを右上の×で閉じると、[キャンセル] ボタンがクリックされたとして扱われます。[YesNo] ボタンのときは [キャンセル] ボタンがないため、×でウィンドウを閉じることもできません。

●ボタンが「YesNoCancel」のとき

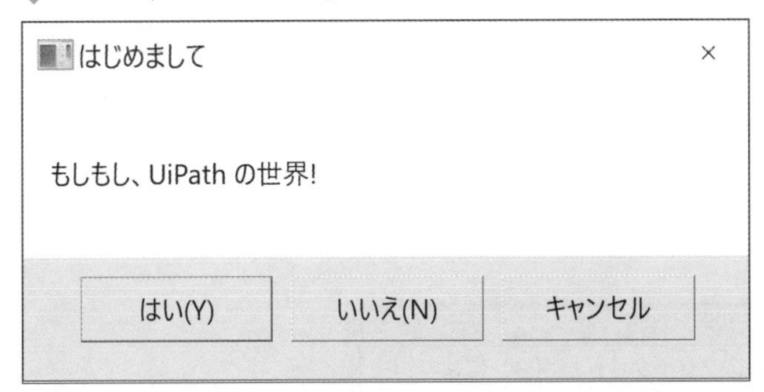

メッセージボックスでクリックされたボタンを取得する

❶『メッセージボックス』を配置します（→p.117 メッセージボックスを表示する）。
❷プロパティパネルで、「選択されたボタン」の右端にある⊕丸十字アイコンから、変数「選択されたボタン」を作成します。

❸メッセージボックスの直後に『条件分岐（switch）』を配置します。
❹プロパティパネルで、「TypeArgument」にString型を指定します。
❺「新しいCaseを追加」から、必要に応じてOk、Yes、No、CancelなどのCase

Hint

『メッセージボックス』をUnattendedで使う

Unattendedは無人のPCで動作するため、『メッセージボックス』を使うと処理が止まってしまいます（[OK]ボタンをクリックする人がいないため）。しかし、「次の経過後に自動で閉じる」プロパティを設定することで、Unattendedプロセスにおいても『メッセージボックス』を使うことができます。

を作成し、その中にボタンに応じた処理を配置します。

Hint

ボタンを『条件分岐』で判断する

ボタンは、『条件分岐（switch）』の代わりに『条件分岐（else if）』を使っても判断できます。この「条件」は次のようにしてください。

```
選択されたボタン = "Yes"
```

入力ダイアログを表示する

『入力ダイアログ』は、入力ダイアログを表示します。ユーザーにテキストを入力してもらうほか、用意された選択肢から1つを選んでもらうこともできます。3つまでの選択肢は、ラジオボタンで表示します。選択肢が4つ以上の場合は、ドロップダウンリストで表示します。

選択肢を準備しないとき

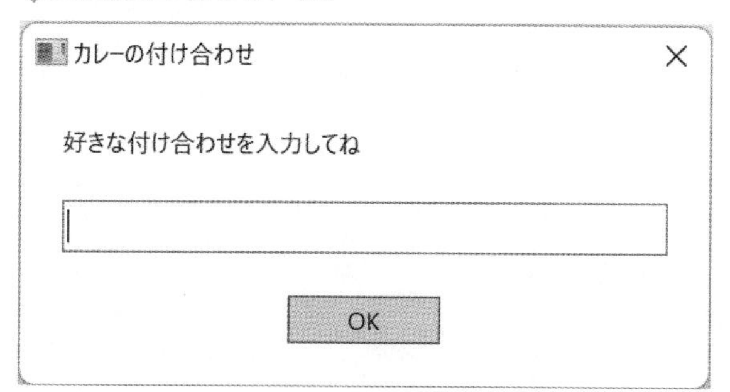

選択肢が3つ以下のとき

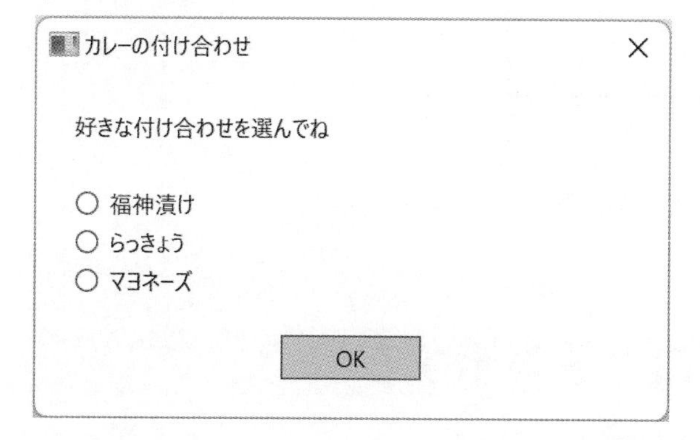

選択肢が4つ以上のとき

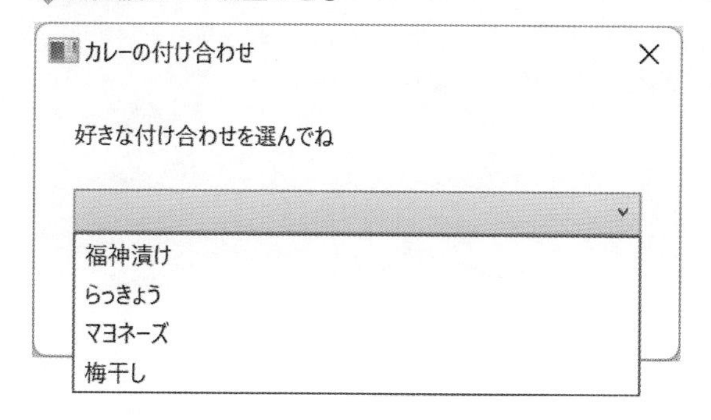

❶『入力ダイアログ』を配置します。
❷「ダイアログのタイトル」に、ウィンドウタイトルを設定します。
❸「入力ラベル」に、メッセージを設定します。
❹「入力した値」の右端にある ⊕ 丸十字アイコンをクリックし、変数「入力した値」を作成します。

Hint

リッチなダイアログを表示するには

『入力ダイアログ』は、ユーザーから多くの情報を一度に受け取ることはできません。よりリッチなダイアログを表示するには、UiPath.Form.Activitiesパッケージをインストールしてください。このパッケージに含まれる『フォームを作成』は、リッチなダイアログをブラウザーで表示します。ビジュアルなフォームデザイナーが付属するため、自分でhtmlファイルを書く必要はありません。

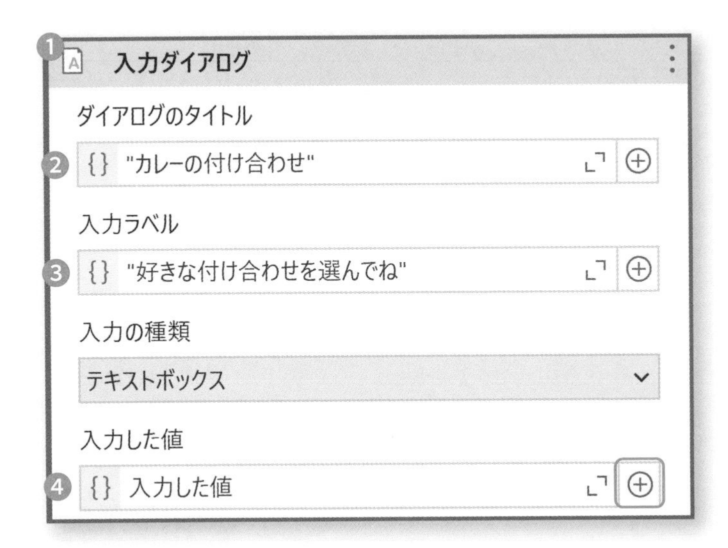

実行すると、ダイアログを表示し、ユーザーが入力した値が変数「入力した値」に代入されます。

選択肢つきの入力ダイアログを表示する

❶『入力ダイアログ』を配置します（→p.120 入力ダイアログを表示する）。
❷「入力の種類」で「複数選択」を選択します（「入力の種類」を「複数選択」にすると、「入力オプション」を設定できます）。
❸「入力オプション」に、選択肢を「;」（セミコロン）で区切った文字列を設定します。

実行すると、ユーザーがダイアログで選択した値が変数「選択した値」に代入されます。

Hint

入力オプションを文字列の配列で指定する

選択肢は、「オプション」プロパティに文字列の配列で指定することもできます。選択肢を変数で指定したいときに便利です。

ファイル/フォルダーを選択ダイアログを表示する

『ファイルを参照』『フォルダーを参照』は、それぞれファイルとフォルダーを選択するダイアログを表示します。しかし、これらは最初のフォルダーの位置を指定できないなど、使い勝手がいまいちです。ここでは、より便利な代替の方法を紹介します。

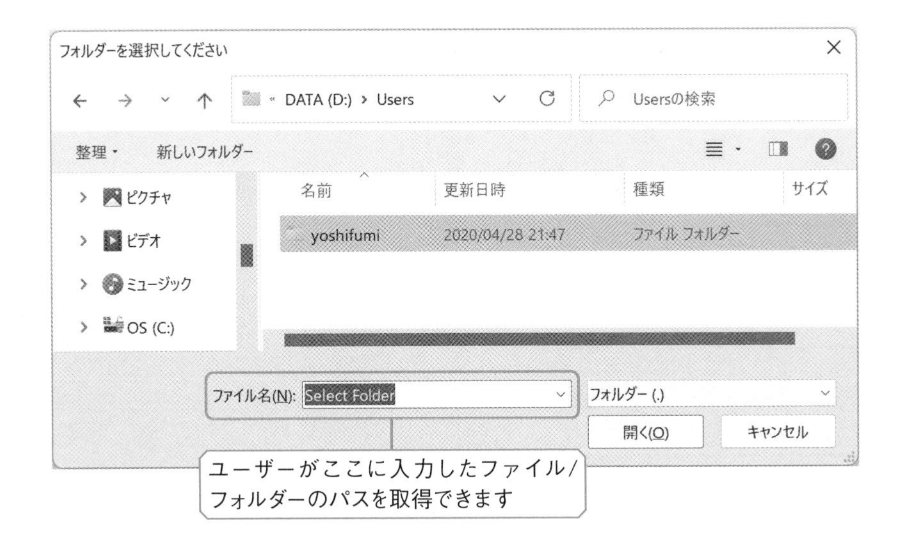

次の手順は、フォルダー選択ダイアログを表示します。これを少し修正して、ファイル選択ダイアログも表示できます。

❶変数パネルにSystem.Windows.Forms.OpenFileDialog型の変数「ofd」を作成します。
❷「既定」に次のように入力します。

```
New OpenFileDialog
```

❸『複数代入』と『条件分岐（else if）』を配置します。
❹「条件」に、「OK」ボタンが押されたことを判断する次の式を入力します。

```
ofd.ShowDialog = DialogResult.OK
```

❺ユーザーが選択したパスを表示します。フォルダー選択ダイアログでは「Path.GetDirectoryName(ofd.FileName)」としてフォルダーのパスを、ファイル選択ダイアログでは「ofd.FileName」としてファイルのパスを取得できます。

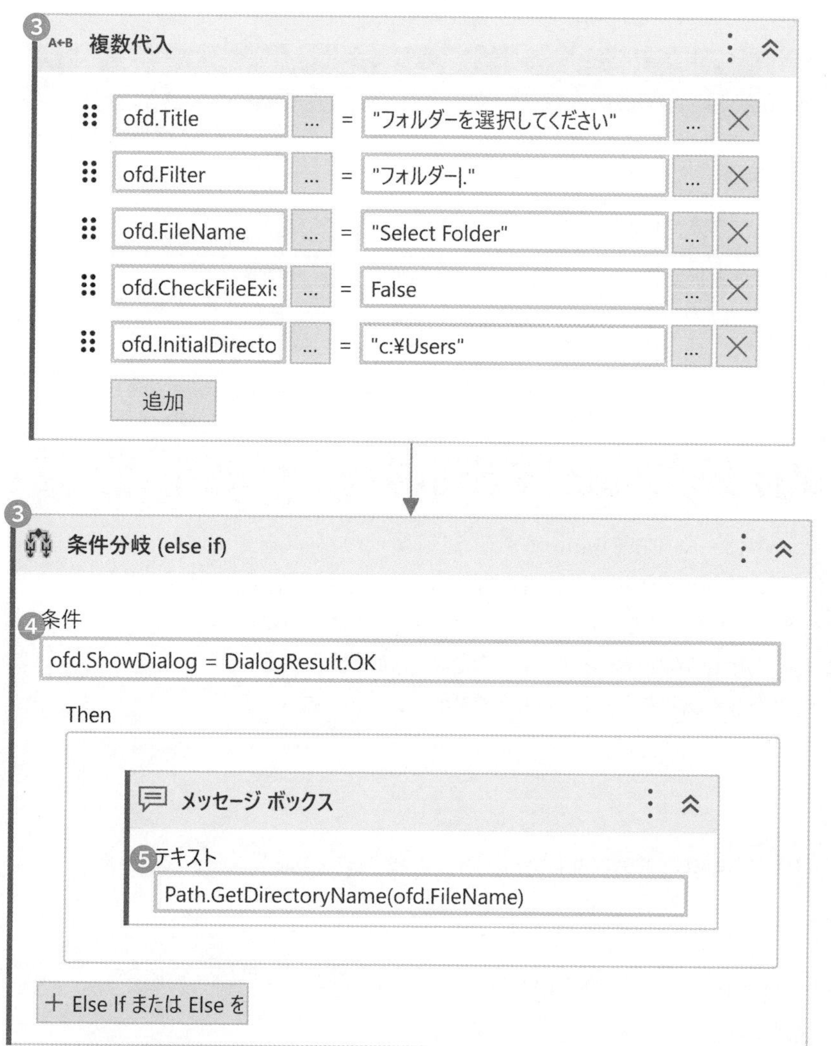

次の表は、『複数代入』で指定できるofdのプロパティです。

Hint

『複数代入』について

『複数代入』の代わりに、複数の『代入』を並べても構いません。これらの実行時の機能はまったく同じです。ただし設計時には、複数の『代入』を『シーケンス』でまとめるよりも、『複数代入』を1つだけ配置する方が簡潔になります。『複数代入』の実行順は、マウスのドラッグで入れ替えることができます。

Hint

変数「ofd」について

この変数は、前ページの❶でOpenFileDialog型として作成しています。

変数「ofd」で使えるプロパティ

ofdのプロパティ	説明	ファイル選択の例	フォルダー選択の例
Title	ウィンドウタイトル	"ファイルを選択してください"	"フォルダーを選択してください"
Filter	ファイル種別とその拡張子を|で区切って複数指定	"エクセル|*.xlsx;*.xls|ワード|*.docx"	"フォルダー|."
FileName	初期ファイル名	(不要)	"Select Folder"
CheckFileExists	存在するファイルしか選択できない	True	False
InitialDirectory	初期フォルダーパス	"c:¥User"	"c:¥User"

ファイルを保存ダイアログを表示する

OpenFileDialog型の代わりにSaveFileDialog型を使うと、ファイルを保存ダイアログを表示できます。これらの使い方と見た目はほとんど同じですが、OpenFileDialogには複数選択を可能にするMultiselectプロパティなどがあります。一方で、SaveFileDialogには既存のパスを指定したときに自動で警告するOverwritePromptプロパティなどがあります。ほかにも多くのオプションがあるので、探してみてください。

OpenFileDialogクラス

```
https://learn.microsoft.com/ja-jp/dotnet/api/system.windows.forms.openfiledialog
```

SaveFileDialogクラス

```
https://learn.microsoft.com/ja-jp/dotnet/api/system.windows.forms.savefiledialog
```

作成したワークフローをカスタムアクティビティにする

ここに紹介したフォルダー選択ダイアログは、カスタムアクティビティにしておくと便利です。次の手順となります。

❶ライブラリプロジェクトを作成します。
❷「デザイン」リボンの「新規」ボタンをクリックし、シーケンスを作成します。
❸作成したシーケンスに、「ファイルを保存ダイアログ.xaml」と名前をつけます。
❹このワークフロー下の引数パネルに、「タイトル」や「ファイル名」などの名前でString型の入力引数を作成します。

Hint

ライブラリプロジェクトとは

カスタムのアクティビティパッケージを作成できるプロジェクトです。これをパブリッシュすると、ライブラリパッケージを作成できます。これは、ほかのプロセスプロジェクトにインストールして使います。

❺p.125に紹介したワークフローを、「ファイルを保存ダイアログ.xaml」として作成します。
❻パブリッシュしてライブラリパッケージを作成します。
❼プロセスプロジェクトを作成し、作成したライブラリパッケージをインストールします（→p.65 パッケージをインストールする）。
❽アクティビティパネルに、『ファイルを保存ダイアログ』が追加されるので、これを配置し、そのプロパティを設定してください。

ワークフローに作成した引数は、カスタムアクティビティのプロパティとして利用できます。共通部品を作りたいとき、ライブラリプロジェクトはとても便利です。

●ライブラリプロジェクトをパブリッシュすると、カスタムパッケージを作成できる

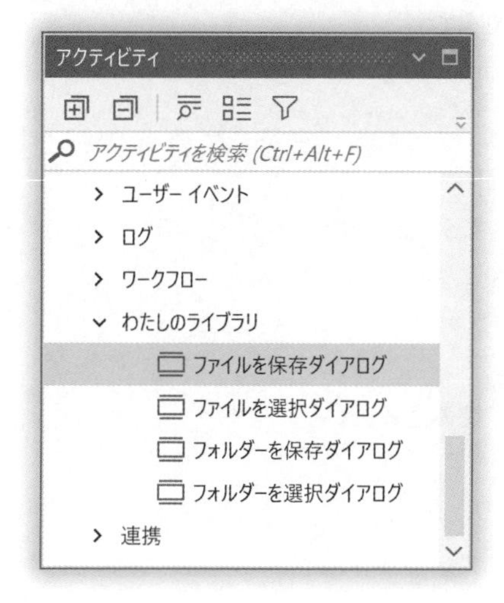

●カスタムアクティビティ『ファイルを保存ダイアログ』を配置したところ

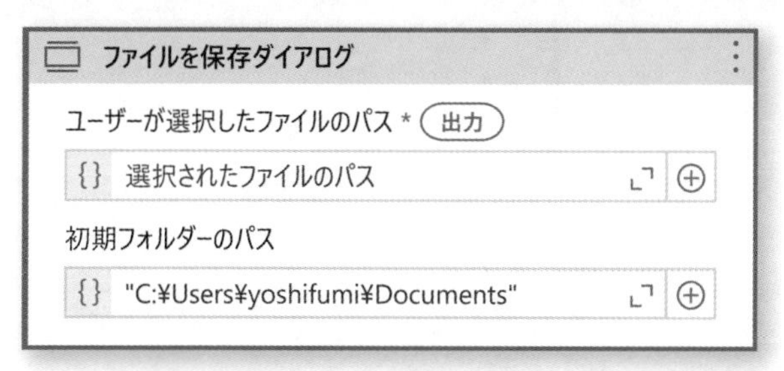

Hint

パスワードを管理するアクティビティ

・**『パスワードを取得』**……ワークフローに、パスワードを安全にハードコードします。ワークフローを作成したユーザー以外は、パスワードを取り出せないことに注意してください。
・**『ユーザー名/パスワードを取得』**……ユーザー名/パスワード入力ダイアログを表示します。入力された情報は、自動でOrchestrator上のアセットもしくはWindows資格情報マネージャーに保存できます。
・**『Request Credentials』**……ユーザー名/パスワード入力ダイアログを表示します。それ以外の機能はありません。UiPath.Credentials.Activitiesパッケージにあります。

それぞれの詳細は、『公式ガイド UiPathワークフロー開発 実践入門 ver2021.10対応版』（津田義史著、秀和システム刊）を参照してください。

2-8 テキストファイルの読み書き

テキストファイルの操作にも、専用のアクティビティが用意されている

テキストファイルは、拡張子が.txtのファイルです。Windowsのメモ帳で読み書きできます。UiPathは、メモ帳を使わずにテキストファイルを読み書きできます。

テキストファイルを読み込む

『テキストファイルを読み込み』は、指定したファイルの内容をすべてString型の変数に読み込みます。

❶『テキストファイルを読み込み』を配置します。
❷「ファイル名」の右端にある フォルダーアイコンをクリックし、読み込みたいファイルを指定します（→p.102 パス文字列を操作する）。
❸プロパティパネルで、「出力」の右端にある ⊕ 丸十字アイコンをクリックし、変数「ファイルの内容」を作成します。

実行すると、指定したファイルの内容が変数に読み込まれます。

テキストファイルのエンコーディングを指定する

テキストファイルに文字情報を記録する形式（エンコーディング）には、いくつか種類があります。ファイルを読み込むときは、正しいエンコーディングを「エンコード」プロパティに指定しないと文字化けしてしまいます。指定できるエンコーディングを下表に示します。なお、テキストファイルをメモ帳で開くと、そのエンコーディングがステータスバー右端に表示されます。

●日本でよく使われるエンコーディング一覧

ファイルのエンコーディング	メモ帳のステータスバー右端に表示される値	プロパティ「エンコード」に指定すべき値
UTF-8	UTF-8	"utf-8"
UTF-16	UTF-16	"utf-16"
Shift JIS	ANSI	"shift_jis"
EUC	（Windowsのバージョンにより異なります）	"euc-jp"

Shift JISエンコーディングを使えるようにする

Studioで新規プロジェクトを作成するときに「対応OS」に「Windowsレガシ」以外を選択すると、エンコーディングに"shift_jis"を指定できません（実行時エラーになります）。これを使えるようにするには、メインワークフローの先頭で次のようにしてください。

❶『メソッドを呼び出し』を配置します。
❷「TargetType」で「Browse for Types...」から「System.Text.Encoding」を選択します。
❸「MethodName」に「RegisterProvider」と入力します。

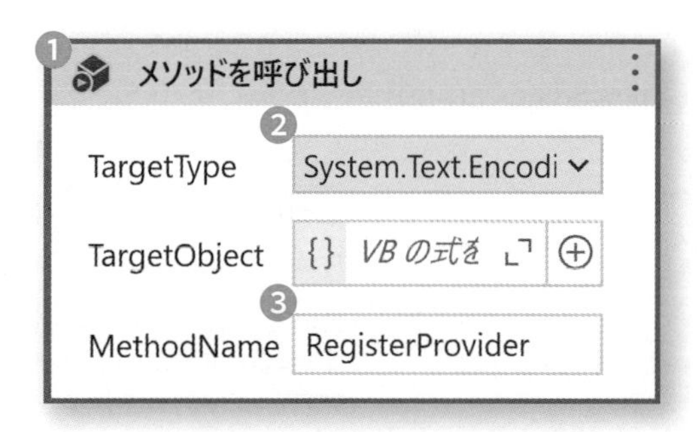

❹プロパティパネルで、「パラメーター」右端にある［...］から「パラメーター」ウィンドウを開きます。
❺「Type」の「Browse for Types...」から「System.Text.EncodingProvider」を選択します。
❻「Value」に次のように入力して「OK」ボタンをクリックします。

```
CodePagesEncodingProvider.Instance
```

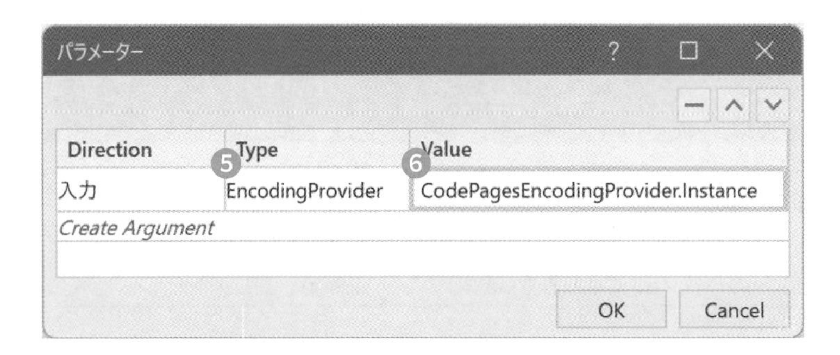

以上で、エンコーディングに"shift_jis"が使えるようになります。

大きなテキストファイルを1行ずつ読み込む

大きなテキストファイルを『テキストファイルを読み込み』で読み込むと、とても遅い上、場合によってはメモリ不足エラーになってしまいます。それを回避する方法は、次の通りです。

❶『繰り返し（コレクションの各要素）』を配置します。
❷「項目のリスト」に、読みたいファイル名とエンコーディングとして、次の式を設定します。

```
File.ReadLines(読みたいファイルのパス, Text.Encoding.GetEncoding("utf-8"))
```

❸プロパティパネルで「TypeArgument」に「String」を設定します。

Hint
TypeArgumentの指定
❸の手順は、WindowsプロジェクトのSystemパッケージ v23.4以降では不要です。

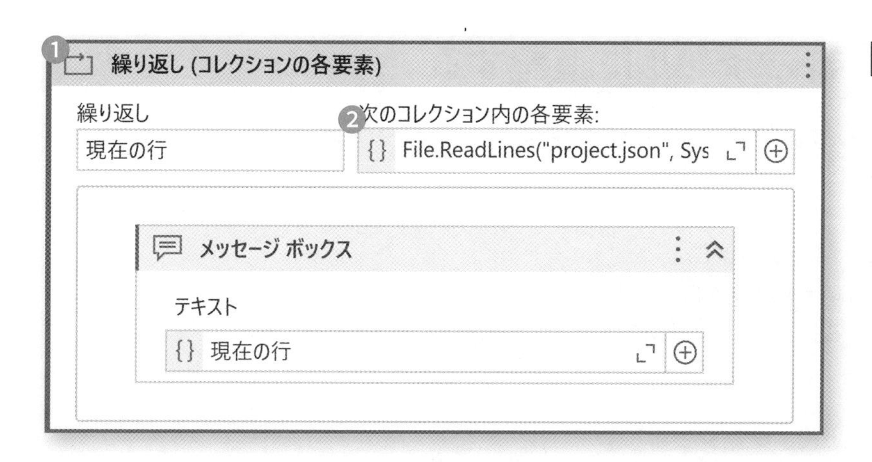

Hint

繰り返し変数の名前

ここでは、繰り返し変数の名前をわかりやすく「現在の行」に変更しました。

実行すると、指定したファイルを1行ずつ、繰り返しの変数に取り出します。巨大なテキストファイルも高速に処理できます。次も参考にしてください（→p.346 列挙データの活用）。

新規にテキストファイルに書き込む

『テキストファイルに書き込み』は、String型の変数の内容をテキストファイルに書き込みます。同名のファイルが存在するとき、この内容は上書きされます。

❶『テキストファイルに書き込み』を配置します。
❷「テキスト」に、書き込みたいテキストを指定します。
❸「書き込む先のファイル名」に、ファイル名を指定します（→p.102 パス文字列を操作する）。

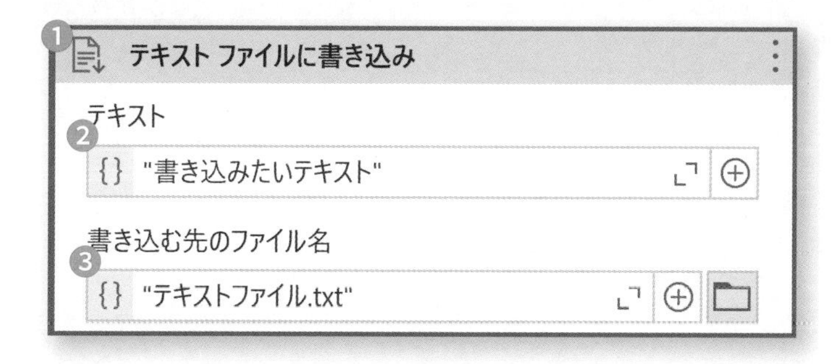

実行すると、現在のフォルダーに「テキストファイル.txt」が作成され、「書き込みたいテキスト」が書き込まれます（→p.105 現在のフォルダーを取得する）。

既存のテキストファイルに追記する

『文字列を追加書き込み』は、既存のテキストファイルの末尾にテキストを追記します。指定のファイルが存在しないときは、新規に作成します。

❶『文字列を追加書き込み』を配置します。
❷「テキスト」に、追加したいテキストを指定します。
❸「書き込む先のファイル名」に、ファイル名を指定します（→p.102 パス文字列を操作する）。

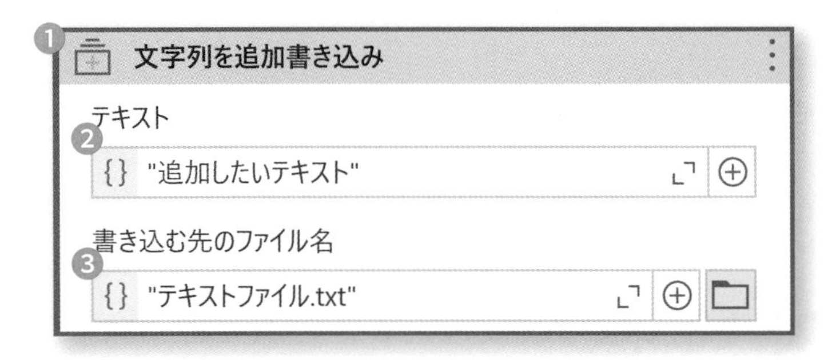

実行すると、指定したファイルの末尾にテキストを追記します。

2-9 CSVファイルの読み書き

Excelがなくても読み書きできる

CSVファイルはカンマ区切りの値（Comma Separated Value）を並べたテキストファイルで、その拡張子は.csvです。CSVアクティビティとDataTable型の変数で操作できます（→p.349 データテーブルに固有の操作）。

Excelで開いたときに文字化けしないようにするには、各CSVアクティビティの「エンコード」プロパティに"shift_jis"を指定してください（→p.129 テキストファイルのエンコーディングを指定する）。

CSVファイルを読み込む

❶『CSVを読み込み』を配置します。
❷「読み込み元ファイル」の右端にある フォルダーアイコンをクリックし、読み込みたいCSVファイルのパスを指定（→p.102 パス文字列を操作する）。
❸「出力先」の右端にある⊕丸十字アイコンをクリックし、変数「データテーブル」を指定します。

実行すると、指定したファイルが変数「データテーブル」に読み込まれます。うまく

読み込めないときは、元ファイルのエンコーディングを確認し、「エンコード」プロパティに適切なテキストを設定してください（→p.129 テキストファイルのエンコーディングを指定する）。

新規のCSVファイルに書き込む

既存の同名のファイルは、上書きされることに注意してください。

❶『CSVに書き込み』を配置します。
❷「書き込み元」の右端にある⊕丸十字アイコンをクリックし、書き込みたいDataTable型の変数を使用します。
❸「書き込み先ファイル」の右端にある🗀フォルダーアイコンをクリックし、書き込み先のCSVファイルのパスを指定します（→p.102 パス文字列を操作する）。

実行すると、変数「データテーブル」の内容をファイルに書き込みます。

Hint
区切り文字やエンコーディング

区切り文字やエンコーディングは、プロパティパネルで指定できます。

Hint
CSVファイルのエンコーディング

プロパティパネルで「エンコード」に"shift_jis"を指定することをお勧めします。このCSVファイルは、Excelで文字化けせず開けます。

既存のCSVファイルに追記する

❶『CSVに追加』を配置します。
❷「追加するデータ」の右端にある⊕丸十字アイコンをクリックし、追記したいDataTable型の変数を使用します。
❸「追加先ファイル」の右端にある🗀フォルダーアイコンをクリックし、追加先のCSVファイルのパスを指定します（→p.102 パス文字列を操作する）。
❹このファイルのエンコーディングを確認し、同じものをプロパティパネルの「エンコード」に指定します（→p.129 テキストファイルのエンコーディングを指定する）。

実行すると、既存のファイルに変数「データテーブル」の内容が追記されます。

Hint

区切り文字の変更

プロパティ「区切り文字」で変更できます。既定はカンマ（,）です。このほか、タブ文字、セミコロン（;）、キャレット（^）、パイプ（|）を選択できます。

2-10 PDFファイルの読み書き

PDFパッケージをインストールする

画面を操作することなく、直接PDFファイルを読み書きできます。Adobe Acrobat ReaderがPCにインストールされていなくても大丈夫です。本節で紹介したアクティビティを使うには、UiPath.PDF.Activitiesパッケージをインストールしてください（→p.65 パッケージをインストールする）。

PDFのテキストを読み込む

『PDFのテキストを読み込み』は、PDFファイルの内容をString型の変数に読み込みます。

❶『PDFのテキストを読み込み』を配置します。
❷前面のボックスの右端にある フォルダーアイコンをクリックし、PDFファイルを指定します（→p.102 パス文字列を操作する）。
❸プロパティパネルで、「テキスト」の右端にある ⊕ 丸十字アイコンをクリックし、変数「テキスト」を作成します。

実行すると、PDFファイルのテキストが変数「テキスト」に読み込まれます。

Hint

Acrobat Readerの画面からテキストを読み取るには

『テキストを取得』でAdobe Acrobat Readerの画面上からテキストを読み取ることもできます。うまく読み取れないときは、Acrobat Readerの保護モードを無効にし、読み上げオプションを適切に設定してください。詳細は次を参照してください。

●アクセシビリティオプションが有効なPDF内のUI要素を識別する

https://docs.uipath.com/ja/studio/standalone/2022.4/user-guide/identifying-ui-elements-in-pdf-with-accessibility-options

PDFのページ数を数える

『PDFのページ数を取得』は、PDFファイルのページ数を取得します。

❶『PDFのページ数を取得』を配置します。
❷前面のボックスに、PDFファイルを指定します（→p.102 パス文字列を操作する）。
❸プロパティパネルで、「ページ数」の右端にある ⊕ 丸十字アイコンをクリックし、変数「ページ数」を作成します。

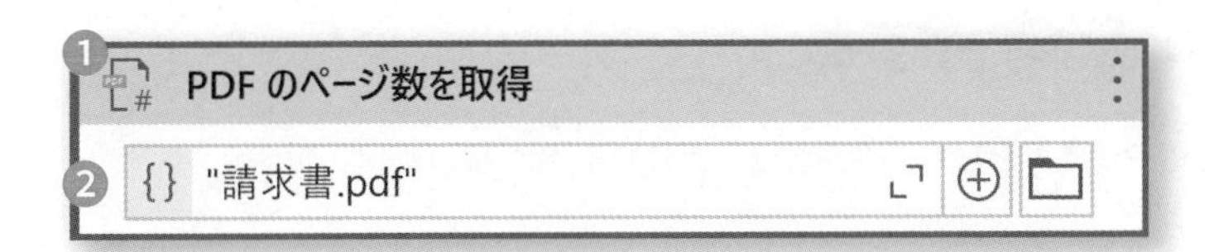

実行すると、指定したPDFファイルのページ数が、変数「ページ数」に代入されます。

PDFの指定したページ範囲を切り出す

『PDFのページ範囲を抽出』は、指定したページ範囲を別のPDFファイルに切り出します。

❶『PDFのページ範囲を抽出』を配置します。
❷上のボックス右端にある元のPDFファイルを指定します（→p.102 パス文字列を操作する）。
❸下のボックスの右端にある 🗀 フォルダーアイコンをクリックし、出力するPDFファイルを指定します。
❹プロパティパネルで、抽出したいページを「範囲」プロパティに"3-5"のように指定します。

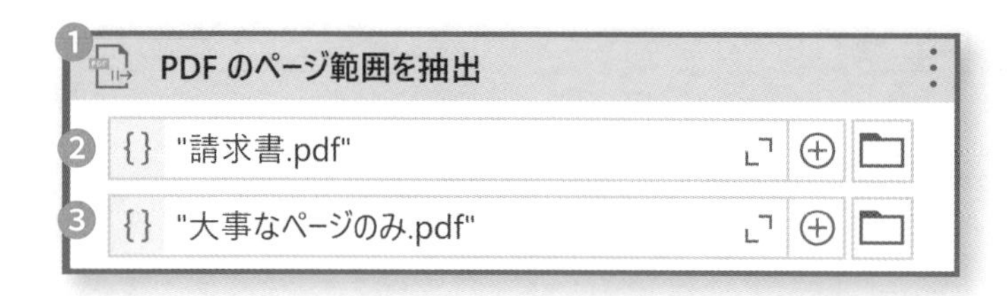

実行すると、「請求書.pdf」の3ページ目から5ページ目が、ファイル「大事なページのみ.pdf」に保存されます。

複数のPDFファイルを結合する

『PDFファイルを結合』は、複数のPDFファイルを1つのPDFファイルにします。

❶『PDFファイルを結合』を配置します。
❷前面のボックスの右端にある フォルダーアイコンをクリックし、作成するPDFファイルを指定します（→p.102 パス文字列を操作する）。

❸プロパティパネルで、「ファイルリスト」に結合したいファイル一覧のパスとして、次のような式を指定します（→ p.315 配列変数の作成と初期化）。

```
{ "稟議書.pdf", " 押印申請書.pdf", " 経費精算書.pdf" }
```

Hint

エクスポートする画像ファイルの品質

「画像DPI」プロパティで指定できます。この数値が大きい方がきれいな画像になりますが、ファイルサイズも大きくなります。

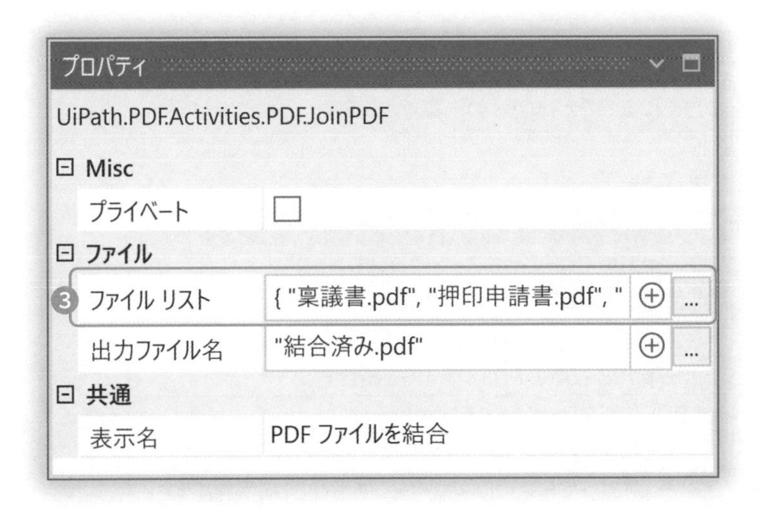

実行すると、指定したPDFファイルが1つのファイルに結合され、ファイル「結合済み.pdf」に保存されます。

PDFファイルの1ページを画像として保存する

『PDFページを画像としてエクスポート』は、PDFファイルの1ページを画像として保存します。

❶『PDFページを画像としてエクスポート』を配置します。
❷前面の上のボックスの右端にある フォルダーアイコンをクリックし、PDFファイルを指定します（→p.102 パス文字列を操作する）。
❸前面の下のボックスに、作成したい画像ファイルのパスを指定します。
❹プロパティパネルの「ページ番号」に、画像にしたいページ番号を指定します。ここでは「1」を指定します。実行すると、指定のページが画像ファイルとして保存されます。

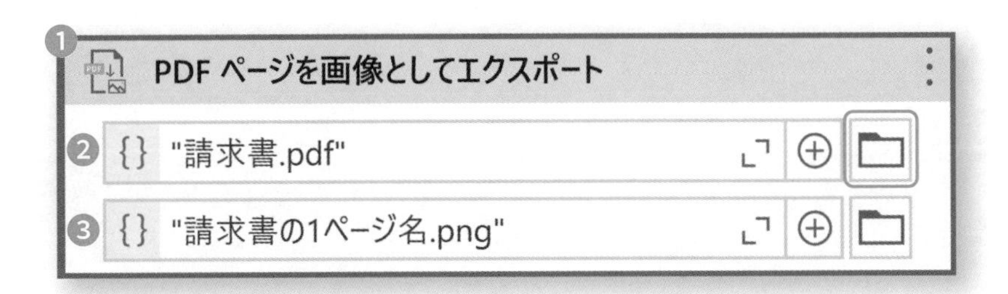

このほかの操作

UiPath.PDF.Activitiesパッケージに含まれるアクティビティの一覧です。

●PDFパッケージに含まれるアクティビティ一覧

アクティビティ名	説明
『PDFのテキストを読み込み』	(→p.136 PDFのテキストを読み込む)
『PDFのページ数を取得』	(→p.137 PDFのページ数を数える)
『PDFのページ範囲を抽出』	(→p.137 PDFの指定したページ範囲を切り出す)
『PDFファイルを結合』	(→p.138 複数のPDFファイルを結合する)
『PDFのパスワードを管理』	PDFにパスワードを設定
『PDFから画像を抽出』	PDFに含まれるすべての画像を指定のフォルダーに出力
『PDFページを画像としてエクスポート』	(→ p.139 PDFファイルの1ページを画像として保存する)
『OCRでPDFを読み込み』	OCRでPDFからテキストを読み込む
『OCRでXPSを読み込み』	OCRでXPSからテキストを読み込む
『XPSのテキストを読み込み』	XPSのテキストを読み込む

2-11 Wordファイルの読み書き

Wordパッケージをインストールする

画面を操作することなく、Wordファイルを直接読み書きできます。まず、UiPath.Word.Activitiesパッケージをインストールしてください（→p.65 パッケージをインストールする）。PCにWordがインストールされていれば、アクティビティパネルの「アプリの連携/Word」に分類されているアクティビティ群が使えます。Wordがインストールされていなくても使えるアクティビティも、少数ですが「システム/ファイル/Wordドキュメント」にあります（→p.149 Wordがインストールされていないとき）。

Wordの自動化を準備する

『Wordアプリケーションスコープ』は、Wordを操作する一連のアクティビティを使えるようにします。『Wordアプリケーションスコープ』に入ったとき、起動済みのWordアプリと接続します。起動済みでなければ、起動して接続します。その場合、『Wordアプリケーションスコープ』から出るときにWordアプリは自動で閉じられます。

❶『Wordアプリケーションスコープ』を配置します。
❷アクティビティ前面のボックスの右端にある フォルダーアイコンをクリックし、操作したいファイルを選択します。
❸必要に応じて、プロパティパネルで各プロパティを設定します。

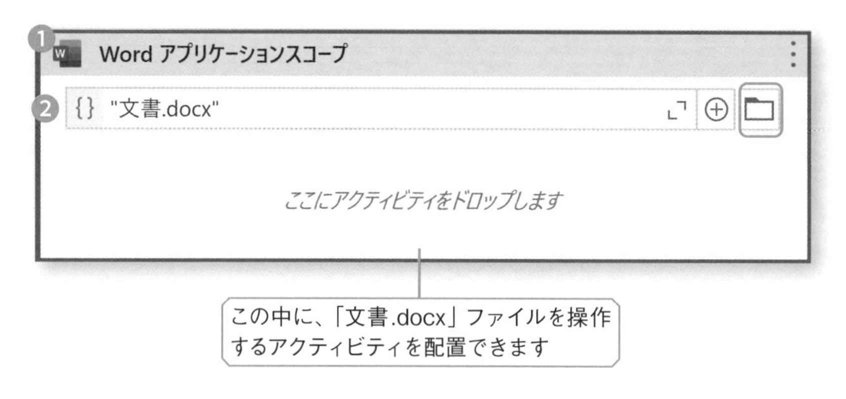

Word アプリケーションスコープ
{} "文書.docx"
ここにアクティビティをドロップします
この中に、「文書.docx」ファイルを操作するアクティビティを配置できます

以上で、この中にWordアクティビティを配置する準備ができました。

Hint

Wordアプリの画面操作を自動化する

『Wordアプリケーションスコープ』の中に『クリック』や『文字を入力』などのUIモダンアクティビティを直接配置できます。『アプリケーション/ブラウザーを使用』は不要です（→p.164 操作したいUI要素を指定する）。

『Wordアプリケーションスコープ』のプロパティ

『Wordアプリケーションスコープ』のプロパティは、次の通りです。

●『Wordアプリケーションスコープ』のプロパティ

プロパティ名	説明	
存在しない場合ファイルを作成	ファイルが存在しないときの動作を指定	
	True	この名前でWordファイルを新規作成
	False	WordException例外をスロー
自動保存	変更したWordファイルを自動で保存するかを指定	
	True	即時に自動で保存
	False	自動では保存しない
読み取り専用	ファイルを読み取り専用で開くかを指定	
	True	読み取り専用で開く
	False	書き込みできるように開く

Word文書のテキストを読み込む

『テキストを読み込み』は、Wordファイルのテキストを String 型の変数に読み込みます。

❶『Wordアプリケーションスコープ』を配置します（→p.141 Wordの自動化を準備する）。

❷『テキストを読み込み』を配置します。

❸「保存先」右端にある ⊕ 丸十字アイコンをクリックし、変数「読み込んだテキスト」を作成します。

パンくず Wordアプリケーションスコープ > テキストを読み込み

実行すると、変数「読み込んだテキスト」の中にWordファイルのテキストが代入されます。

Hint
Word文書をテキストファイルに変換するには

『名前をつけて文書を保存』が便利です（→p.149 このほかの操作）。

Word文書にテキストを書き込む

『テキストを追加』は、Wordファイルの末尾にテキストを書き込みます。

❶『Wordアプリケーションスコープ』を配置します（→p.141 Wordの自動化を準備する）。
❷『テキストを追加』を配置します。
❸「テキスト」に、書き込みたいテキストを設定します。
❹追加するテキストの直前で改行したいときは、「テキストの前に新しい行を追加」をチェックします。

パンくず Wordアプリケーションスコープ > テキストを追加

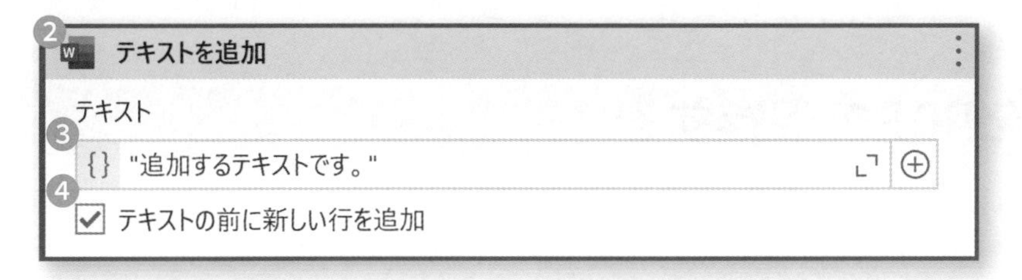

Hint
Word文書中の任意の場所にテキストを挿入するには

『ブックマークのコンテンツを設定』は、指定のブックマークの位置にテキストを挿入します。先にWord文書内にブックマークを設定してください（→p.145 Word文書にブックマークを手動で挿入する）。あるいは、書き込みたい位置に代替のテキストを書いておき、このテキストを『文書内のテキストを置換』で置き換えることができます（→p.143 Word文書内のテキストを置換する）。

Word文書内のテキストを置換する

『文書内のテキストを置換』は、Wordファイル内にある検索テキストを置換テキストで置き換えます。テンプレートのWordファイルを用意しておき、テキストを差し込むことができます。

❶『Wordアプリケーションスコープ』を配置します（→p.141 Wordの自動化を準備する）。
❷『文書内のテキストを置換』を配置します。
❸「次を検索」に、検索するテキストを指定します。ここでは次のテキストを指定します。

```
"{お名前}"
```

❹「次で置換」に、差し込みたいテキストを指定します（→p.96 変数を加工して、別のテキストを得る）。

パンくず　Wordアプリケーションスコープ > 文書内のテキストを置換

❷ 文書内のテキストを置換
次を検索
❸ {} "{お名前}"
次で置換
❹ {} "津田義史"
☑ すべて置換

実行すると、Wordファイル内の"{お名前}"は、すべて「津田義史」に置き換わります。

Hint

「すべて置換」チェックボックス

このチェックボックスをチェックしないと、文書内で最初の「{お名前}」だけが置き換わります。

Hint

検索テキストが、固有になるように工夫する

意図しない部分が誤って置換されないように、この例では検索テキストを{}（中かっこ）でくくりました。この中かっこは、必ずしも『文書内のテキストを置換』の動作に必要なわけではありません。

Word文書をPDFで保存する

『文書をPDFとして保存』は、WordファイルをPDF形式で保存します。

❶『Wordアプリケーションスコープ』を配置します（→p.141 Wordの自動化を準備する）。
❷『文書をPDFとして保存』を配置します。
❸「保存するファイルパス」の右端にある🗀フォルダーアイコンをクリックし、保存するPDFファイルのパスを指定します（→p.102 パス文字列を操作する）。

パンくず Wordアプリケーションスコープ > 文書をPDFとして保存

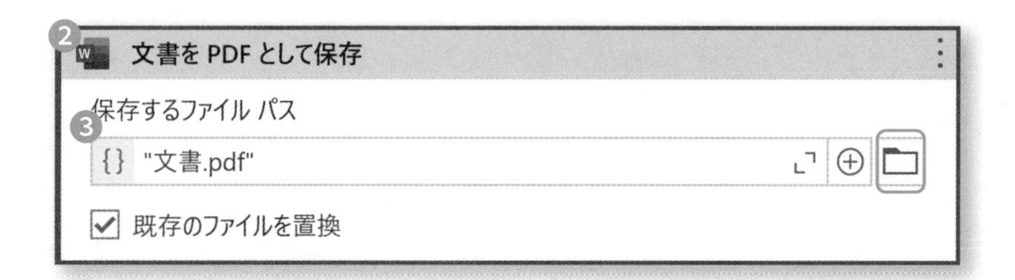

実行すると、「文書.pdf」が作成されます。

Word文書にブックマークを手動で挿入する

Wordには、ブックマーク（しおり）の機能があります。Wordを操作するアクティビティには、編集位置をブックマーク名で指定できるものがあるので、Wordでブックマークを挿入する手順を確認しておきましょう。

Hint

Wordのブックマークは、範囲に対して設定される

Wordのブックマークには長さがあります。範囲選択しない状態でブックマークを挿入した場合は、長さがゼロのブックマークが挿入されます。

❶Wordで文書ファイルを開きます。
❷ブックマークを設定したい場所を［Shift］キーとカーソルキーで範囲選択します。
❸「挿入」リボン→「ブックマーク」をクリックします。

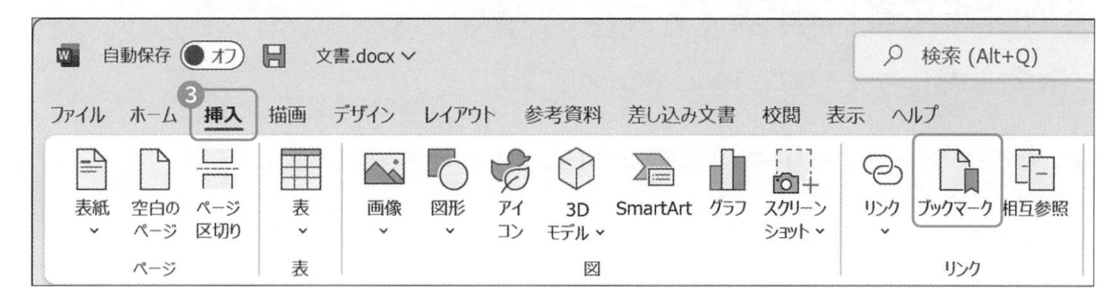

❹「ブックマーク名」に新しいブックマークの名前を入力し、「追加」ボタンをクリックします。

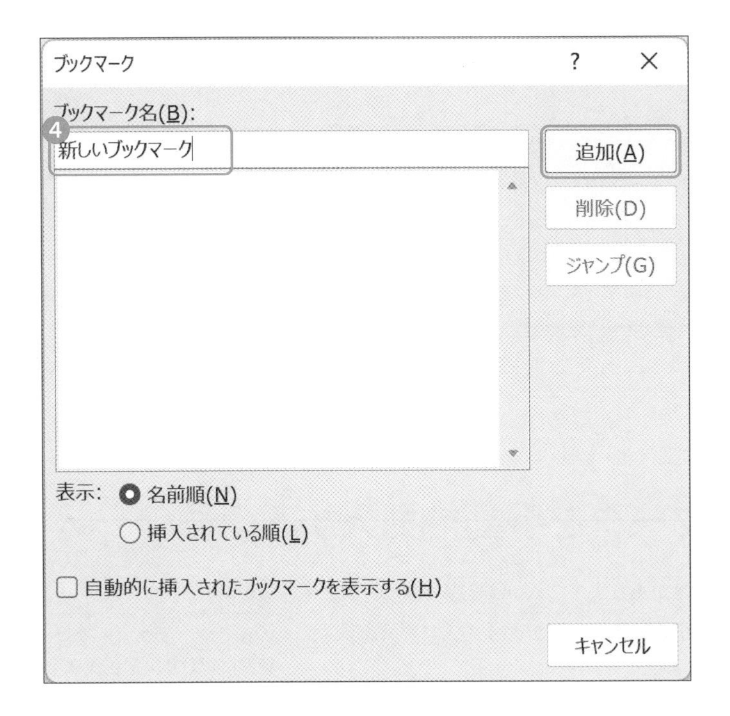

以上で、新しいブックマークを追加できました。この「ブックマーク」ウィンドウの「ジャンプ」で、ブックマークの場所に移動できます。

Hint

文書中にブックマークを常時表示するには

文書中にブックマークを常時表示するには、Wordの「ファイル」メニュー→「オプション」→「詳細設定」→「構成内容の表示」の「ブックマークを表示する」チェックボックスをチェックしてください。

Word文書に画像ファイルを追加する

『画像を追加』は、文書中の指定の場所に画像を追加します。

❶『Wordアプリケーションスコープ』を配置します（→p.141 Wordの自動化を準備する）。
❷『画像を追加』を配置します。
❸「次を基準にして挿入」に、画像を挿入する位置を指定します。

パンくず Wordアプリケーションスコープ > 画像を追加

実行すると、指定した位置に画像が貼り込まれます。

●画像の挿入位置を指定する方法（→p.145 Word文書にブックマークを手動で挿入する）

基準とする場所	基準からの挿入位置	説明
ドキュメント	開始	文書の先頭に挿入
	終了	文書の末尾に挿入
ブックマーク	前	指定したブックマークの直前に挿入
	後	指定したブックマークの直後に挿入
	置換	指定したブックマークの範囲を置換
テキスト	すべて	指定したテキストに合致する場所すべてに挿入
	最初	指定したテキストに最初に合致した場所に挿入
	最後	指定したテキストに最後に合致した場所に挿入
	特定	指定したテキストの特定の順に合致した場所に挿入。先頭のテキスト位置のインデックスは「1」

Word文書にクリップボードからグラフ/画像を貼り付ける

『文書にグラフ/画像を貼り付け』は、クリップボードにコピーした画像もしくはExcelのグラフをWord文書に貼り付けます。グラフは、Word内で編集できる形で貼り付けることもできます。

❶『Wordアプリケーションスコープ』を配置します（→p.141 Wordの自動化を準備する）。
❷『文書にグラフ/画像を貼り付け』を配置します。
❸「次を基準にして貼り付け」と「貼り付け位置」で、Wordファイル内での貼り付ける位置を指定します。「テキスト」を基準にした場合は、文書内で検索するテキストを指定します。
❹「貼り付けオプション」を指定します。Excelの範囲やグラフを貼り付けるときは、このオプションで動作が変わります。

Hint

画像を貼り付けたい場所に、印をつけておく

この例では、Word文書にあらかじめ「{画像をここに}」と書いておく必要があります。そのほか、ブックマークを挿入しておくこともできます（→p.145 Word文書にブックマークを手動で挿入する）。

パンくず Wordアプリケーションスコープ > 文書にグラフ/画像を貼り付け

❷ 文書にグラフ/画像を貼り付け

次を基準にして貼り付け
❸ テキスト

貼り付け位置
置換

検索するテキスト
{} "{画像をここに}"

貼り付けオプション
❹ 画像

Hint

クリップボードにExcelグラフをコピーするには

Excelグラフをコピーするには、『グラフを取得』を使います（→p.305 グラフをクリップボードにコピーする）。また、クリップボードに画面写真をコピーするには、『スクリーンショットを作成』を使います（→p.205 画面写真を撮影する）。このいずれかを、『文書にグラフ/画像を貼り付け』の直前に配置すると良いでしょう。

●「貼り付けオプション」に指定できる選択肢

貼り付けオプション	クリップボード内のデータを貼り付ける方法
ブックを埋め込み	Word上で編集できる形で貼り付け。貼り付けたデータは、元のExcelファイルとは関連しない
データをリンク	元のExcelファイルへのリンクを含む形で貼り付け。このデータをダブルクリックすると、Excelが開いて元のデータを編集できる。元ファイルのデータを更新すると、貼り付けたデータにも反映される
画像	画像として貼り付け

このほかの操作

ほかにも、『Wordアプリケーションスコープ』の中に配置できるアクティビティがいくつか用意されています。

●『Wordアプリケーションスコープ』の中に配置できるアクティビティ一覧

アクティビティ名	説明
『ドキュメントにデータテーブルを挿入』	DataTable型の変数の値を表形式でWord文書に貼り付け（→p.349 データテーブルに固有の操作）
『ブックマークのコンテンツを設定』	ブックマークの位置にテキストを挿入（→p.145 Word文書にブックマークを手動で挿入する）
『名前をつけて文書を保存』	Word文書を .docm、.doc、.html、.rtf、.txtなどの形式で保存
『文書にハイパーリンクを追加』	ハイパーリンクを、文書の先頭／末尾、もしくは基準とするテキスト位置に挿入
『画像を置換』	Word文書内で代替テキストが設定された画像を、別の画像で置換。別の画像はファイルで指定。代替テキストは、Word文書で画像を右クリックして指定

Wordがインストールされていないとき

アクティビティパネルの「システム／ファイル／Wordドキュメント」に分類されているアクティビティ群は、WordがインストールされていないPCでも使えます。これらには、『Wordアプリケーションスコープ』は不要です。これらのアクティビティには、前述のアクティビティと同名のものがあるので注意してください。

●WordがインストールされていないPCでも使えるアクティビティ一覧

アクティビティ名	説明
『テキストを読み込み』	Wordファイルに含まれるテキストをString型の変数に読み込む
『テキストを追加』	Wordファイルの末尾にテキストを書き込む
『文書内のテキストを置換』	Wordファイル内にある検索テキストを置換テキストで置き換える

2-12 PowerPointファイルの読み書き

Presentationパッケージをインストールする

まず、UiPath.Presentations.Activitiesパッケージをインストールしてください（→p.65 パッケージをインストールする）。本書では、アクティビティパネルで「アプリの連携/PowerPoint」に分類されるアクティビティ群を説明します。これらを使うにはPCにPowerPointがインストールされている必要があります。「システム/ファイル/PowerPointドキュメント」に分類されているアクティビティ群はPowerPointがインストールされていなくても使えますが、本書では説明を割愛します。

PowerPointの自動化を準備する

『PowerPointプレゼンテーションを使用』は、PowerPointを操作する一連のアクティビティを使えるようにします。『PowerPointプレゼンテーションを使用』に入ったとき、起動済みのPowerPointアプリと接続します。起動済みでなければ、起動して接続します。その場合、『アプリケーションスコープ』から出るときにPowerPointアプリは自動で閉じられます。

❶『PowerPointプレゼンテーションを使用』を配置します。
❷「PowerPointファイル」の右端にある 🗀 フォルダーアイコンをクリックし、操作したいPowerPointファイルを指定します（→p.102 パス文字列を操作する）。

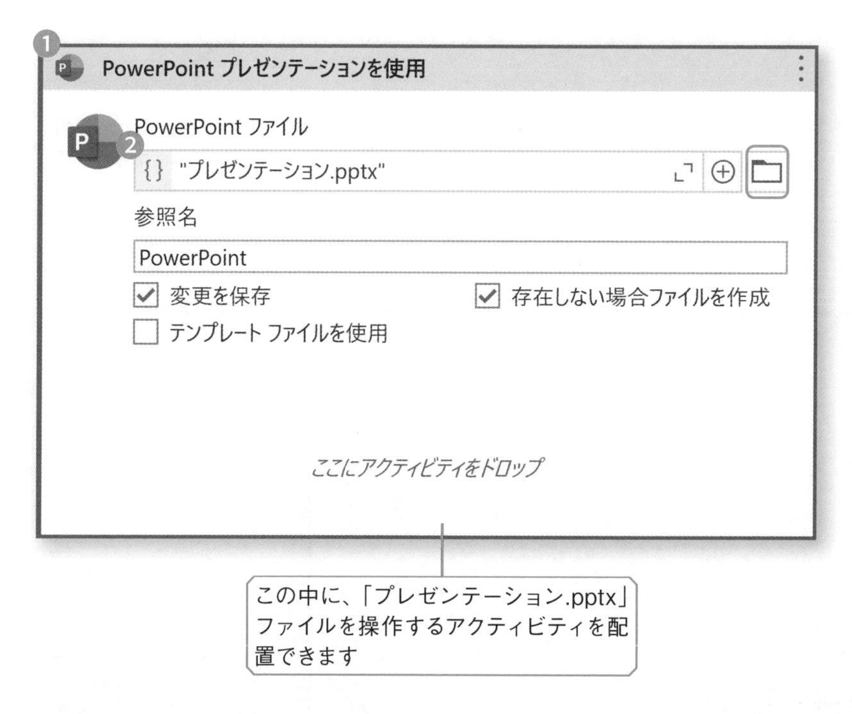

以上で、この中にPowerPointアクティビティを配置する準備ができました。

Hint

操作対象のファイルがまだ存在しないとき

「テンプレートファイルを使用」に同じ構造のpptxファイルを指定すると、ワークフローの作成がかんたんになります。

Hint

PowerPointファイルにパスワードがかけられているとき

このパスワードは、『PowerPointプレゼンテーションを使用』のプロパティ「パスワード」もしくは「編集用パスワード」で指定できます。

Hint

PowerPointアプリの画面操作を自動化する

『PowerPointプレゼンテーションを使用』の中に『クリック』や『文字を入力』などのUIモダンアクティビティを直接配置できます。『アプリケーション/ブラウザーを使用』は不要です(→p.164 操作したいUI要素を指定する)。

スライドを追加する

『新しいスライドを追加』は、新しいスライドを追加します。このPowerPointファイルにあるスライドマスターやレイアウトを簡単に適用できます。

❶『PowerPointプレゼンテーションを使用』を配置します(→p.150 PowerPointの自動化を準備する)。
❷『新しいスライドを追加』を配置します。
❸「プレゼンテーション」右端にある⊕丸十字アイコンをクリックし、『PowerPointプレゼンテーションを使用』の参照名を選択します。
❹「スライドマスター」右端にある⊕丸十字アイコンをクリックし、適用したいスライドマスターを選択します。

❺「レイアウト」右端にある⊕丸十字アイコンをクリックし、適用したいレイアウトを選択します。

❻「次として追加」に、新しいスライドを挿入する位置を指定します。最初のスライドの番号は「1」です。

パンくず PowerPointプレゼンテーションを使用 > 新しいスライドを追加

実行すると、PowerPointファイルに新しいスライドが追加されます。

Hint

「次として追加」の指定

スライドを追加する位置は、次のいずれかで指定できます。

- **スライド番号**……追加する位置を番号で指定します。
- **最初のスライド**……ファイルの先頭に追加します。
- **最後のスライド**……ファイルの末尾に追加します。

Hint

スライドマスターに含まれるレイアウト名の一覧を確認するには

PowerPointの「表示」リボンから「スライドマスター」を表示し、画面左で各レイアウトのスライドを右クリックして「レイアウト名の変更」を選択してください。

スライドを削除する

『スライドを削除』は、スライドを削除します。

❶『PowerPointプレゼンテーションを使用』を配置します（→ p.150 PowerPointの自動化を準備する）。

❷『スライドを削除』を配置します。

❸「プレゼンテーション」の右端にある⊕丸十字アイコンをクリックし、『PowerPointプレゼンテーションを使用』の参照名を選択します。

❹「スライド番号」の右端にある⊕丸十字アイコンをクリックし、削除したいスライドを選択します。

パンくず PowerPoint プレゼンテーションを使用 > スライドを削除

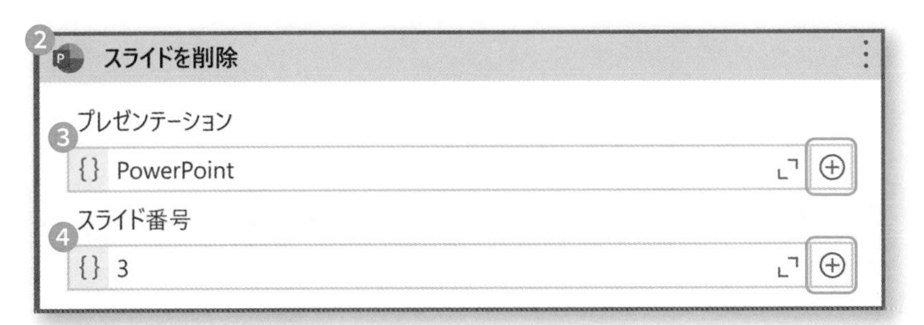

Hint

スライド番号の指定

「スライド番号」右端にある⊕丸十字アイコンをクリックするとスライドのタイトル一覧が表示されるので、その中からスライドを選択することにより番号を入力できます。また、「スライド番号」はInt32型の変数で指定することもできます。

実行すると、スライド番号で指定したスライドが削除されます。

スライドにテキストを追加する

『スライドにテキストを追加』は、スライド上に配置されたコンテンツプレースホルダーの中にテキストを追加します。あらかじめ、PowerPointでスライドマスターとコンテンツプレースホルダーをうまく構成しておけば、スライドの作成はかんたんに自動化できます。

❶『PowerPointプレゼンテーションを使用』を配置します（→p.150 PowerPointの自動化を準備する）。
❷『スライドにテキストを追加』を配置します。
❸「プレゼンテーション」右端にある⊕丸十字アイコンをクリックし、『PowerPointプレゼンテーションを使用』の参照名を選択します。
❹「スライド番号」右端にある⊕丸十字アイコンをクリックし、テキストを追加したいスライドを選択します。
❺「コンテンツプレースホルダー」右端にある⊕丸十字アイコンをクリックし、テキストを追加したいコンテンツプレースホルダーの名前を選択します。
❻「追加するテキスト」に、追加したいテキストを指定します（→p.96 変数を加工して、別のテキストを得る）。

Hint

コンテンツプレースホルダー名を確認するには

PowerPointで当該のスライドを開き、「ホーム」リボンの「配置」ボタンから「オブジェクトの選択と表示」をクリックしてください。画面右の「選択」ウィンドウで、コンテンツプレースホルダーや画像などの名前の確認と変更ができます。

パンくず　PowerPointプレゼンテーションを使用 > スライドにテキストを追加

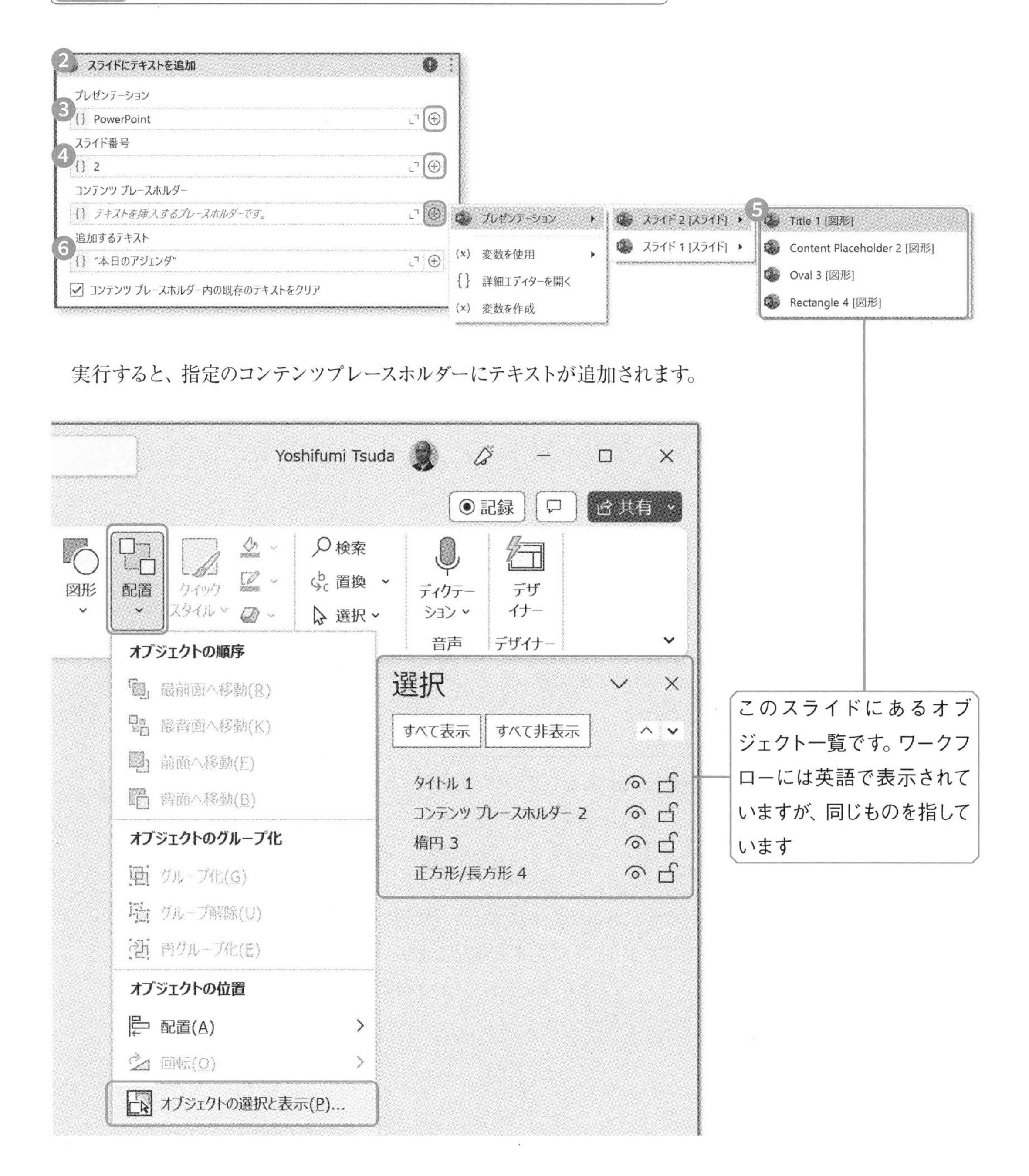

実行すると、指定のコンテンツプレースホルダーにテキストが追加されます。

PowerPointファイルをPDFで保存する

『プレゼンテーションをPDFとして保存』は、PowerPointファイルをPDF形式で保存します。

❶『PowerPointプレゼンテーションを使用』を配置します（→p.150 PowerPointの自動化を準備する）。
❷『プレゼンテーションをPDFとして保存』を配置します。
❸「プレゼンテーション」右端にある⊕丸十字アイコンをクリックし、『PowerPointプレゼンテーションを使用』の参照名を選択します。
❹「ファイルパス」の右端にある🗀フォルダーアイコンをクリックし、保存するPDFファイルのパスを指定します（→p.102 パス文字列を操作する）。

パンくず PowerPointプレゼンテーションを使用 > プレゼンテーションをPDFとして保存

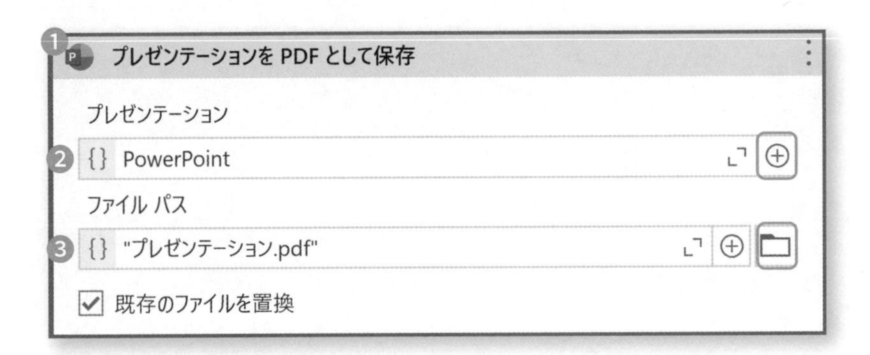

このほかの操作

ほかにも、『PowerPointプレゼンテーションを使用』の中に配置できるアクティビティがいくつか用意されています。

●『PowerPointプレゼンテーションを使用』の中に配置できるアクティビティ一覧

アクティビティ名	説明
『スライドコンテンツを書式設定』	コンテンツプレースホルダーや図形に対して、フォントサイズ設定や、最前面もしくは最背面に移動、図形の名前変更などを行う
『スライドにデータテーブルを追加』	コンテンツプレースホルダーにDataTableを追加（→p.349 データテーブルに固有の操作）
『スライドにファイルを追加』	コンテンツプレースホルダーにファイルを添付

『スライドに画像／ビデオを追加』	コンテンツプレースホルダーに画像、動画、音声などのファイルを追加
『スライドに項目を貼り付け』	クリップボード内のデータを指定のコンテンツプレースホルダーに貼り付け
『スライドをコピー／貼り付け』	複数のPowerPointファイル間でスライドをコピー／移動。2つの『PowerPointプレゼンテーションを使用』を入れ子にして参照名を変更し、その中で使う
『新しいスライドを追加』	(→ p.151 スライドを追加する)
『スライドを削除』	(→ p.152 スライドを削除する)
『スライドにテキストを追加』	(→ p.153 スライドにテキストを追加する)
『プレゼンテーションのマクロを実行』	マクロを実行
『プレゼンテーション内のテキストを置換』	テキストを置換／全置換。アルファベットの大文字／小文字の区別をする／しないを設定可能
『名前をつけてPowerPointファイルを保存』	次のいずれかの形式で保存 ・**.pptx**……PowerPointプレゼンテーション ・**.pptm**……マクロ有効ファイル ・**.ppt**……97-2003ファイル

第3章

アプリケーションとブラウザーの操作

ExcelやPDFなどのアプリの操作を自動化するには、専用のアクティビティの方が便利です。しかし、それらは特定のアプリの限定された操作しか自動化できません。一方で、画面上のUI 要素（ボタンやテキストボックスなど）を操作する汎用的なアクティビティなら、ほとんどのアプリで任意の操作を自動化できます。本章では、これらのアクティビティの使い方を説明します。また、ブラウザーの自動化についても扱います。

3-1 画面操作を自動化する

UiPathで画面を操作する方法の全体像をつかむ

画面を操作するアクティビティは、UIモダンとUIクラシックの2つに分類されます。新規に作成するプロジェクトでは、UIモダンを使うことをお勧めします。

UIモダンアクティビティ

『クリック』や『文字を入力』などの、画面を操作するためのアクティビティです。UIクラシックよりも洗練されていて高機能です。これらは『アプリ/ブラウザーを使用』の中に配置して使います。UiPath.UIAutomation.Activitiesパッケージv20.10以降で利用できます。

UIクラシックアクティビティ

以前からStudioに同梱されていた、画面を操作するための一連のアクティビティです。『クリック』や『文字を入力』など、モダンと同名のアクティビティもありますが、別物です。UIモダンのリリースに伴い、UIクラシックと呼ばれるようになりました。本書では扱いません。

●クラシックの『クリック』

●モダンの『クリック』

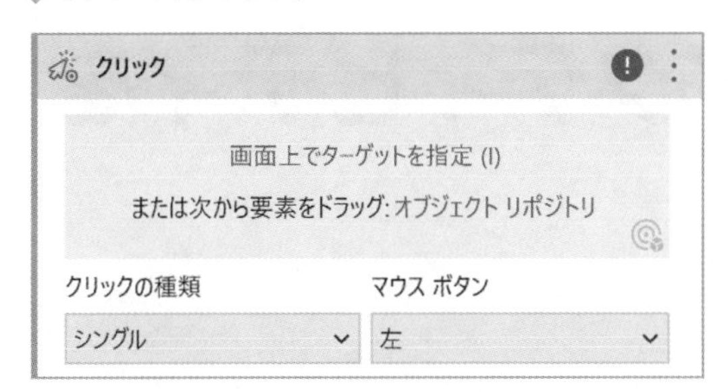

Hint

既存のプロジェクトを書き直す必要はない

UIクラシックで作成した既存のプロジェクトは、問題なく動作していれば、UIモダンを使うように書き直す必要はありません。

UIモダンとUIクラシックとの違い

UIクラシックには、機能が重複するアクティビティがいくつかありましたが、それらはUIモダンで統合され、機能も強化されました。これにより、アクティビティの数は減り、プロパティ数は増えました。使うべきアクティビティを探しやすく、より使いやすくなりました。クラシックとモダンのアクティビティの対応表は、下記のURLにあります。

●モダン デザイン エクスペリエンス

https://docs.uipath.com/ja/studio/standalone/2023.4/user-guide/modern-design-experience

3-2 UIモダンアクティビティを使う

UIモダンをプロジェクトで設定する

UIモダンとUIクラシックは、どちらを使うかをプロジェクトごとに設定できます。UIモダンを使うには、プロジェクト設定ウィンドウで「モダンデザインエクスペリエンス」を有効にしてください（→p.38 プロジェクトの設定を確認する）。

アクティビティパネルから、UIモダンアクティビティを探す

一連のUIモダンアクティビティは、アクティビティパネルの「UI Automation」カテゴリにあります（→p.37 パネルを開く）。これらのアクティビティは『アプリケーション/ブラウザーを使用』の中に配置して使います。

Hint

UIクラシックを同時に使う

UIクラシックとUIモダンは同時に使うこともできます。アクティビティパネル上部の から、「クラシックアクティビティを表示」を有効にすると、UIクラシックも表示されます。

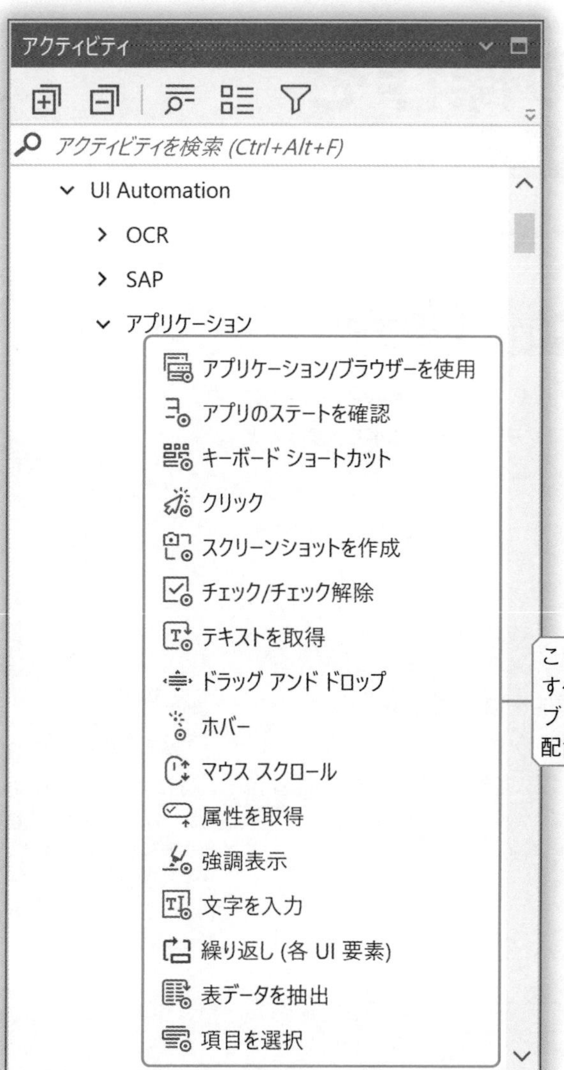

Hint

UIモダンアクティビティが見つからないときは

このプロジェクトにUiPath.UIAutomation.Activitiesパッケージがインストールされていることを確認してください（→ p.65 パッケージをインストールする）。

3

3-3 アプリの操作を自動化する

アプリとブラウザーを自動化する手順

『アプリケーション/ブラウザーを使用』は、アプリやブラウザーのウィンドウ上にあるUI要素を操作できるようにします。この中に、『クリック』や『文字を入力』などのUIモダンアクティビティを配置できます。

アプリの自動化を準備する

ここでは、メモ帳の自動化を準備します。

❶自動化したいアプリを手動で起動します。ここではメモ帳を起動します。

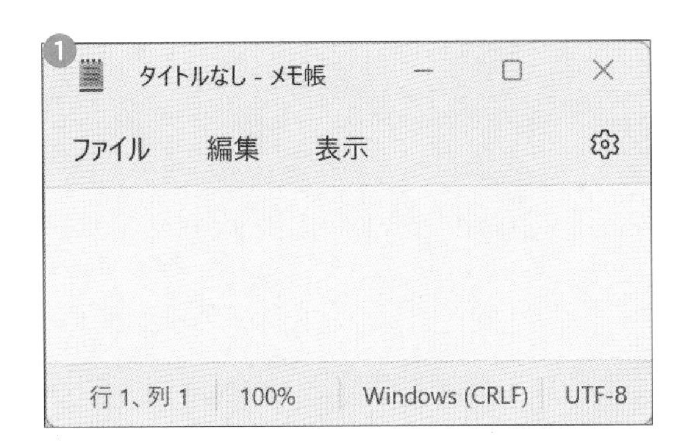

Hint
メモ帳を手動で起動する

[Win+R] notepad [Enter] と入力してください。自動化を準備した後は、『アプリケーション/ブラウザーを使用』が自動でメモ帳を起動します。

❷『アプリケーション/ブラウザーを使用』を配置します（→p.41 アクティビティを配置する）。

❸「自動化するアプリケーションを指定」をクリックします。

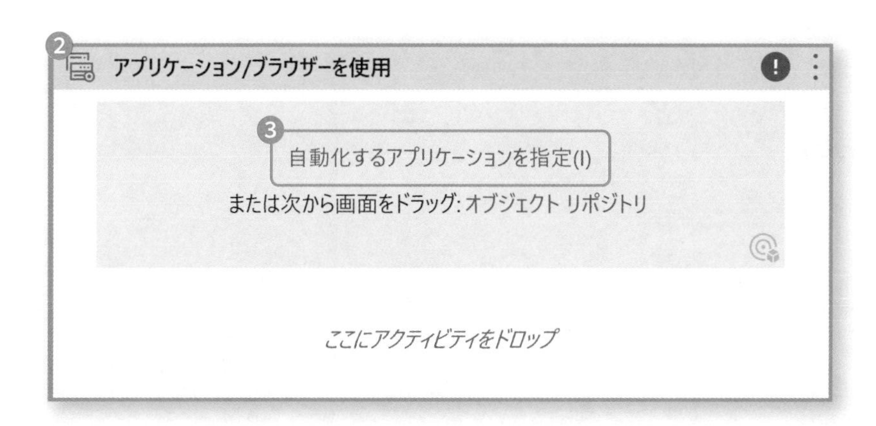

❹自動化したいアプリケーションをクリックします。ここではメモ帳をクリックします。

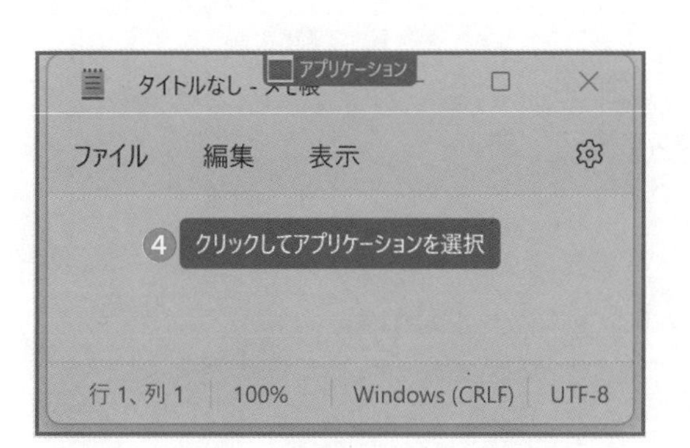

以上で、メモ帳を自動化する準備ができました。

Hint

ターゲットアプリを探す

❹の手順では、[Alt] + [Tab] キーでメモ帳（ターゲットアプリ）を探せます。

3

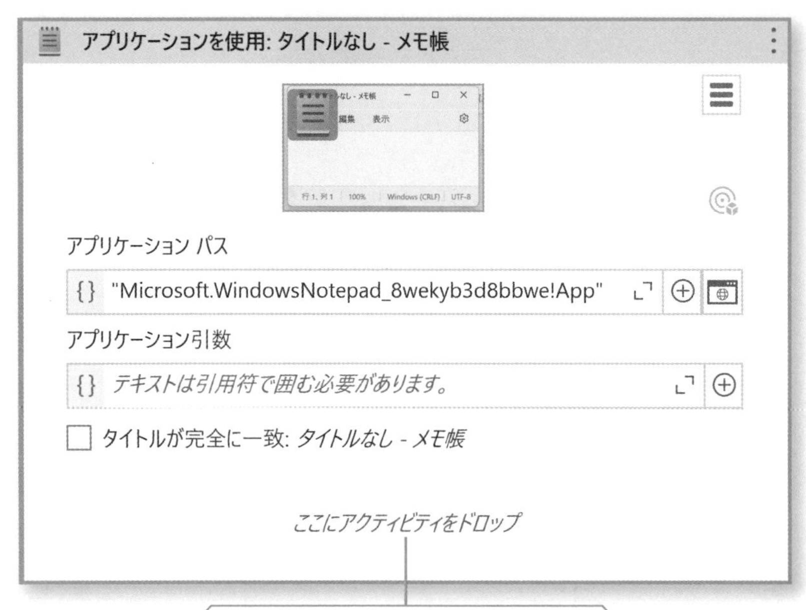

Hint

準備したアプリを起動するには

「アプリケーションパス」の右端にある アプリアイコンをクリックすると、準備したアプリ（メモ帳）が起動します。

操作したいUI要素を指定する

『アプリケーション/ブラウザーを使用』の中には、『クリック』や『文字を入力』を配置できます。これらには、操作したいUI要素（メニューやボタンなど）をターゲットとして指定してください。ここでは『クリック』を配置し、そのターゲットにメモ帳の「ファイル」メニューを指定します。

❶メモ帳の自動化を準備します（→p.162 アプリの自動化を準備する）。
❷『クリック』を配置します。
❸「次で指定」から、選択したアプリ上にある任意のUI要素をターゲットとして選択します。ここでは「ファイル」メニューを選択します。

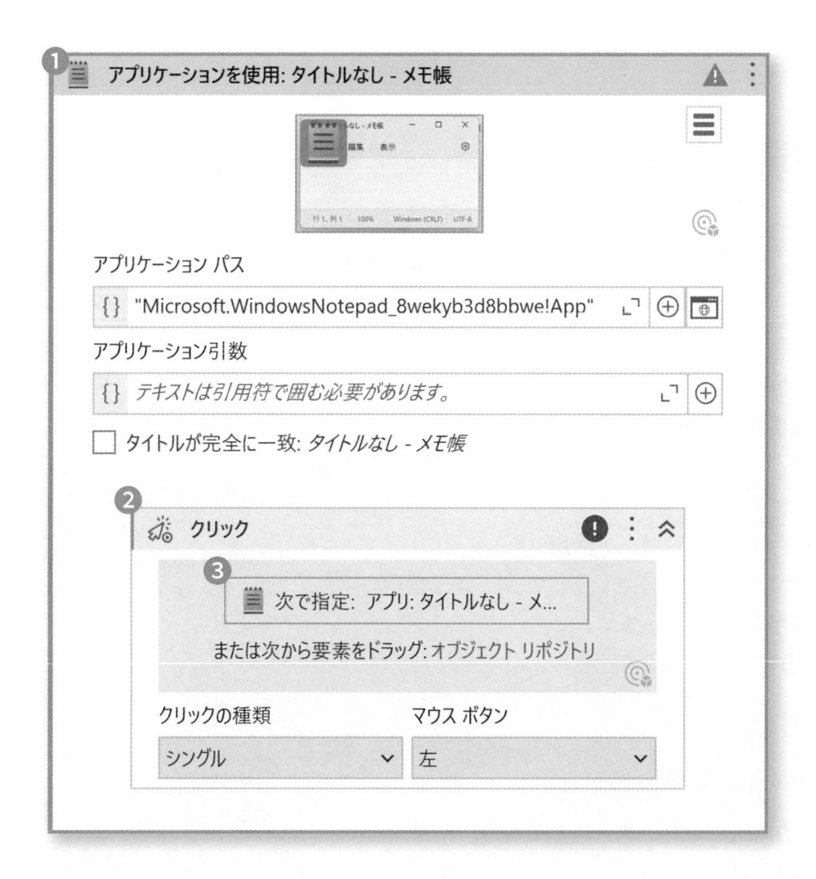

Hint

❸の手順で「ファイル」だけを狭く指定できないときは

選択オプションウィンドウが表示されているときに[F4]キーを何度か押すと、選択できるようになります(→p.171 UIフレームワークを切り替える)。

❹ ✓、もしくは「確認」ボタンをクリックします。

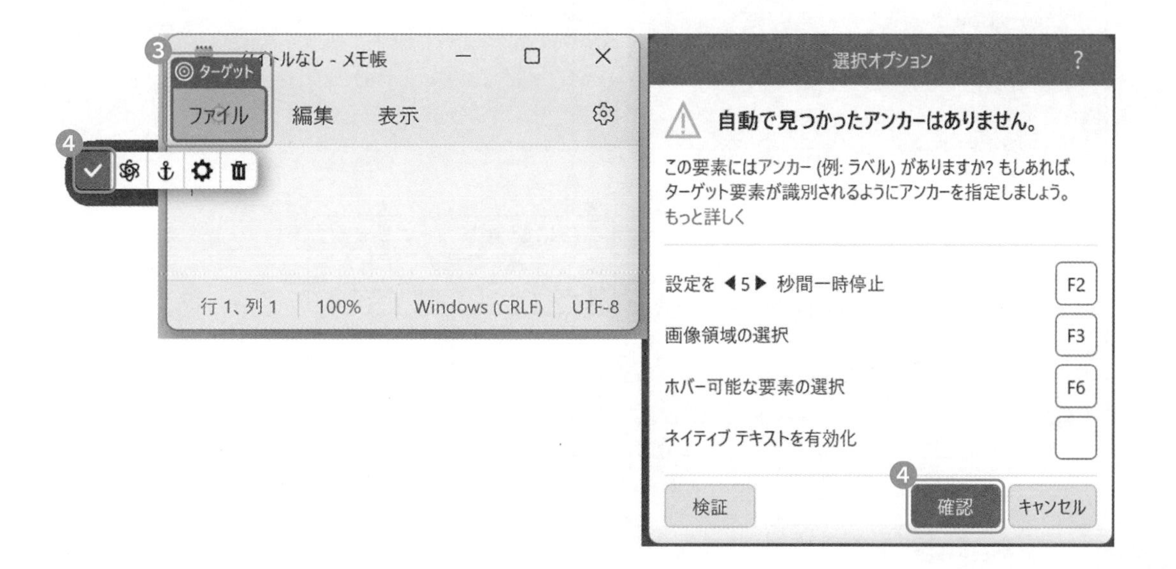

実行すると、メモ帳の「ファイル」メニューが自動でクリックされます。

2つのアプリを同時に操作する

『アプリケーション/ブラウザーを使用』の中に、別の『アプリケーション/ブラウザーを使用』を配置してください。ここでは、メモ帳と電卓の両方を同時に操作できるようにします。

❶メモ帳の自動化（メモ帳のための『アプリケーション/ブラウザーを使用』）を準備します（→p.162 アプリの自動化を準備する）。
❷電卓の自動化（電卓のための『アプリケーション/ブラウザーを使用』）を準備します。
❸配置した2つの『アプリケーション/ブラウザーを使用』を入れ子にします。電卓用の『アプリケーション/ブラウザーを使用』をドラッグして、メモ帳用の『アプリケーション/ブラウザーを使用』の中に入れます。
❹この中に、各アプリを操作するアクティビティを配置します。ここでは『クリック』を配置します。

Hint

『Excelファイルを使用』を入れ子にする

ここでは、2つの『アプリケーション/ブラウザーを使用』を入れ子にしていますが、『Excelファイルを使用』の入れ子も同じように機能します。『アプリケーション/ブラウザーを使用』の中に『Excelファイルを使用』を入れると、その中に配置した『クリック』は、アプリケーションとExcelのどちらをクリックするか選択できます。

Hint

電卓を手動で起動するには

[Win+R] calc [Enter] と入力してください。

❺「次で指定」右端の [▼] から、クリックしたいアプリを選択します。
❻選択したアプリ上で、クリックしたい要素を指定します（→p.164 操作したいUI要素を指定する）。

パンくず アプリケーションを使用 > アプリケーションを使用 > クリック

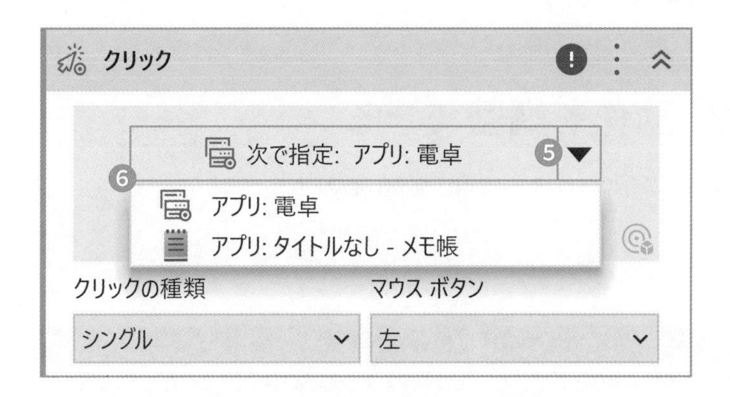

以上で、複数のアプリの自動化を準備できました。必要に応じて、この中にUIアクティビティを追加してください。ターゲット指定したUIアクティビティは、次のように表示されます。

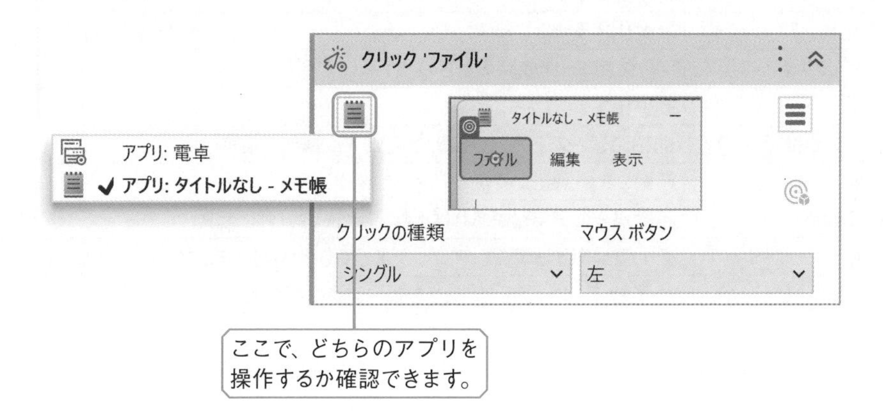

『アプリケーション/ブラウザーを使用』のプロパティ

多くのプロパティで、動作を調整できる

『アプリケーション/ブラウザーを使用』に固有のプロパティです。要件に合わせて、動作を調整してください。

●オプション

プロパティ名	説明	
ウィンドウアタッチモード	このアクティビティを、ターゲットのアプリ（ウィンドウ）にアタッチ（取り付け）する方法を選択	
	アプリケーションインスタンス	このアプリの任意のウィンドウ上にあるUI要素を操作
	単一ウィンドウ	指定したウィンドウ上にあるUI要素のみを操作
ウィンドウサイズの変更	起動したアプリのウィンドウサイズを指定	
	なし	特に制御しない
	最大化	最大化する
	設計時のサイズに戻す	ワークフロー作成時のときのサイズにする
	最小化	最小化する
オープン動作	このアクティビティの実行開始時に、ターゲットアプリを起動する動作を指定	
	Never	起動しない（起動済みのアプリを操作）
	IfNotOpen	起動済みのアプリがあればそれを操作、なければ起動
	Always	必ず起動（起動済みのアプリがあってもそれは操作しない）
クローズ動作	このアクティビティの実行終了時に、ターゲットアプリを閉じる動作を指定	
	Ncvcr	閉じない
	IfOpenedByAppBrowser	このアクティビティがターゲットアプリを起動した場合に限り、閉じる
	Always	必ず閉じる

ウィンドウアタッチモードとセレクター

『クリック』などのUIアクティビティは、セレクターというテキスト情報でターゲットのUI要素を識別します。これはアプリウィンドウ（ウィンドウセレクター）と、そのウィンドウからターゲットUI要素までの経路（相対セレクター）をつなげたものです。これはStudioが自動で生成するので読者が書く必要はありませんが、調整が必要になることもあります（→p.174 UI Explorerで、セレクターを調整する）。

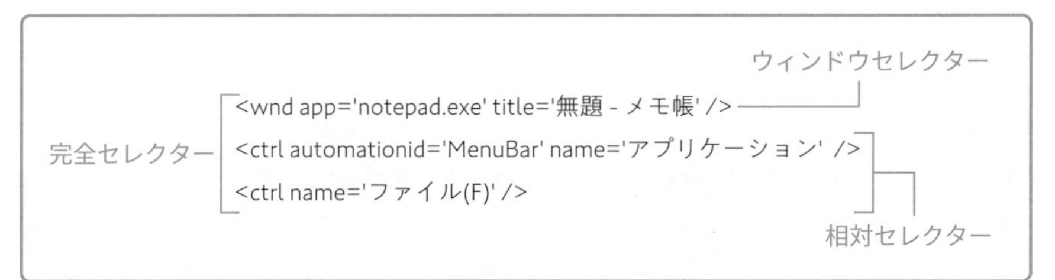

セレクターは、ウィンドウセレクターと相対セレクターをつなげたもの

ウィンドウセレクターが記録される場所は、「ウィンドウアタッチモード」プロパティの設定によって切り替わります。相対セレクターは、『クリック』などの各UIアクティビティに記録されます。

モードが「単一ウィンドウ」のとき

ウィンドウセレクターは、『アプリケーション/ブラウザーを使用』の「セレクター」プロパティに保存されます。そのため、この中に配置した『クリック』などのUIアクティビティは、そのアプリウィンドウ上にあるUI要素のみを操作できます。

モードが「アプリケーションインスタンス」のとき

ウィンドウセレクターは、各『クリック』などの「ウィンドウセレクター」に保存されます。これは、その中に配置した『クリック』などに保存された相対セレクターと合成されて完全セレクターとなります。そのため、アプリウィンドウ上にあるUI 要素のみを操作できます。

どちらを使うべきかですが、1つのアプリが表示する複数のウィンドウを操作したいときは「アプリケーションインスタンス」の方が便利です。「単一ウィンドウ」にすると、1つのウィンドウにつき、1つの『アプリケーション/ブラウザーを使用』を配置する必要があるからです。一方で「単一ウィンドウ」にしておけば、ウィンドウセレクターを修正したいときは唯一の『アプリケーション/ブラウザーを使用』のセレクターだけを修正すればいい（中に配置したアクティビティのセレクターは修正しなくていい）ので、ワークフローの保守が楽になります。状況に応じて使い分けてください。

●オプション - ブラウザー

プロパティ名	説明	
WebDriverモード	ブラウザーをWebDriverで動作させる方法を指定	
	Disabled	WebDriverを使わない
	WithGUI	ブラウザーウィンドウを表示した状態でWebDriverを使う
	Headless	ブラウザーウィンドウを非表示の状態でWebDriverを使う
シークレット/プライベートウィンドウ	ブラウザーを、シークレット/プライベートウィンドウモードで使う。一般に、このモードでは表示履歴が保存されない。詳細は、お使いのブラウザーのドキュメントを参照	
ユーザーデータフォルダーモード	PiPの状態に応じて、ブラウザーがユーザーデータを保存するフォルダーを指定	
	自動	メインセッションではDefaultFolder。PiPセッションではCustomFolder
	既定	ブラウザーの既定のフォルダー。Chromeは%LocalAppData%¥Googleの下。Edgeは%LocalAppData%¥Microsoftの下
	カスタム	↓のプロパティで指定した場所
ユーザーデータフォルダーパス	PiPセッション内で、ブラウザーがユーザーデータを保存する場所。既定は %LocalAppData%¥UiPathの下	

●入力 - 統合アプリケーションターゲット

プロパティ名	説明
URL	ブラウザーを起動するときに開くURL
セレクター	操作するアプリウィンドウを特定するセレクターテキスト
ファイルパス	操作するアプリを起動するコマンドラインテキスト
引数	このアプリを起動するときに指定されるコマンドライン引数

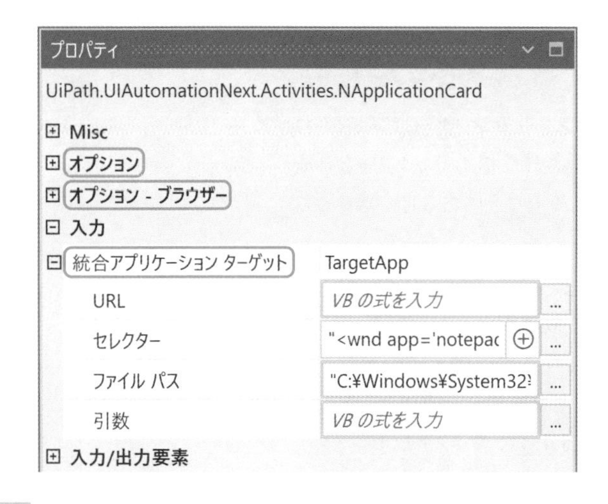

Hint

ユーザーデータフォルダーとは

ブラウザーがクッキーやキャッシュなどのデータを保存する場所です。PiPを使うとき、ユーザーのブラウザーとPiP内のブラウザーは、このフォルダーを共有できません。そのため、PiP内のブラウザーは専用のフォルダーにユーザーデータを保存します。この動作はプロパティで調整できますが、通常は既定のままで問題ありません。

3-5 操作したいターゲットを選択できないとき

「選択オプション」ウィンドウについて

UiPathは、ほとんどのUI要素を確実に探し出します。うまく探せないときは、選択オプションを調整してください。

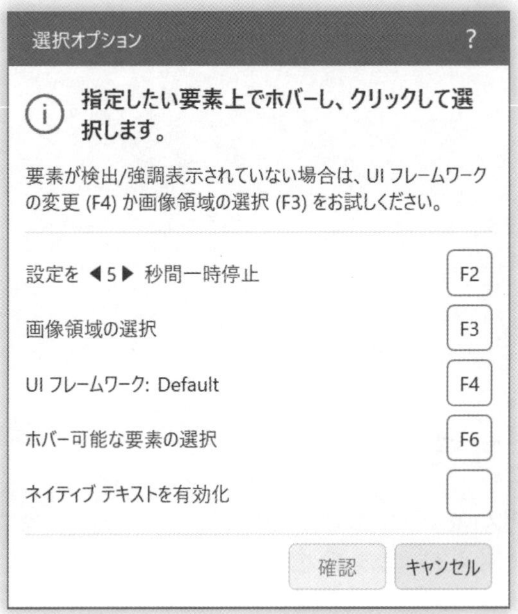

選択オプション ?

指定したい要素上でホバーし、クリックして選択します。

要素が検出/強調表示されていない場合は、UI フレームワークの変更 (F4) か画像領域の選択 (F3) をお試しください。

設定を ◀5▶ 秒間一時停止 F2
画像領域の選択 F3
UI フレームワーク: Default F4
ホバー可能な要素の選択 F6
ネイティブ テキストを有効化

確認 キャンセル

UIフレームワークを切り替える

操作したいUI要素が選択できなかったり、より広い範囲が選択されたりするときは、UIフレームワークの切り替えを試してください。「選択オプション」ウィンドウが表示されているときに、[F4] キーを押すと切り替えられます。

利用できるUIフレームワークは、「既定」「AA」「UIA」の3つです。

下記の画面は、「ファイル」を選択できない状態です。

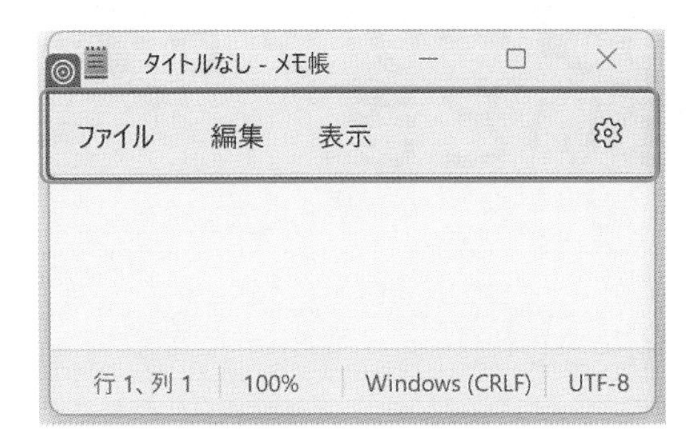

［F4］キーを何度か押して、UIフレームワークを切り替えると、「ファイル」を選択できるようになります。

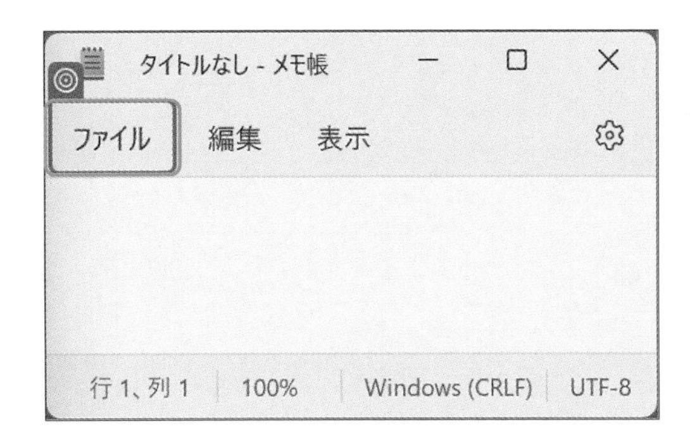

ネイティブテキストを有効にする

UI要素として認識できないテキストは、ネイティブテキストを有効にすることで認識できる場合があります。「選択オプション」ウィンドウで、「ネイティブテキストを有効化」をチェックしてください。

ターゲットメソッドを調整する

UI要素（ターゲット）を探す方法（ターゲットメソッド）には、次の3つがあります。ターゲットがうまく選択できるように、各メソッドのオン/オフを切り替えてください。

厳密セレクター

設計時に指定したターゲットを確実に探し出しますが、ターゲットの変化に弱く、アプリのバージョンアップなどに伴い動かなくなることもあります。そのときは、このセレクターを修復してください（→p.177 セレクターを修復する）。

あいまいセレクター

候補となる複数のUI要素から、このセレクターに最も似ているUI要素を選択します。ターゲットの変化に強い一方で、同じような複数のUI要素を区別できないこともあります。アンカーを追加できます（→p.175 アンカーを追加する）。

画像

画像一致でターゲットを探します。モニタの解像度などの影響を受けやすく、画像を見つけられないこともあります。ほかのメソッドでは要素を見つけられなかったときのバックアップとして、有効にしておくと良いでしょう。

Hint

あいまいセレクターの活用

あいまいセレクターの機能が追加されてからは、UiPathテクニカルサポートへの「セレクターが認識しない」というお問い合わせが激減しました。ぜひ、あいまいセレクターも活用してください。

Hint

Computer Visionの統合

Computer Visionとは、画像をAIで判断してボタンなどのUI要素を認識する技術です。これを利用するには、これまでは『CVクリック』などの別のアクティビティを使う必要がありました。UIAutomation v23.4からは標準の『クリック』などに統合され、簡単にComputer Visionが使えるようになります。

アイコンと機能

場所	アイコン	機能
A		ターゲットを削除して再指定
B		最初にターゲットを見つけたメソッド
C		UI Explorerを起動
D		あいまいセレクターが複数のターゲットに合致（精度のスライダーで意図したターゲットだけに合致するように調整してください）
E		ターゲットメソッドのオン/オフ
F		合致する要素をハイライト ・S……厳密セレクターで一致（Strict） ・F……あいまいセレクターで一致（Fuzzy） ・I……画像で一致（Image）

ターゲットメソッドはすべて同時に並行して機能し、最初にターゲットを見つけたメソッドが使われます。

UI Explorerで、セレクターを調整する

セレクターは、UI Explorerで調整できます。UI Explorerを起動するには、「選択オプション」ウィンドウ（C）のをクリックしてください。変化しにくそうな属性を足し、変化しやすそうな属性は外して、より安定したセレクターとしてください。

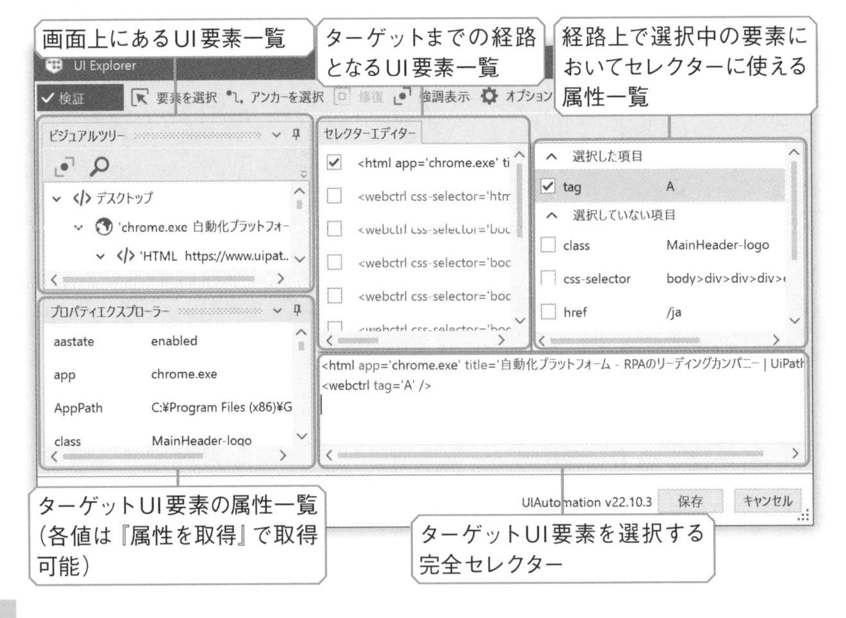

Hint

経路上の各ノードは、それぞれ異なるUIフレームワークで検出される

各ノードを検出したUIフレームワークの種類は、そのノードの"subsystem"属性に表示されます。

操作する位置をずらす

選択した緑の範囲の中央にある ⊕ 照準は操作する位置を示すもので、ドラッグして動かせます。安定して認識できるUI要素をターゲットとし、そこから照準をずらして別の場所を操作させることができます。ずらした位置は、プロパティパネルの「ターゲット」-「クリックのオフセット」に保存されます。

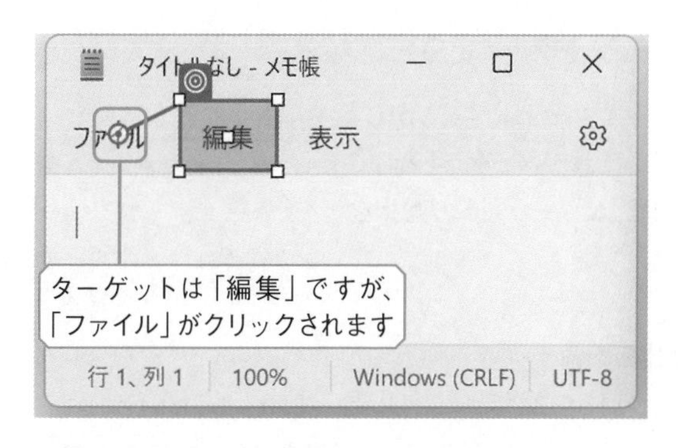

Hint

「クリックのオフセット」プロパティについて

このプロパティには、次の3つの情報が記録されます。

- **アンカーポイント**……元の位置です。「左上/右上/左下/右下/中央」のどれかを選択できます。左の例では、アンカーポイントは左上です。
- **Xのオフセット**……アンカーポイントから右方向にずらす距離です。
- **Yのオフセット**……アンカーポイントから下方向にずらす距離です。

アンカーを追加する

アンカーとは、錨（いかり）のことです。近くに安定して選択できるUI要素があれば、それを錨にしてターゲットを固定できます。ターゲットを選択した直後に、アンカーを選択できる状態になります。モダンアクティビティのアンカーは、あいまいセレクターに対してのみ機能します。

画像一致を構成する

セレクターで認識できない場所は、画像一致で探すように構成できます。探す画像を指定するには、「選択オプション」ウィンドウで［F3」キーを押して、クリックしたい範囲をドラッグします。

ターゲットの選択を一時停止する

「ファイル」メニューの中にある「開く」を『クリック』させたいとします。しかし、ターゲットの選択中に「ファイル」メニューをクリックすると、これがターゲットとして選択されてしまいます。「ファイル」メニューを開くには、［F2］でターゲットの選択を一時停止してください。

❶メモ帳の自動化を準備します（→p.162 アプリの自動化を準備する）。
❷『クリック』を配置し、「次で指定」をクリックします（→p.164 操作したいUI要素を指定する）。
❸「選択オプション」が表示されているときに、［F2］キーを押します。ターゲットの選択が5秒間停止され、画面隅にカウントダウンが表示されるので、ゼロになる前に「ファイル」メニューを開き、カウントがゼロになるのを待ちます。
❹「開く」をターゲットとして選択します。

Hint

ターゲットの選択中でも使える操作

次の操作は、［F2］キーで一時停止しなくても使えます。

- **［Alt］＋［Tab］キー**……アプリ/ブラウザーの切替え（『アプリケーション/ブラウザーを使用』のターゲット選択中）
- **［Ctrl］＋［Tab］キー**……アプリ/ブラウザーのタブを切り替え
- **［Ctrl］＋マウスホイール**……アプリ/ブラウザーのウィンドウをスクロール

以上で、『クリック』のターゲットに「開く」メニューを指定できました。これを実行するには、その直前に別の『クリック』を配置して「ファイル」メニューを開く必要があることに注意してください。

セレクターを修復する

ターゲットアプリ側の変化により、設定済みのセレクターが動かなくなることがあります。このときは、次の手順で「厳密セレクター」プロパティを修復してください。ターゲットメソッドとして、「厳密セレクター」を選択していることを確認してください（→p.172 ターゲットメソッドを調整する）。

❶配置した『クリック』などのUIアクティビティのプロパティパネルで、「厳密セレクター」の右端の [...] をクリックします。

『クリック』のプロパティ

❷左上の「検証」が赤く表示されていることを確認し、「修復」をクリックします。

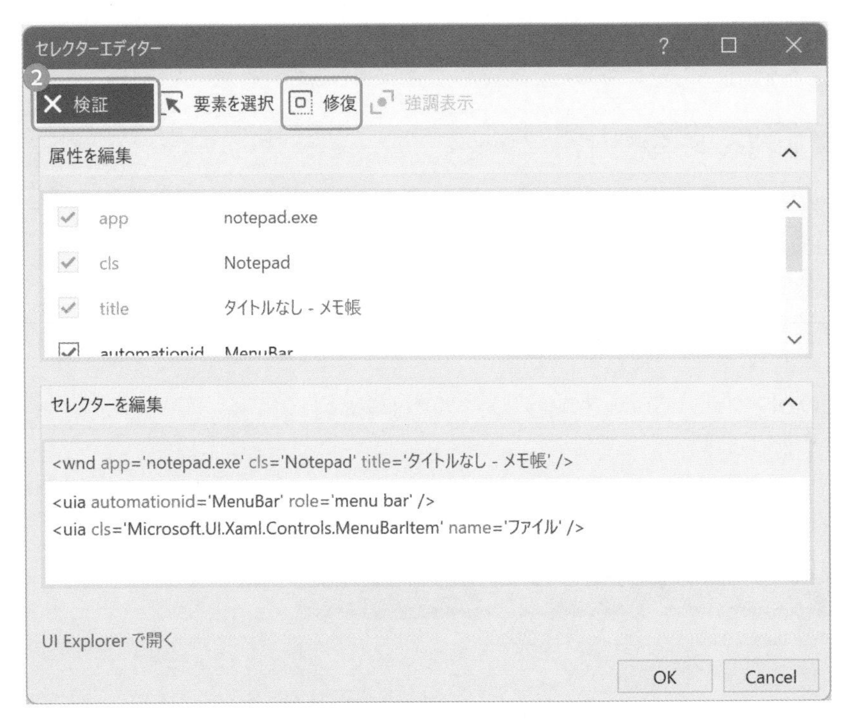

❸再度、操作したいUI要素を選択します。セレクターのテキストが、変化前後の両方のターゲットと合致するように自動で修正されます。

❹左上の「検証」が緑に表示されていることを確認し、セレクターエディターを閉じます。

Hint

セレクターテキスト内のワイルドカード

セレクターテキスト内において、属性値（シングルクォートの内側）では、次のワイルドカードが使えます。

- **＊（アスタリスク）**……0文字以上の任意の文字と合致します。
- **？（クエスチョン）**……1文字の任意の文字と合致します。

Hint

セレクターテキスト内の変数

セレクターテキスト内において、属性値（シングルクォートの内側）に変数値を埋め込むことができます。変数にしたい部分を選択し、[Ctrl]＋[K]キーを押してください。複数のUI要素を、繰り返し構造の中で連続して処理したいときに便利です。

Hint

「要素を選択」より先に「修復」を試す

「要素を選択」すると、セレクターをゼロから取得し直してしまいます。これは、アプリに同じような変化が起きるとまた動かなくなる可能性があります。一方で、「修復」はアプリの変化に強い形でセレクターを修復します。

3-6 UIモダンアクティビティに共通のプロパティ

UIモダンアクティビティに共通のプロパティ

『クリック』や『文字を入力』、『チェック/チェック解除』などのUIモダンアクティビティに共通のプロパティです。

●オプション

プロパティ名	説明	
キー修飾子	このアクティビティを実行中に、押しっぱなしにするキーを[Alt]、[Ctrl]、[Shift]、[Win]の組み合わせで指定	
入力モード	ターゲットを操作するときの入力モードを選択	
	アプリ/ブラウザーと同一	外側の『アプリケーション/ブラウザーを使用』に指定されたのと同じ入力モードで操作
	ハードウェアイベント	マウスやキーボードのドライバを経由して操作
	シミュレート	ターゲットのUI要素と通信し、直接的に操作
	Chromium API	ブラウザーを操作
	ウィンドウメッセージ	ターゲットにウィンドウメッセージを送信して操作
無効な要素を変更	UI要素が画面上で無効になっていても、そのまま操作(自動化で操作できるUI要素に限る)	

●入力/出力要素

プロパティ名	説明
入力要素	このアクティビティで操作したいターゲットのUI要素を、変数で指定。この変数は、先行して実行済みの別のアクティビティの「出力要素」から取得する。指定した場合は、このアクティビティの「ターゲット」プロパティは指定しなくてよい
出力要素	このアクティビティが検出したターゲットのUI要素を、変数に出力する。この変数は、後続の別のアクティビティの「入力要素」に指定できる

Hint

入力モードの選び方

UI要素に操作が伝達されるまでの経路が短い順に「シミュレート」、「ウィンドウメッセージ」、「ハードウェアイベント」となります。短い方が、高速に安定して動作しますが、UI要素の種類によっては全く動作しなかったり、人間が操作したときと違う動作になることがあります。一方で「ハードウェアイベント」は人間の操作と区別できないため、多くの場合で期待通り動作しますが、処理はやや遅く、まれに不安定になることがあります。Chromium APIは、ブラウザー上に表示されるほぼすべての要素を操作できます。

●共通

プロパティ名	説明
タイムアウト	このアクティビティが実行できる状態になるまで待機する時間。実行できる状態なら、待機せずすぐに実行される。既定は30秒。この時間が経過すると、例外がスローされる
実行前の待機時間	このアクティビティの実行前に、無条件で待機する時間。指定しなければプロジェクトの設定が適用される。プロジェクトの既定値は0.2秒
実行後の待機時間	このアクティビティ実行後に、無条件で待機する時間。指定しなければプロジェクトの設定が適用される。プロジェクトの既定値は0.3秒

Hint

すべてのアクティビティに共通のプロパティ

すべてのアクティビティに共通のプロパティについては、次の項目を参照してください（→p.47 共通のプロパティ）。

●『クリック』のプロパティ

3-7 画面をクリックする

いろんなものをクリックできる、万能アクティビティ

『クリック』は、指定のUI要素をクリックします。マウスボタン（左/右）の指定や、シングルクリック/ダブルクリックの指定もできます。『クリック』の基本的な使い方は次を参照してください（→p.164 操作したいUI要素を指定する）。

●『クリック』のプロパティ

プロパティ		説明
分類	プロパティ名	
入力	カーソルの動きの種類	クリックする前に、ターゲットまでマウスカーソルを移動する方法を指定 ・Instant ……即時に移動 ・Smooth……なめらかに移動
	クリックの種類	マウスボタンの操作方法を指定 ・Single……シングルクリック ・Double……ダブルクリック ・Down……押し込む ・Up……離す
	ターゲット	操作対象のUI要素を指定 （→p.164 操作したいUI要素を指定する）
	マウスボタン	操作するマウスボタンを指定 ・Left……左マウスボタン ・Right……右マウスボタン ・Middle……中央マウスボタン
	実行を検証	（→p.182 クリックに失敗したら、自動で再クリックさせる）
Misc	プライベート	（→p.47 共通のプロパティ）
オプション	（→p.168 オプション）	
入力/出力要素	（→p.179 入力/出力要素）	
共通	（→p.47 共通のプロパティ）	

クリックに失敗したら、自動で再クリックさせる

『クリック』の検証機能は、クリックに失敗したときに自動で再クリックします。ここではわざと検証が失敗するように構成して、この動作を確認しましょう。メモ帳の「ファイル」メニューを『クリック』して、「ズーム」メニューが表示されたら成功と判断するようにします。実際には「ズーム」メニューは「表示」メニューの中にあるので、この検証は必ず失敗します。そのため、この『クリック』は繰り返し「ファイル」メニューを自動でクリックします。

❶『アプリケーション/ブラウザーを使用』と『クリック』を配置し、メモ帳の「ファイル」メニューをクリックするワークフローを作成します（→p.164 操作したいUI要素を指定する）。

❷配置した『クリック』の「実行を検証」プロパティで「VerifyExecutionOptions」を選択します。

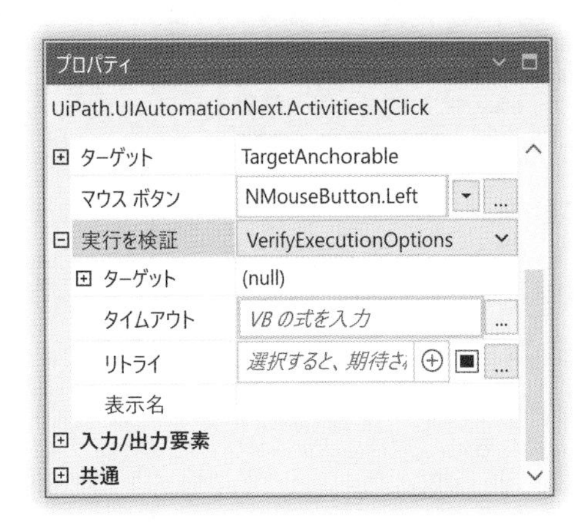

❸「画面上で検証ターゲットを指定」をクリックします。

パンくず アプリケーションを使用 > クリック

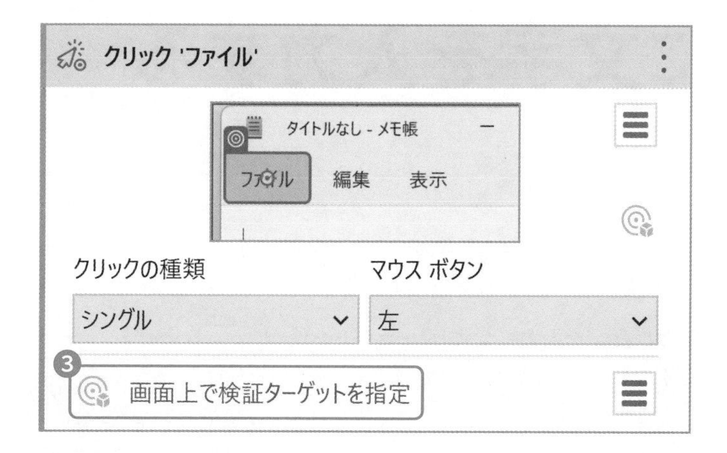

❹検証ターゲットとして、「表示」メニュー内の「ズーム」メニューを選択します（→p.176 ターゲットの選択を一時停止する）。

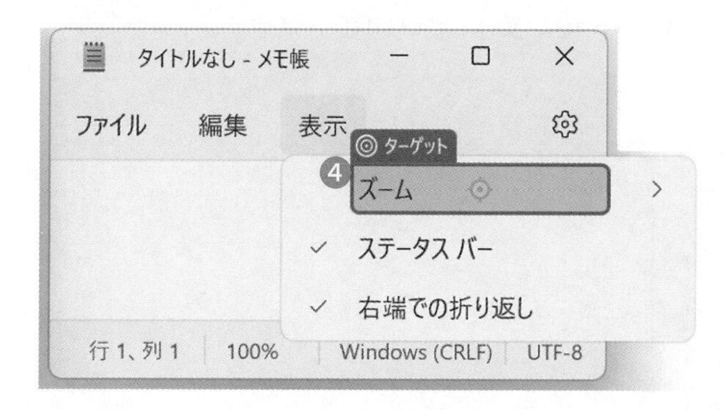

実行すると、「ズーム」が出てくるまで「ファイル」メニューが繰り返しクリックされます。その後、クリックに失敗したと判断されVerifyActivityExecutionException例外がスローされます。例外がスローされる前に手動で「表示」メニューを開けば、クリックに成功したと判断され、『クリック』は正常終了します。

Hint

検証を正しく構成する

「ファイル」メニューをクリックできたことを正しく検証させるには、たとえば「開く」メニューが表示されたら成功と判断するように構成してください。

Hint

ほかの方法で検証する

この例では、検証ターゲットの出現を成功と判断させました。検証ターゲットの消滅や変化を成功と判断させるには、「要素の次の動作を検証」プロパティで指定してください。

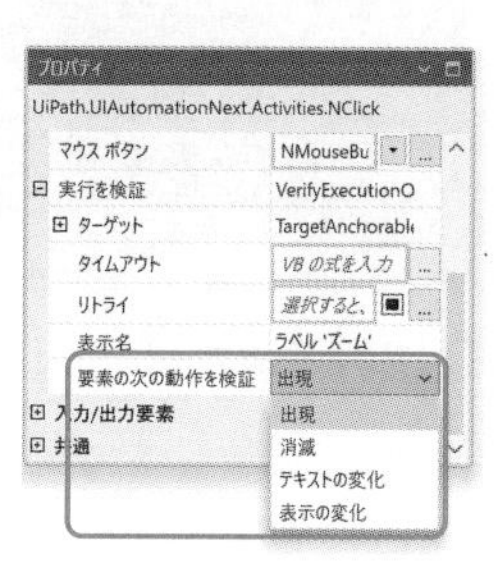

3-8 画面に文字を入力する

文字を入力する

『文字を入力』は、キーボードを使って画面に文字を入力します。キーボードを使わず、UI 要素と通信して文字を直接セットすることもできます。ここでは、メモ帳に「ほえほえ」と入力します。

Hint

特殊キーを押下させるには

特殊キーを押下させるには、「以下を入力」の右端にある［▼］から、当該のキーを選択してください。たとえば［enter］を選択すると、自動で"[k(enter)]"が設定されます。

❶『アプリケーション/ブラウザーを使用』を配置し、メモ帳の自動化を準備します（→p.162 アプリの自動化を準備する）。

❷『文字を入力』を配置します。

❸「次で指定」から、メモ帳の編集領域を指定します（→p.164 操作したいUI要素を指定する）。

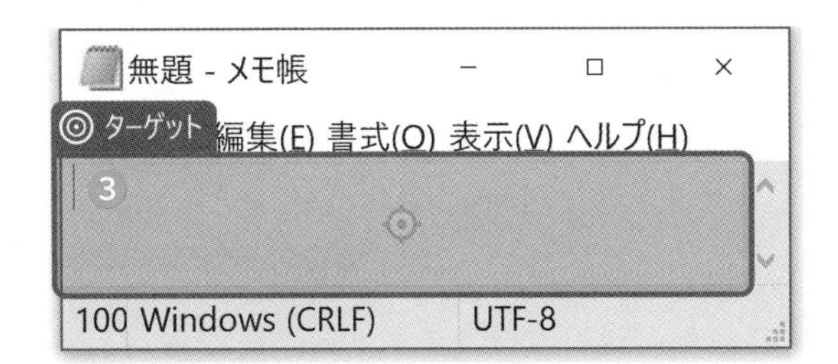

❹「以下を入力」に、入力させたいテキストを""（ダブルクォート）で括って指定します。

パンくず アプリケーションを使用 > 文字を入力

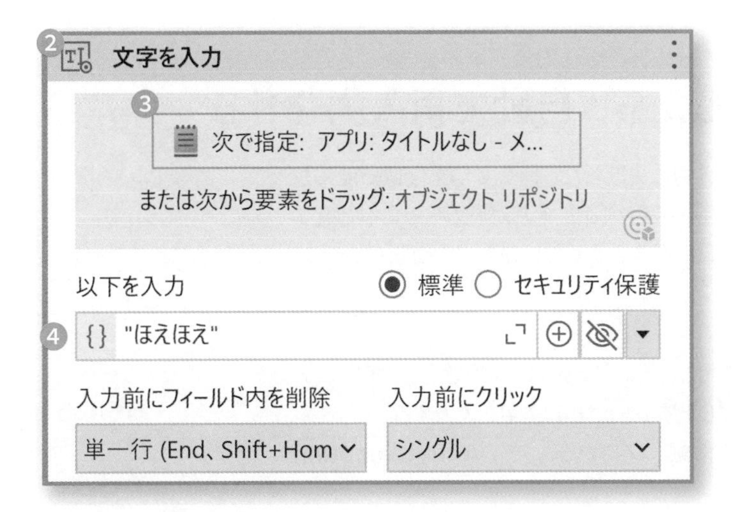

Hint

通常のキーと特殊キーを組み合わせて入力する

通常、大文字のAを入力させたい場合には「以下を入力」に"A"を設定すればOKです。ターゲットアプリ側の都合で、[Shift] キーを押しながら [A] キーを押す必要があるときは、「以下を入力」に"[d(shift)]a[u(shift)]"と指定してください。[d(特殊キー)]は、特殊キーを押したままにします（down）。[u(特殊キー)]は、特殊キーを離します（up）。なお、[k(特殊キー)]は、特殊キーを押して離します。

『文字を入力』のプロパティ

プロパティ		説明
分類	プロパティ名	
オプション - シミュレート	終了時に選択解除	ブラウザー上で文字を入力後、ターゲットアプリ側で文字入力完了のイベントを発生させる
オプション - ハードウェアイベント/Chromium API	アクティブ化	入力前にターゲットのUI要素をアクティブ化
	キー入力間の待機時間	キーとキーを入力する間の待機時間をミリ秒で指定。指定できる最大値は1000ミリ秒（1秒）
	フィールド内を削除	入力前にターゲットのUI要素に入力済みのテキストを削除する
	入力前にクリック	入力前にターゲットのUI要素をクリックする
Misc	プライベート	（→ p.47 共通のプロパティ）
入力	セキュリティで保護されたテキスト	『資格情報を取得』などで取得したSecureString型のテキストを入力する
	ターゲット	（→p.164 操作したいUI要素を指定する）
	テキスト	入力するテキストを指定
	実行を検証	（→p.186 文字の入力に失敗したら、自動で再入力させる）
オプション	（→p.179 オプション）	

入力/出力要素	(→p.179 入力/出力要素)
共通	(→p.180 共通)

文字の入力に失敗したら、自動で再入力させる

『文字を入力』の検証機能は、文字の入力に失敗したら同じ文字を自動で再入力します。入力した（はずの）文字を画面上から読み取り、それが入力した文字と違っていたら失敗と判断します。この場合は、現在入力されている文字を削除してから、同じ文字を再入力します。

❶『アプリケーション/ブラウザーを使用』と『文字を入力』を配置し、メモ帳にテキストを入力するワークフローを作成します（→p.184 文字を入力する）。
❷配置した『文字を入力』の「実行を検証」プロパティで「VerifyExecutionTypeIntoOptions」を選択します。
❸検証機能が構成されていることを確認します。

パンくず アプリケーションを使用 > 文字を入力

Hint
『文字を入力』の検証機能の動作を確認する

「入力前にフィールド内を削除」を「なし」として、メモ帳にあらかじめ別のテキストを入力した状態でワークフローを実行してください。「ほえほえ」が繰り返し入力される動作を確認できます。

キーボードショートカットを押す

『キーボードショートカット』は、キーボードの複数のボタンを同時に押します。ここでは、メモ帳で［Ctrl］＋［P］キーを押して印刷ダイアログを表示します。

❶『アプリケーション/ブラウザーを使用』を配置し、メモ帳の自動化を準備します（→p.162 アプリの自動化を準備する）。
❷『キーボードショートカット』を配置します。
❸「ショートカットを記録」をクリックして［Ctrl］＋［P］キーを押します。

パンくず アプリケーションを使用 > キーボードショートカット

実行すると、メモ帳の印刷ダイアログが表示されます。

Hint

ターゲットのUI要素を指定もできる

ターゲットを指定しない場合、『キーボードショートカット』はアプリケーションウィンドウにショートカットを送信します。期待通り動かないときは、ショートカットキーを送信すべきUI要素を探してください。

3-9 画面から情報を読み取る

画面上にあるさまざまな情報を簡単に読み取れる

用途に応じて、複数のアクティビティが用意されています。

●画面から情報を読み取るアクティビティ一覧

アクティビティ名	説明
『テキストを取得』	画面上のテキストを読み取る （→p.188 テキストを読み取る）
『属性を取得』	UI要素の属性値を読み取る （→p.196 チェックボックスの状態を読み取る）
『表データを抽出』	表形式の情報をまとめて読み取る （→p.190 表データを読み取る）

テキストを読み取る

『テキストを取得』は、画面上のテキストを取得します。ここでは、メモ帳の編集領域にあるテキストを読み取ります。

❶『アプリケーション/ブラウザーを使用』を配置し、メモ帳の自動化を準備します（→p.162 アプリの自動化を準備する）。
❷『テキストを取得』を配置します。
❸「次で指定」から、メモ帳の編集領域を指定します（→p.164 操作したいUI要素を指定する）。
❹「保存先」の右端の⊕丸十字アイコンをクリックし、変数「テキスト」を作成します。
❺右上の☰ハンバーガーメニューから、「抽出結果をプレビュー」を選択します。

パンくず アプリケーションを使用 > テキストを取得

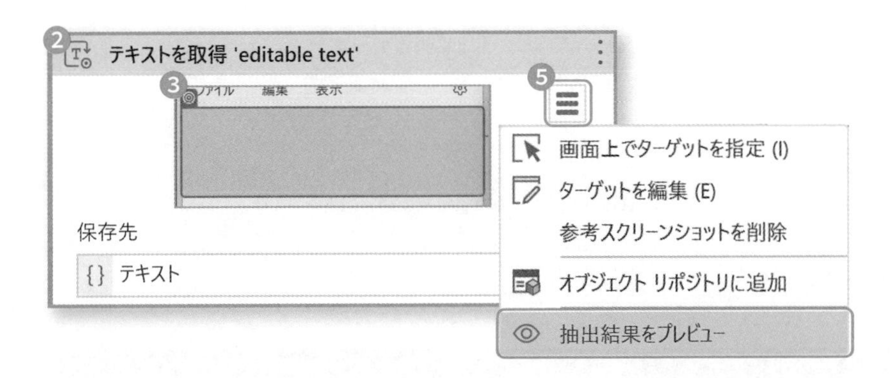

❻期待する抽出結果が得られる「スクレイピングメソッド」を選択し、「保存して閉じる」ボタンをクリックします。

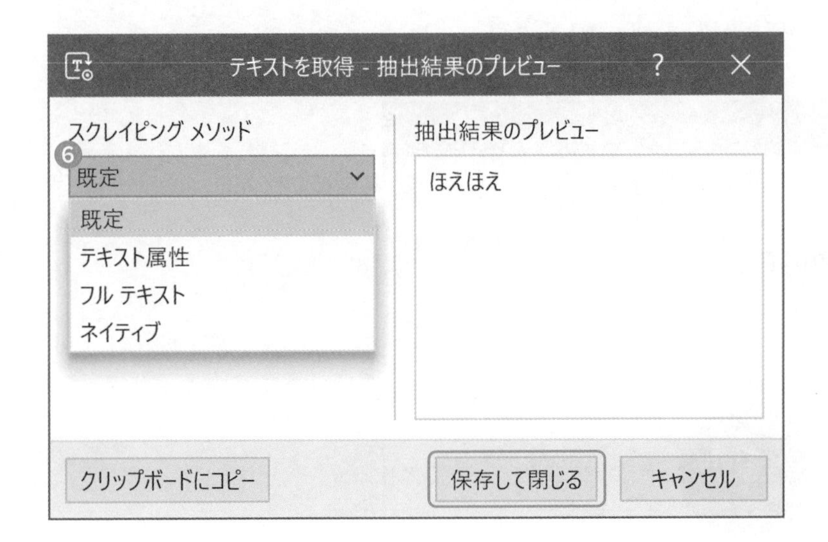

実行すると、画面から読み取られたテキストが、変数「テキスト」に代入されます。

表データを読み取る

『表データを抽出』は、アプリやWebページに表形式で表示されているデータを、まとめてデータテーブルに読み取ります。ここでは、UiPathのホームページに表示されている項目を読み取ります。

❶ブラウザーで、UiPath Japanのホームページ（https://www.uipath.com/ja）を手動で開きます。
❷「表抽出」ボタンをクリックします。

❸「表抽出ウィンドウ」で「新しい列を追加」をクリックします。

❹ブラウザー上で、最初の行の列値として取り出したい部分（行1の列1）をクリックします。

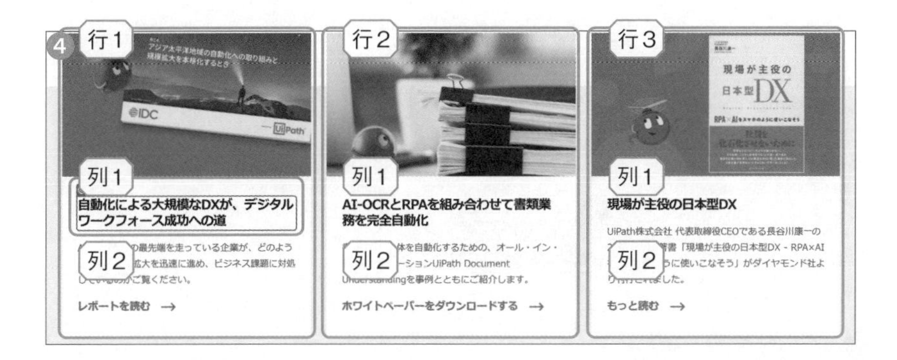

❺クリックした部分にポップアップが表示されるので、抽出したい内容を選択します。ここでは「text」を選択します。

❻「表抽出ウィンドウ」で「確認」をクリックします。
❼列名「新しい列0」をわかりやすいものに変更します。
❽追加したい列について、❸～❼の手順を繰り返します。ここでは、行1の列2を同じ手順で追加します。行1の列だけをすべて追加すれば、行2以降は自動で抽出されます。
❾次のページがあれば、「複数ページからデータを抽出」を「はい」にして、「次へボタン」をブラウザー上で指定します。ここでは「いいえ」のままとします。
❿「保存して閉じる」ボタンをクリックします。

⑪『表データを抽出』と、変数「ExtractDataTable」が、ワークフローに自動で配置されます。上の≡ハンバーガーメニューから、「テスト抽出」をクリックします。

パンくず アプリケーションを使用 > テキストを取得

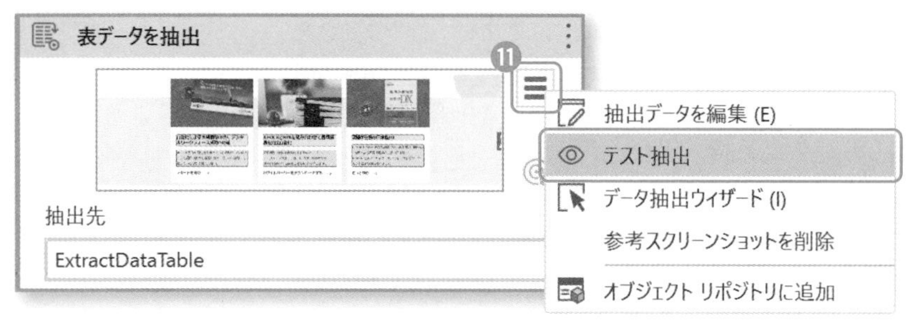

⑫表データが意図通り抽出されているか確認し、「閉じる」ボタンをクリックします。

Hint

DataTable型の変数には、表データがすべて入っている

この変数で、表データをCSVやExcelファイルに書き込んだり、フィルターして必要な行だけを取り出したりなどの操作ができます(→p.349 データテーブルに固有の操作)。

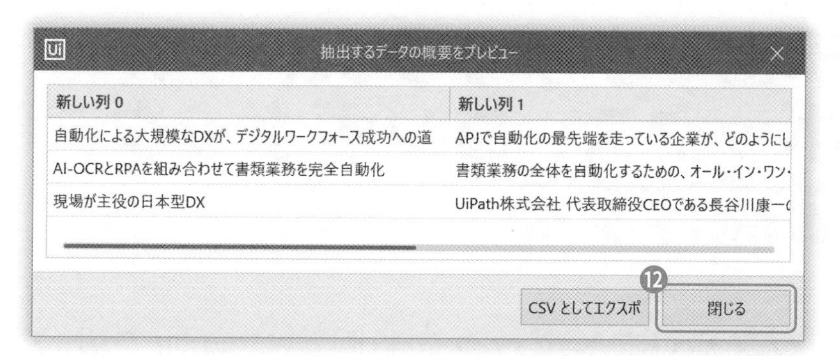

⓭ DataTable型の変数「ExtractDataTable」から、1行ずつデータを取り出します（→p.350 データテーブルを1行ずつ処理する）。

Hint

抽出した各列は、型やソート順を設定できる

「表抽出」ウィンドウの各列の右端にある ⚙ から、この列から取り出すデータ型と、ソート順を設定できます。

Hint

ブラウザー内で表に並んだUI要素を1つずつ操作するには

『繰り返し（各UI要素）』が便利です（→p.217 並んだUI要素を順に操作する）。

3

3-10 チェックボックス、リストボックス、コンボボックスを操作する

チェックボックスやリストボックスも簡単に自動で操作できる

これらのUI要素は、Windowsの「マウスのプロパティ」の「ポインター」タブで見ることができます。

Hint

「マウスのプロパティ」ウィンドウを表示するには

［Win+R］main.cpl［Enter］で表示できます。

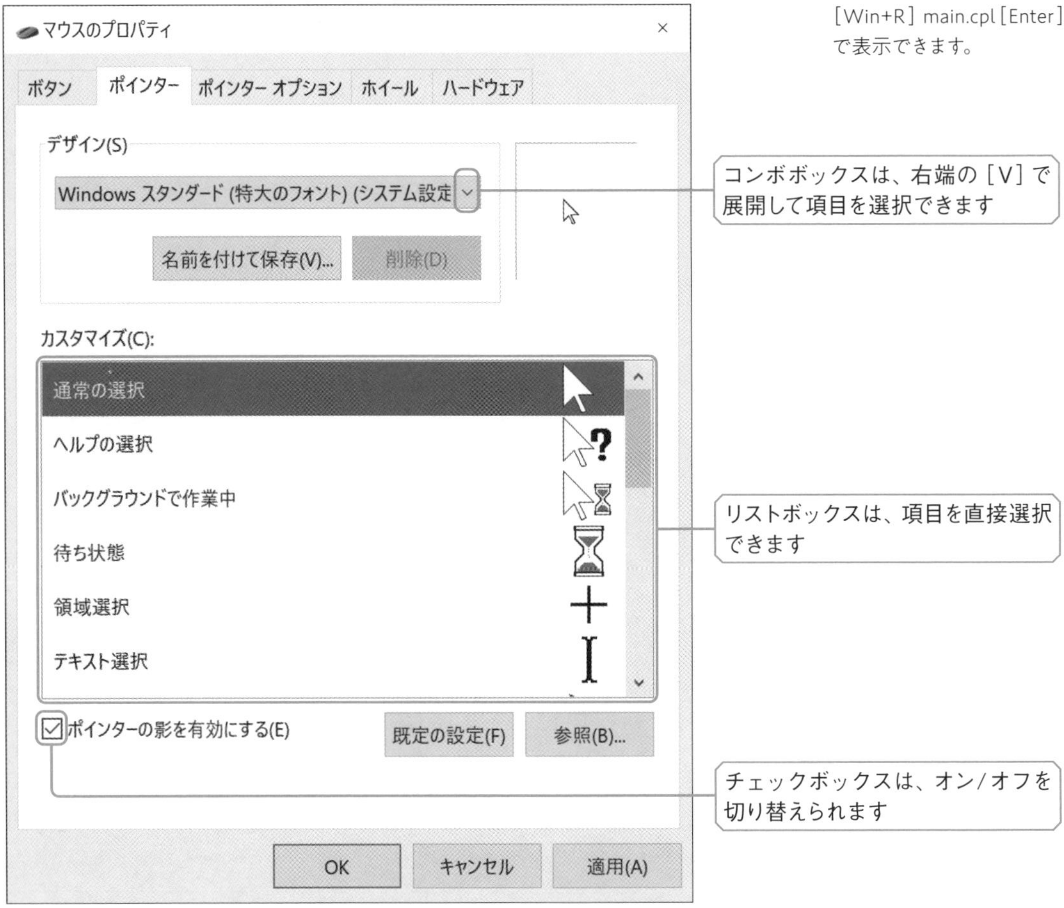

マウスのプロパティ
ボタン　ポインター　ポインター オプション　ホイール　ハードウェア
デザイン(S)
Windows スタンダード (特大のフォント) (システム設定
名前を付けて保存(V)...　削除(D)
カスタマイズ(C):
通常の選択
ヘルプの選択
バックグラウンドで作業中
待ち状態
領域選択
テキスト選択
ポインターの影を有効にする(E)　既定の設定(F)　参照(B)...
OK　キャンセル　適用(A)

コンボボックスは、右端の［V］で展開して項目を選択できます

リストボックスは、項目を直接選択できます

チェックボックスは、オン/オフを切り替えられます

チェックボックスを操作する

『チェック/チェック解除』は、チェックボックスを操作します。ここでは、メモ帳の印刷ダイアログの「ファイルへ出力」をチェックします。

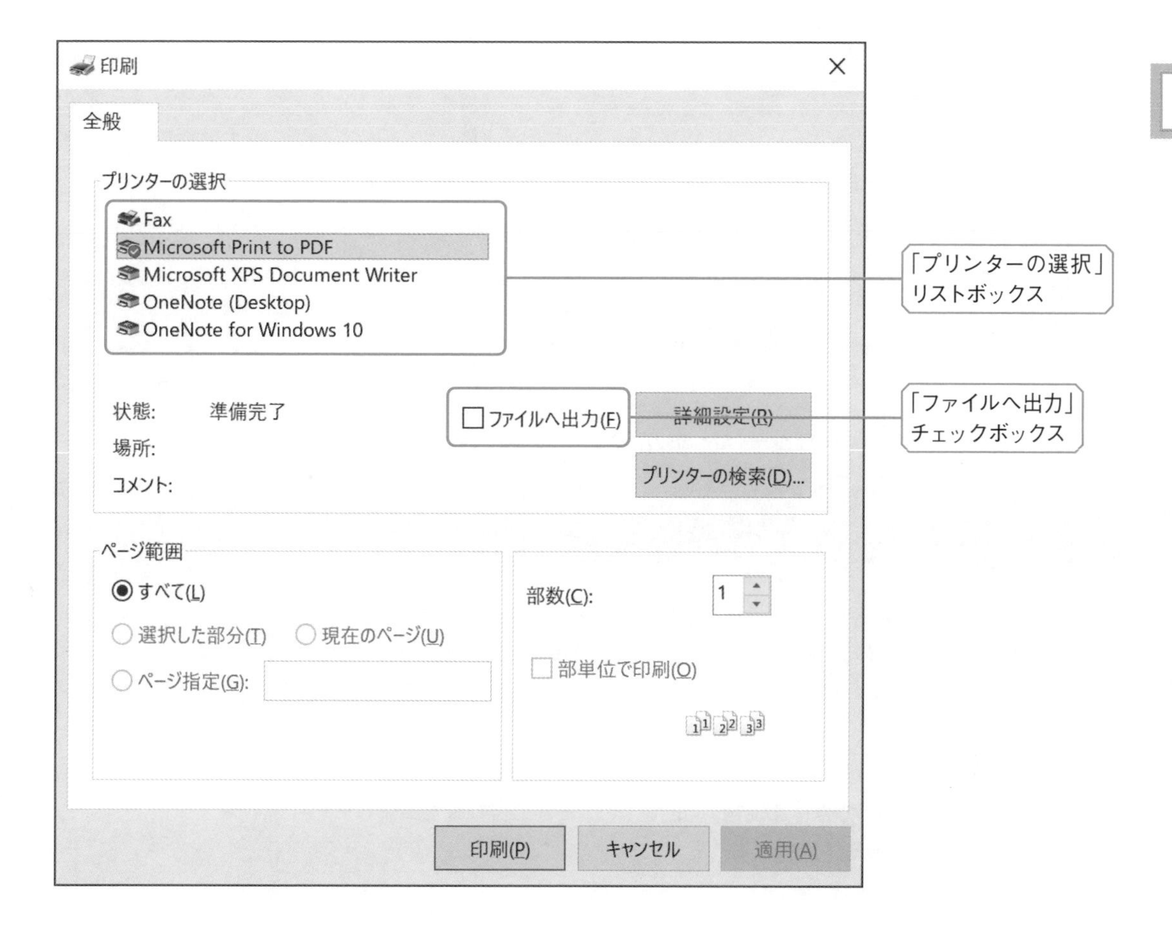

❶『アプリケーション/ブラウザーを使用』を配置し、メモ帳の自動化を準備します（→p.162 アプリの自動化を準備する）。
❷メモ帳で［Ctrl］＋［P］キーを押して、印刷ダイアログを表示しておきます。
❸『チェック/チェック解除』を配置します。
❹「次で指定」から「ファイルへ出力」を指定します（→p.164 操作したいUI要素を指定する）。
❺「アクション」で、「チェック」「チェック解除」「切り替え」のいずれかを選択します。ここでは「チェック」を選択します。

Hint

印刷ダイアログを操作できないときは

『アプリケーション/ブラウザーを使用』の「ウィンドウアタッチモード」プロパティが「アプリケーションインスタンス」になっていることを確認してください（→p.169 ウィンドウアタッチモードとセレクター）。

パンくず　アプリケーションを使用 > チェック / チェック解除

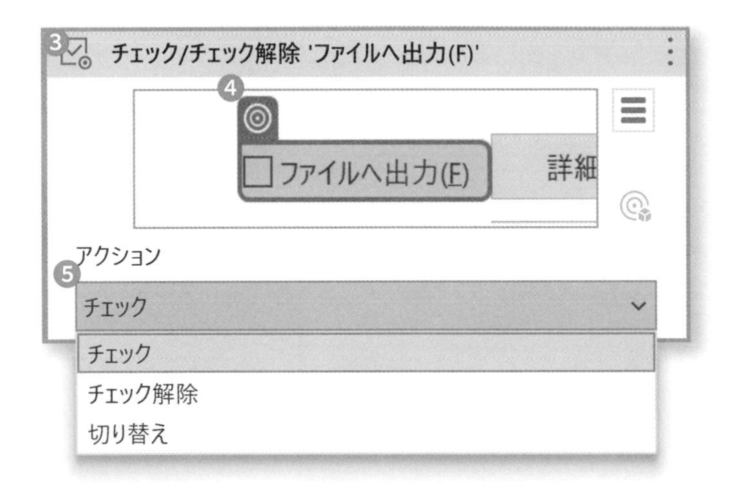

実行すると、印刷ダイアログの「ファイルへ出力」がチェックされます。

Hint

[Ctrl] + [P] キーを押す操作も自動化できる

この手順は、次の説明を参照してください（→p.187 キーボードショートカットを押す）。

Hint

『チェック/チェック解除』はWindows 11の画面も操作できる

オン/オフを切り替えるスイッチ形状の UI要素も『チェック/チェック解除』で操作できます。

チェックボックスの状態を読み取る

『属性を取得』は、UI要素がもつ属性値を読み取ります。チェックボックスのチェック状態のほか、ボタンの有効/無効状態など、さまざまな属性を読み取れます。ここでは、メモ帳の印刷ダイアログのチェックボックス「ファイルへ出力」の状態を読み取ります。

❶『アプリケーション/ブラウザーを使用』を配置し、メモ帳の自動化を準備します（→p.162 アプリの自動化を準備する）。
❷『属性を取得』を配置します。
❸メモ帳で [Ctrl] + [P] キーを押して、印刷ダイアログを表示しておきます。
❹『属性を取得』の操作対象として「ファイルへ出力」を指定します（→p.164 操作したいUI要素を指定する）。
❺「属性」右端の [▼] から、読み取りたい属性の名前「checked」を選択します。
❻「保存先」右端の ⊕ 丸十字アイコンをクリックし、属性値を保存する変数「チェックされているか」を作成します。

パンくず アプリケーションを使用 > 属性を取得

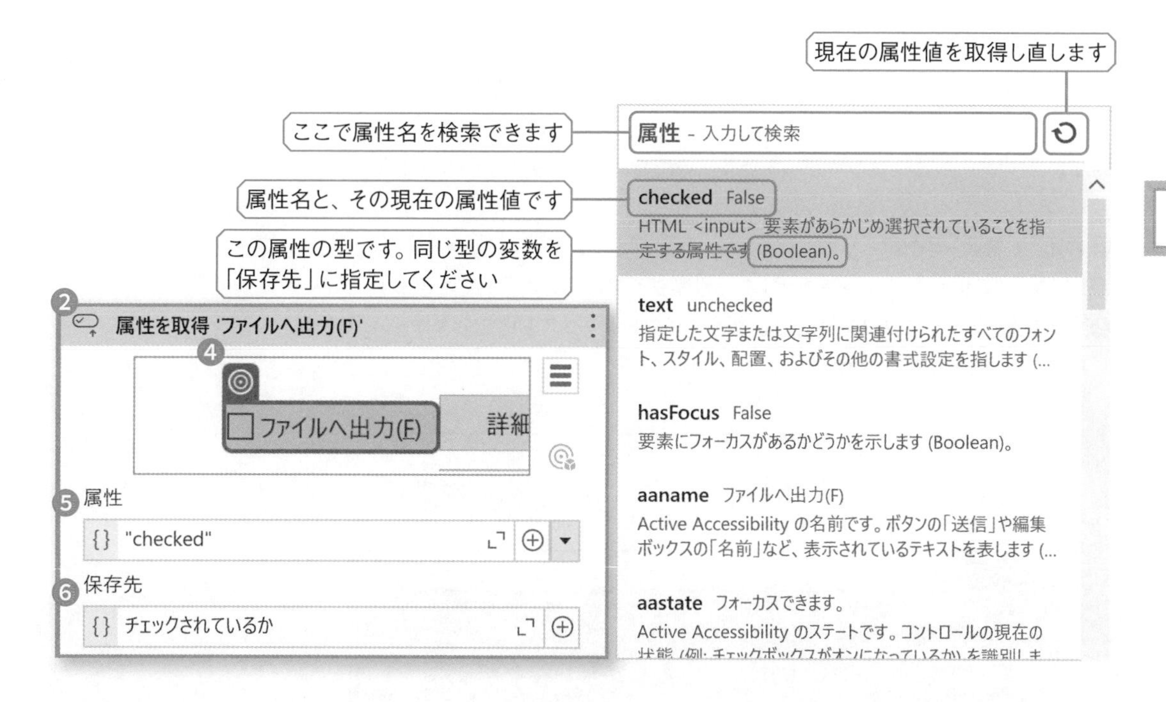

❼変数パネルを開き、作成した変数「チェックされているか」の型を、読み取る属性の型に合わせて変更します。この例ではBoolean型に変更します。

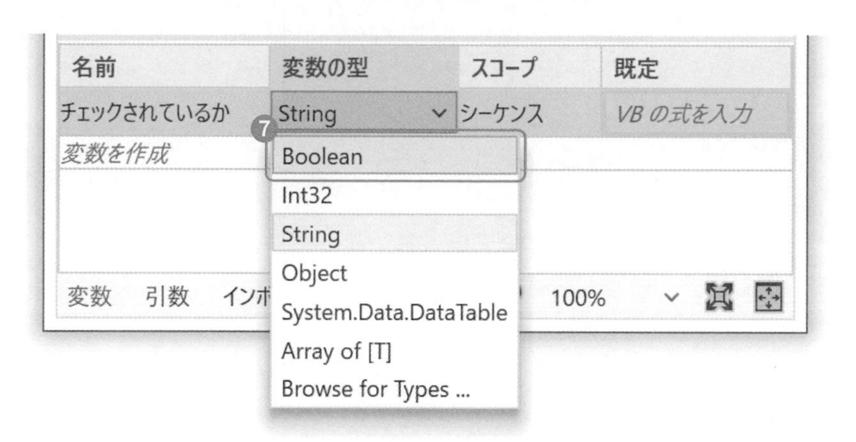

Hint

『属性を読み取る』は、ほかにも多くの情報を読み取れる

UI要素は多くの属性をもっており、その値は状況に応じて変化します。

実行すると、チェックボックスのチェック状態が変数「チェックされているか」に代入されます。

リストボックスやコンボボックスを操作する

『項目を選択』は、リストボックスやコンボボックスで利用可能な選択肢を選択します。ここでは、メモ帳の印刷ダイアログでプリンターを選択します。

❶『アプリケーション/ブラウザーを使用』を配置し、メモ帳の自動化を準備します（→p.162 アプリの自動化を準備する）。
❷『項目を選択』を配置します。
❸メモ帳で［Ctrl］＋［P］キーを押して、印刷ダイアログを表示しておきます。
❹「次で指定」から「プリンターの選択」のリストボックスを指定します（→p.164 操作したいUI要素を指定する）。

❺「選択する項目」で、選択したい項目を設定します。

パンくず アプリケーションを使用 > 項目を選択

実行すると、「選択する項目」に指定した項目が、画面上で選択されます。

Hint

選択する項目

ワークフロー作成中に、画面上に存在する選択肢なら、右端の [▼] から選択できます。そうでない選択肢も、直接入力して指定できます。

Hint

複数の項目を選択するには

『複数の項目を選択』を使います。この「複数項目」プロパティに、{ "項目名#1", "項目名#2" }のようにして、選択したい項目をすべて指定してください。

3-11 マウスを操作する

マウスを、人間が操作するように動かせる

UiPathなら、マウスを動かしたり、画面上のものをつかんでドラッグ＆ドロップしたりすることも簡単にできます。

マウスカーソルを移動する

『ホバー』は、指定の要素の上にマウスカーソルを移動します。ここでは、メモ帳の「表示」メニューの上にマウスカーソルを移動します。

❶『アプリケーション/ブラウザーを使用』を配置し、メモ帳の自動化を準備します（→p.162 アプリの自動化を準備する）。
❷『ホバー』を配置します。
❸「次で指定」から、メモ帳の「表示」メニューを指定します（→p.164 操作したいUI要素を指定する）。
❹「継続時間」で、マウスカーソルを移動後に何秒間待機するかを指定します。

パンくず アプリケーションを使用 > ホバー

Hint
ポップアップウィンドウが表示されるまで待機する

「継続時間」を指定する代わりに、「実行を検証」プロパティを構成して、指定のポップアップウィンドウが表示されるまで待機させることもできます。このポップアップを検証ターゲットとして指定するには、「選択オプション」ウィンドウで［F6］キーを押して「ホバー可能な要素の選択」を有効にしてください。

実行すると、マウスカーソルが「表示」メニューの上に移動し、3秒間待機します。

マウスホイールを操作する

『マウススクロール』は、マウスホイールで画面をスクロールします。指定の距離を動かすか、指定のUI要素が現れるまで動かすかを選択できます。ここでは、UiPathのホームページを、「会社概要」が出てくるまで下にスクロールします。

❶ブラウザーでUiPath Japanのホームページ（https://www.uipath.com/ja）を開きます。
❷『アプリケーション/ブラウザーを使用』を配置し、この自動化を準備します（→p.162 アプリの自動化を準備する）。
❸『マウススクロール』を配置します。
❹「次で指定」から、ブラウザーページの下の方にある「会社概要」テキストを指定します（→p.164 操作したいUI要素を指定する）。
❺キーを押しながらマウスホイールを動かしたいときは、「キー修飾子」プロパティでキーの組み合わせを指定します。ここでは特に指定しません。

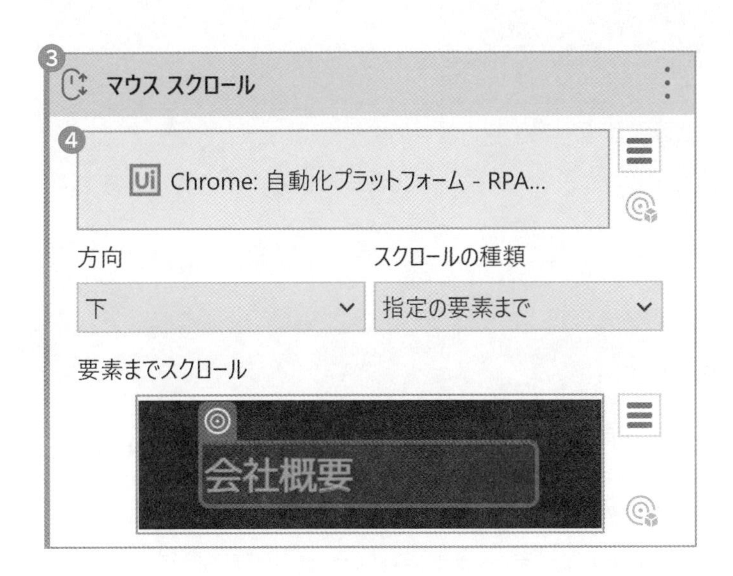

実行すると、ページ下の「会社概要」が出てくるまで、ブラウザーが上方向にスクロールします。

Hint
特定のUI要素の中をスクロールするには

ウィンドウ全体ではなく、特定のUI要素の中をスクロールするには右上の ≡ ハンバーガーメニューから、スクロールさせたいUI要素を指定してください。

同じウィンドウ内でドラッグアンドドロップする

『ドラッグアンドドロップ』は、指定のUI要素をマウスでドラッグして別のUI要素の上にドロップします。ドラッグは引きずる、ドロップは落とす、という意味です。ここでは、Windowsの「マウスのプロパティ」画面の「ダブルクリックの速度」のスライダーを端まで動かします。

❶ [Win+R] main.cpl [Enter] として「マウスのプロパティ」を開きます。
❷『アプリケーション/ブラウザーを使用』を配置し、この自動化を準備します（→p.162 アプリの自動化を準備する）。
❸『ドラッグアンドドロップ』を配置します。
❹「ソース要素」の「次で指定」から、スライダーのつまみを指定します（→p.164 操作したいUI要素を指定する）。
❺「ターゲット要素」の「次で指定」から、スライダーのレールを指定します。

パンくず アプリケーションを使用 > ドラッグアンドドロップ

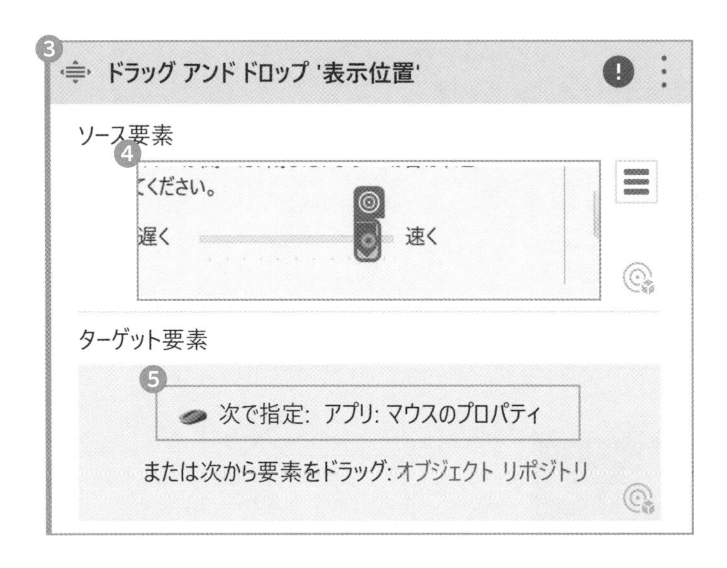

❻この照準 ◎ をドラッグして、その位置をレールの左端にずらします（→p.175 操作する位置をずらす）。
❼「選択オプション」ウィンドウを「確認」で閉じます。

Hint

ファイルを移動するには

『ドラッグアンドドロップ』でファイルエクスプローラーを操作するよりも、『ファイルを移動』の方が簡単で便利です（→p.111 ファイルを移動する）。

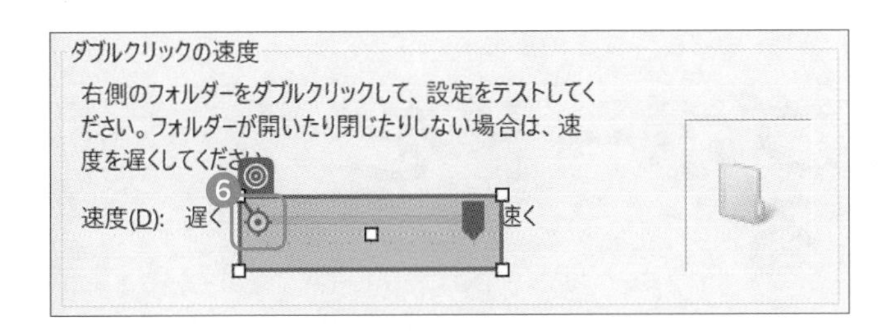

実行すると、つまみがドラッグされ、左端までスライドします。

2つのウィンドウ間でドラッグアンドドロップする

2つの『アプリケーション/ブラウザーを使用』を入れ子にして、それぞれにドラッグ元とドロップ先のウィンドウを指定します。この中に『ドラッグアンドドロップ』を配置することにより、2つのウィンドウ間でUI要素をドラッグアンドドロップできます（→p.166 2つのアプリを同時に操作する）。

パンくず アプリケーションを使用 > アプリケーションを使用 > ドラッグアンドドロップ

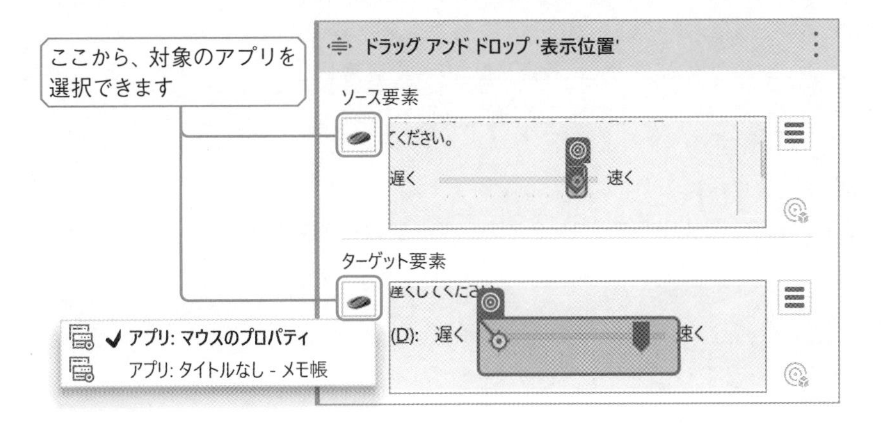

3-12 クリップボードを操作する

クリップボードにテキストをコピーしたり、取り出したりできる

クリップボードを操作するアクティビティは画面操作を伴わないので、バックグラウンドプロセスでも安心して使えます（→ p.69 プロセスをバックグラウンドで開始する）。

クリップボードのテキストを取り出す

『クリップボードから取得』は、クリップボードに入っているテキストを変数に取り出します。テキストを取り出せないときは、テキストがクリップボードにコピーされるまで待機します。コピーされることなく、タイムアウトに設定したミリ秒が経過したら、例外をスローします。

❶『クリップボードから取得』を配置します。

❷プロパティパネルで、「結果」右端の⊕丸十字アイコンをクリックし、変数を作成します。

1 クリップボードから取得

実行すると、現在クリップボードに入っているテキストが変数に代入されます。

クリップボードにテキストをコピーする

『クリップボードに設定』は、指定のテキストをクリップボードにコピーします。

❶『クリップボードに設定』を配置します。

❷前面のボックスに、コピーしたいテキストを指定します（→p.96 変数を加工して、別のテキストを得る）。

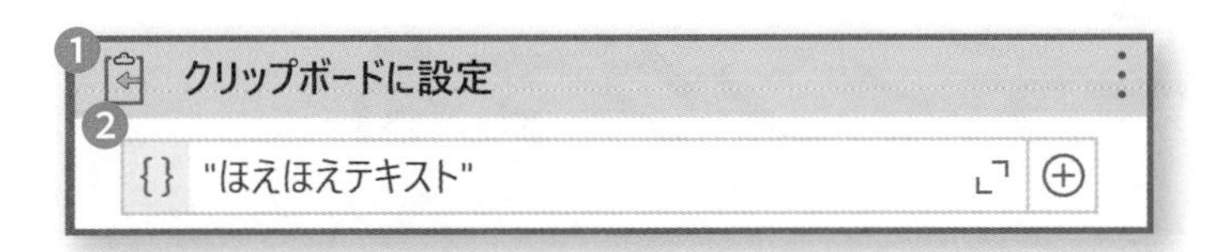

実行すると、「ほえほえテキスト」がクリップボードにコピーされます。

Hint

クリップボード内のデータをアプリに貼り付けるには

『キーボードショートカット』で、ターゲットに［Ctrl+V］を送信してください（→p.187 キーボードショートカットを押す）。

画面写真を撮影する

『スクリーンショットを作成』は、画面全体もしくは指定のUI要素の画面写真を撮影します。撮影した画像は、ファイルに保存したり、クリップボードにコピーしたりできます。変数に保存して、ほかのアクティビティに渡すこともできます。

❶『アプリケーション/ブラウザーを使用』を配置します（→p.162 アプリの自動化を準備する）。
❷『スクリーンショットを作成』を配置します。
❸「出力先」を選択します。ここでは、「ファイル」を選択します。
❹「ファイル名」に、作成したい画像ファイルのパスを入力します（→p.102 パス文字列を操作する）。

パンくず アプリケーションを使用 > スクリーンショットを作成

Hint

画像の出力先

- **ファイル**……画像ファイルに出力します。
- **画像**……Image型の変数に出力します。
- **クリップボード**……クリップボードに出力します。

Hint

デスクトップ全体の画面写真を撮影する

ターゲットを指定しなければ、デスクトップ全体の画面写真が撮影されます。この場合には、『スクリーンショットを作成』を『アプリケーション/ブラウザーを使用』の中に入れる必要はありません。

Hint

自動インクリメント

この『スクリーンショットを作成』を繰り返し構造の中に配置したとき、ファイル名を自動で変更します。インクリメントとは、「1を足す」という意味です。

3-13 操作をレコーディングする

Studioがワークフローを作成してくれる

プロジェクトにUIAutomationパッケージがインストールされていれば、レコーディング機能が使えます（→p.65 パッケージをインストールする）。これは、手動で操作した手順を一連のUIモダンアクティビティにして保存します。これは通常のワークフローと同じなので、あとで修正するのも簡単です。ただしExcelモダンなどの、アプリに専用のアクティビティは使用されないことに注意してください。

レコーディングの手順

❶「アプリ/Webレコーダー」ボタンをクリックします。

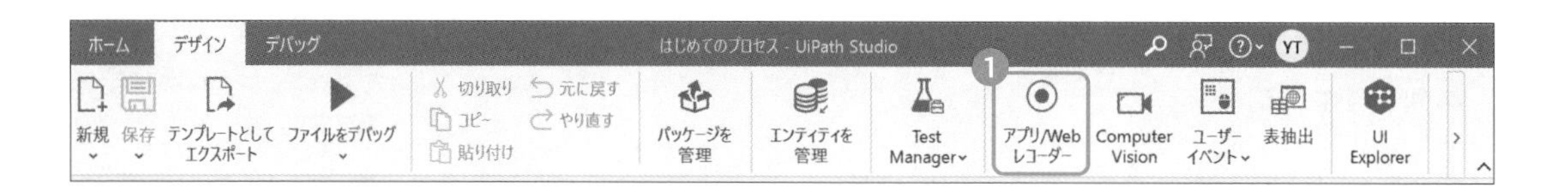

❷操作したいUI要素をホバーすると、検出されたUI要素に緑の枠が表示されます。

❸緑の枠下の ⊕> をクリックします。

❹検出されたUI要素への操作が表示されるので、適切な操作を選択します。

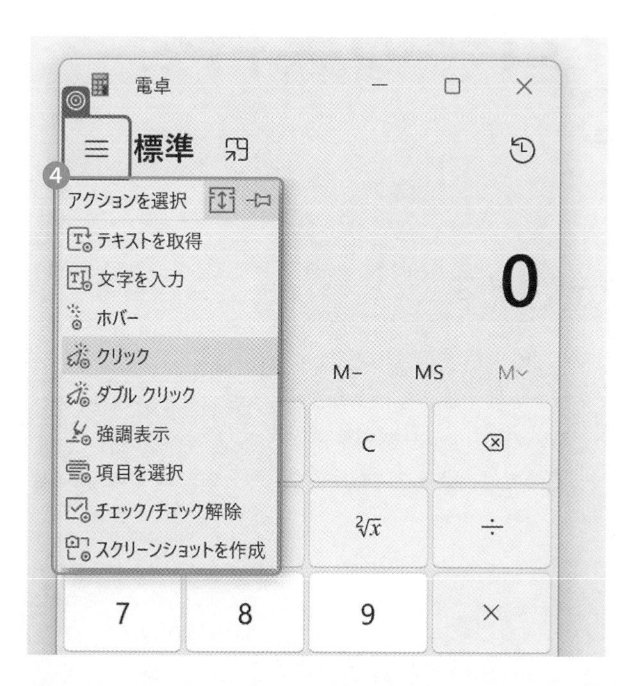

❺選択した操作に応じて、追加の設定を行います。たとえば「文字を入力」を選択したときは、入力したい文字を設定します。
❻必要に応じて、❷～❺の操作を繰り返したら、上書き保存アイコンをクリックします。

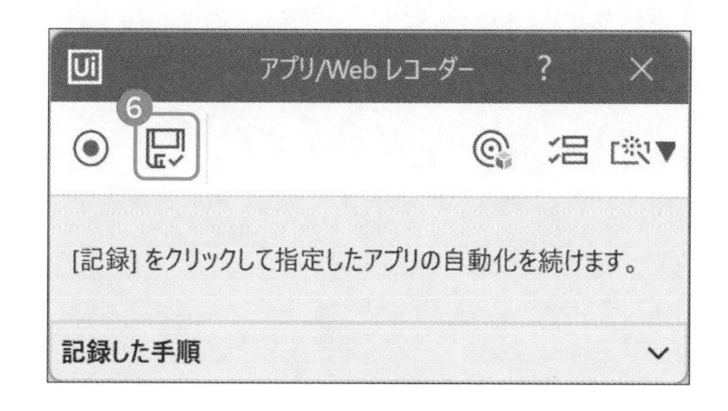

以上で、同じ操作をするアクティビティがワークフローに挿入されます。

Hint

冗長なアクティビティは削除する

レコーディングして作成したワークフローには、冗長なアクティビティも一緒に記録されることがあります。確認の上、削除してください。

3-14 ワークフローの実行を待機する

ワークフローの動作を安定させる

『クリック』などのUIアクティビティは、ターゲットのUI要素が表示されるまで自動で待機します。このため、通常はワークフローの実行を待機する必要はありません。しかし、ロボットによる操作は人間のよりもずっと早いので、アプリ側の準備が整うまで操作を待たなければならないこともあります。本節では、実行を待機するためのさまざまな方法を説明します。

Hint

『待機』はなるべく使わない

『待機』は、指定した時間、ワークフローの実行を待機します。便利なようですが、妥当な待機時間が不明なことが多いため、本節で紹介する別の方法で待機することをお勧めします。

UI要素の出現や消滅を待つ

『アプリのステートを確認』は、ターゲットUI要素の出現もしくは消滅を待ちます。最大で「秒」に指定した時間を待機し、それまでにターゲットが見つかったら「結果」プロパティにTrueを、見つからなかったらFalseを返します。結果に基づいて実行したいアクティビティを、この中に直接配置することもできます。

ここでは、メモ帳の「開く」メニューが表示されるのを待ちます。

❶『アプリケーション/ブラウザーを使用』を配置し、メモ帳の自動化を準備します(→p.162 アプリの自動化を準備する)。
❷『アプリのステートを確認』を配置します。
❸「次で指定」から、メモ帳の「開く」メニューを選択します(→p.176 ターゲットの選択を一時停止する)。
❹「待機対象」で、「出現する要素」「消滅する要素」のいずれかを選択します。ここでは「出現する要素」を選択します。
❺プロパティパネルの「結果」の右端の⊕丸十字アイコンをクリックし、変数「表示されたか」を作成します。

パンくず アプリケーションを使用 > アプリのステートを確認

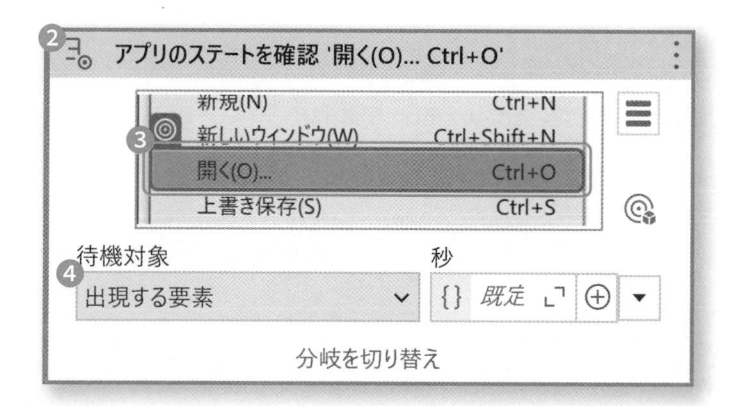

実行すると、『アプリのステートを確認』に入ってから5秒以内に、メモ帳の「開く」メニューが表示されれば変数にTrueが、表示されなければFalseが代入されます。

Hint

分岐を切り替え

画面下の「分岐を切り替え」は、分岐の表示/非表示を切り替えます。『条件分岐』と同じように使えます。

Hint

画像を探すには

『一致する画像を探す』が便利です。これは、指定の画像と同じ画像が表示されるまで待機します。

ダイアログが表示されたら閉じる

あるタイミングで表示されたりされなかったりするダイアログを閉じるには、『クリック』だけで十分です。この「エラー発生時に実行を継続」プロパティをTrueにしておけば、ダイアログが表示されずタイムアウトが経過したら、例外をスローせず黙って次に進みます。既定の「タイムアウト」は30秒と長いので、短く設定すると良いでしょう。

属性の変化を待つ

『属性を待つ』は、UI要素の属性が指定の値になるまで待機します。これにはターゲットを直接指定できないので、『要素を探す』と組み合わせてください。

ここでは、チェックボックスがチェックされるまで待機します（→p.196 チェックボックスの状態を読み取る）。

❶『アプリケーション/ブラウザーを使用』を配置し、アプリの自動化を準備します（→p.162 アプリの自動化を準備する）。
❷『要素を探す』を配置します。
❸「画面上で要素を指定」から、チェックを待ちたいチェックボックスを指定します。
❹プロパティパネルの「検出した要素」の右端の⊕丸十字アイコンをクリックし、変

数「UI要素」を作成します。

❺『属性を待つ』を配置します。

❻「属性」右端の［▼］から"checked"を選択します。

❼「値」に、Trueを指定します。

❽プロパティパネルの「要素」の右端の⊕丸十字アイコンをクリックし、変数「UI要素」を使用します。

パンくず　アプリケーションを使用 > 実行

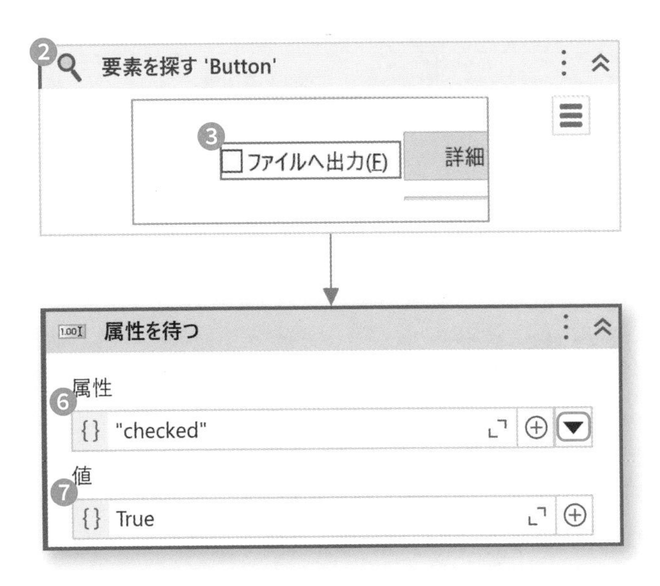

実行すると、チェックボックスがチェック状態になるまで待機します。タイムアウトすると、例外がスローされます。その前にユーザーがこのチェックボックスをチェックすると、次のアクティビティに進みます。

イベントの発生を待つ

『トリガースコープ』は、この中に配置したトリガー系アクティビティで、さまざまなイベントを待ちます。イベントが発生したら「アクション」を実行して、また次のイベントを待ちます。ここでは例として、指定したフォルダー内でのファイル作成／削除のイベントを待機します。

❶『トリガースコープ』を配置します。

❷プロパティパネルで「スケジューリングモード」を「順次」「同時」「1回」のいずれから選択します。ここでは「順次」を選択します。
❸待機したいイベントに合わせて、トリガーアクティビティを配置します。ここでは『ファイル変更トリガー』を配置し、「パス」に"c:¥temp"を設定します（→p.102 パス文字列を操作する）。プロパティパネルで「変更の種類」に「All」を設定します。
❹「アクション」に、実行したい処理を作成します。ここでは『メッセージをログ』を配置し、「メッセージ」に次を設定します。

```
args.FileChangeInfo.Name + " " + args.FileChangeInfo.ChangeType.ToString
```


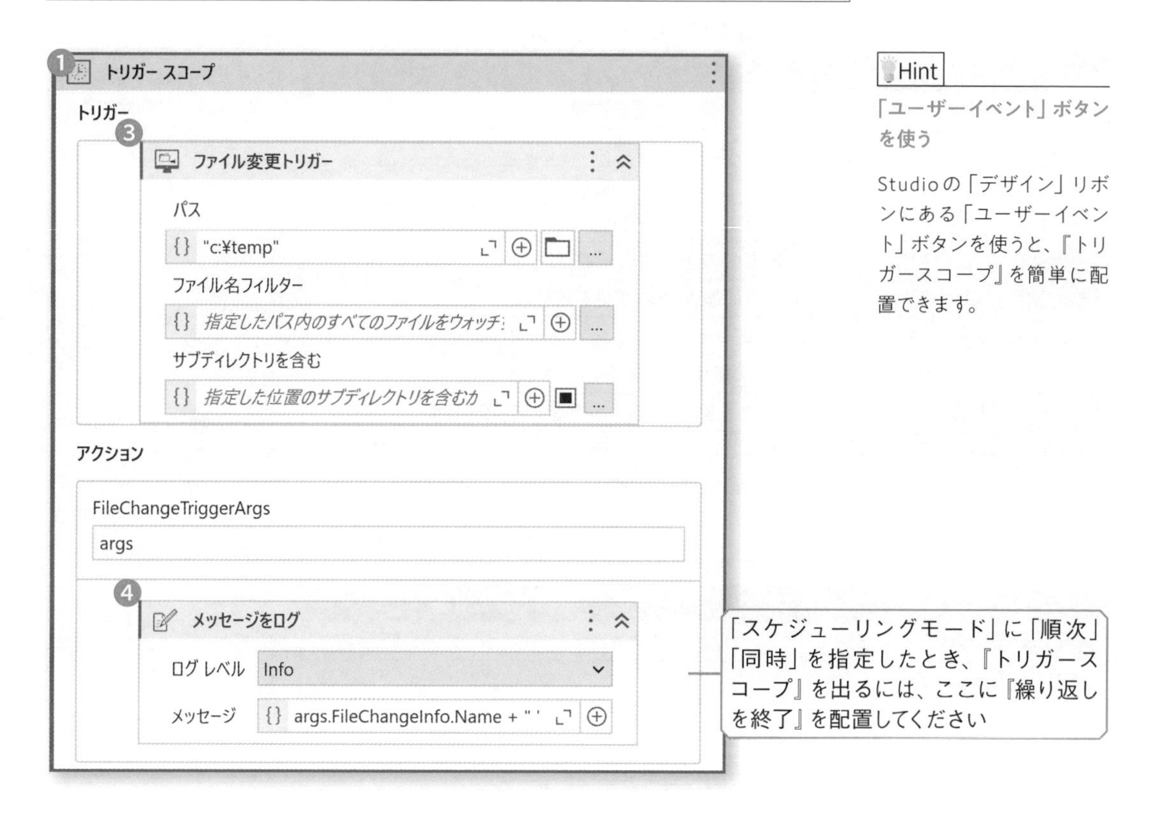

Hint

「ユーザーイベント」ボタンを使う

Studioの「デザイン」リボンにある「ユーザーイベント」ボタンを使うと、『トリガースコープ』を簡単に配置できます。

実行すると、c:¥tempフォルダー内でファイルが作成/削除されたときに、そのファイル名が出力パネルとログに出力されます。

●『トリガースコープ』の「スケジューリングモード」プロパティ

スケジューリングモード	説明
順次	発生したイベントを1つずつ処理。イベントハンドラーを実行中に別のイベントが発生したら、現在のイベントハンドラーの実行を完了してから次のイベントハンドラーを開始
同時	発生したイベントを同時に並行して処理。イベントハンドラーを実行中に別のイベントが発生したら、現在のイベントハンドラーの完了を待たずに次のイベントハンドラーを開始
1回	発生したイベントを1回だけ処理。イベントハンドラーの実行が完了したら、『トリガースコープ』を出る

●『トリガースコープ』の「トリガー」に配置できるアクティビティ

トリガーアクティビティ	説明
『ファイル変更トリガー』	フォルダー内の変更を監視
『画像クリックトリガー』	画像のクリックを待機
『クリックトリガー』	UI要素上でクリックを待機
『キー操作トリガー』	UI要素上でキー操作を待機
『要素ステート変更トリガー』	UI要素の表示/非表示を待機
『要素属性変更トリガー』	UI要素の属性値の変更を待機
『プロセス開始トリガー』	アプリの開始を待機
『プロセス終了トリガー』	アプリの終了を待機
『ホットキートリガー』	ホットキーを待機。イベントをブロック可能*
『システムトリガー』	マウス操作とキーを待機。イベントをブロック可能*
『マウストリガー』	マウス操作を待機。イベントをブロック可能*

●『トリガースコープ』の「アクション」に渡されるargs変数

args変数のプロパティ	取得できる情報
args.TriggerName	イベントをキャッチしたトリガーの表示名
args.FileChangeInfo	変更されたファイル
args.ProcessInfo	起動/終了したプロセス
args.EventInfo.KeyEventInfo	押下されたキー
args.EventInfo.KeyModifier	押下された特殊キー
args.EventInfo.MouseEventInfo	操作されたマウス
args.EventInfo.Position	マウスカーソルの位置
args.EventInfo.TargetNode	イベントが発生したUI要素
args.EventInfo.AttributeEventInfo	変更されたUI要素の属性

Hint

「トリガー」には、複数のアクティビティを配置できる

この場合は、トリガーを発生させたアクティビティを「args.TriggerName」で区別できます。

Hint

『ファイル変更トリガー』を使うとき

「変更の種類」プロパティを適切に設定してください。ファイルの作成や削除、ファイル名の変更などを監視できます。

＊イベントをブロック可能……ブロックしたイベントは、「アクション」に配置した『ユーザーイベントを再生』に「args.EventInfo」を指定することで再生できます。

このほかの方法

下の表は、本節以外で説明したアクティビティです。

●ワークフローの実行を待機する、このほかの方法

アクティビティ名	説明
『ダウンロードを待機』	ブラウザーでダウンロードリンクをクリックした後、そのファイルのダウンロードが完了するまで待機 (→p.225 ファイルをブラウザーでダウンロードする)
『ホバー』	マウスカーソルをターゲットの上に移動して、指定の秒数を待機 (→p.200 マウスカーソルを移動する)
『クリップボードから取得』	クリップボードからテキストを取得。テキストがないときは、クリップボードにコピーされるまで待機 (→p.204 クリップボードのテキストを取り出す)

3-15 ブラウザーを自動化する

ブラウザーの操作も簡単に自動化できる

ここまでに説明したのと全く同じ方法で、ブラウザーの操作も自動化できます。本節では、ブラウザーに固有の操作について補足します。

ブラウザーの自動化を準備する

『アプリケーション/ブラウザーを使用』を使います。この手順は、デスクトップアプリを自動化するときと同じです（→p.162 アプリの自動化を準備する）。

❶自動化したいWebページをブラウザーで開きます。ここでは、UiPath Japanのホームページ（http://www.uipath.com/ja/）を開きます。
❷『アプリケーション/ブラウザーを使用』を配置します。
❸「自動化するアプリケーションを指定」をクリックします。アプリケーションウィンドウを指定する状態になります。
❹自動化したいブラウザーウィンドウをクリックします。

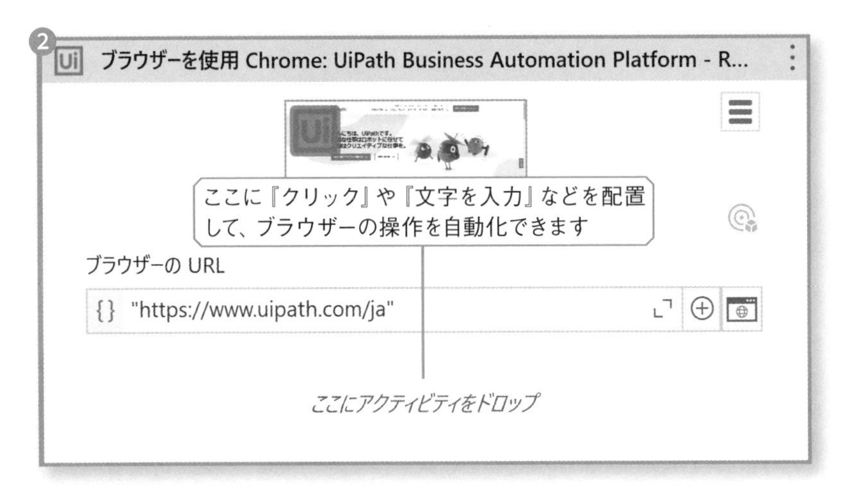

Hint
ブラウザーを起動する

ブラウザーを起動するには、「ブラウザーのURL」の右端の ブラウザーアイコンをクリックします。

Hint
使用するブラウザーを変更するには

『アプリケーション/ブラウザーを使用』が操作するブラウザーは、プロジェクト設定で変更できます。「UI Automationモダン」タブにある「ランタイムブラウザー」を確認してください（→p.38 プロジェクトの設定を確認する）。

以上で、ブラウザーを自動化する準備ができました。『クリック』や『文字を入力』など、本章で紹介したアクティビティはすべてのブラウザーに対して使えます。

タブを閉じる

『ブラウザー内を移動』は、ブラウザーのタブを閉じるほか、ブラウザーに固有の操作ができます。

❶『アプリケーション/ブラウザーを使用』を配置します（→p.214 ブラウザーの自動化を準備する）。
❷『ブラウザー内を移動』を配置します。
❸「アクション」で、実行したい操作を選択します。

パンくず ブラウザーを使用 > ブラウザー内を移動

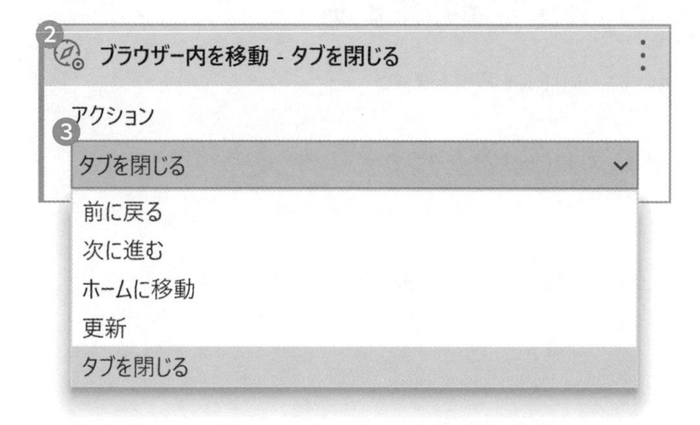

実行すると、指定のアクションがブラウザーで実行されます。

Hint
『アプリケーション/ブラウザーを使用』を出るときに、自動でタブを閉じるには

『アプリケーション/ブラウザーを使用』の「クローズ動作」プロパティを、「Always」に指定します。この場合は、『ブラウザー内を移動』を配置する必要はありません（→p.168『アプリケーション/ブラウザーを使用』のプロパティ）。

指定のURLに移動する

『URLに移動』は、現在操作しているブラウザーウィンドウで指定のURLに移動します。

❶『アプリケーション/ブラウザーを使用』を配置します（→p.214 ブラウザーの自動化を準備する）。
❷『URLに移動』を配置します。

❸「URL」に、移動先のURLを入力します（→p.96 変数を加工して、別のテキストを得る）。

パンくず ブラウザーを使用 > URLに移動

実行すると、操作中のブラウザーウィンドウでhttps://www.uipath.com/jaを開きます。

Hint
URLが変わったとき

『URLに移動』のほか、リンクを『クリック』するなどしてブラウザーのURLが変わった場合でも、ブラウザーの同じウィンドウ（タブ）上に表示されたUI要素であれば、そのまま後続のアクティビティで操作できます。『アプリケーション/ブラウザーを使用』を新しく配置する必要はありません。

現在開いているページのURLを取得する

『URLを取得』は、操作中のブラウザーで開いているURLを取得します。

❶『アプリケーション/ブラウザーを使用』を配置します（→p.214 ブラウザーの自動化を準備する）。
❷『URLを取得』を配置します。
❸「保存先」右端の⊕丸十字アイコンをクリックし、変数「URL」を作成します。

パンくず ブラウザーを使用 > URLを取得

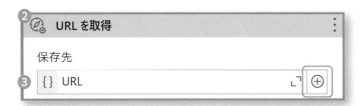

実行すると、URLが指定した変数に代入されます。

並んだUI要素を順に操作する

『繰り返し（各UI要素）』は、Webページ上に並んだ同じ種類のUI要素を順に取り出して、『クリック』や『テキストを取得』などのUIアクティビティで操作できるようにします。

ここでは、UiPathのホームページにあるトピックを順に［Ctrl］キーを押しながらクリックし、それぞれを新しいタブで開きます。

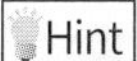Hint

デスクトップアプリ上のUI要素を順に操作するには

『繰り返し（各UI要素）』は、ブラウザーに対してしか使えません（UIAutomationパッケージv23.4現在）。デスクトップアプリ上のUI要素を順に操作するには、セレクター内に変数を埋め込んでください（→p.178 セレクターテキスト内の変数）。順に操作したいUI要素のセレクターを目視で比べて、変化する部分を変数にすることができます。

❶自動化したいWebページをブラウザーで開いておきます。ここでは、UiPath Business Automation Platformのページ（http://www.uipath.com/ja/）を開きます。
❷『アプリケーション/ブラウザーを使用』を配置します（→p.214 ブラウザーの自動化を準備する）。
❸『繰り返し（各UI要素）』を配置し、「次で指定」をクリックします。
❹「UI要素を追加」をクリックします。

❺順にクリックしたい最初の場所をターゲットとして指定します。

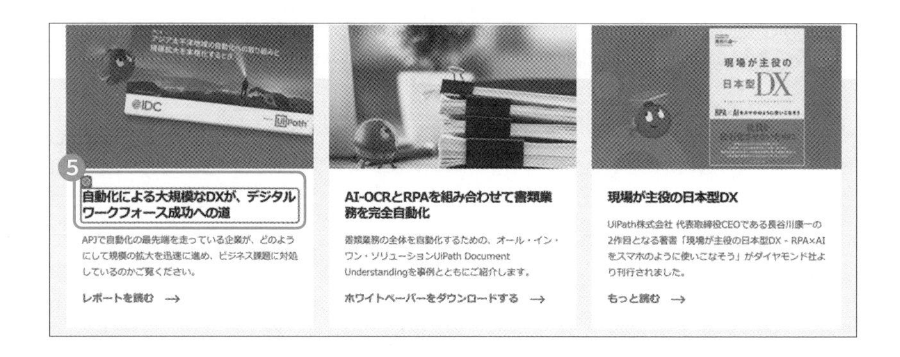

❻「確認」をクリックします。

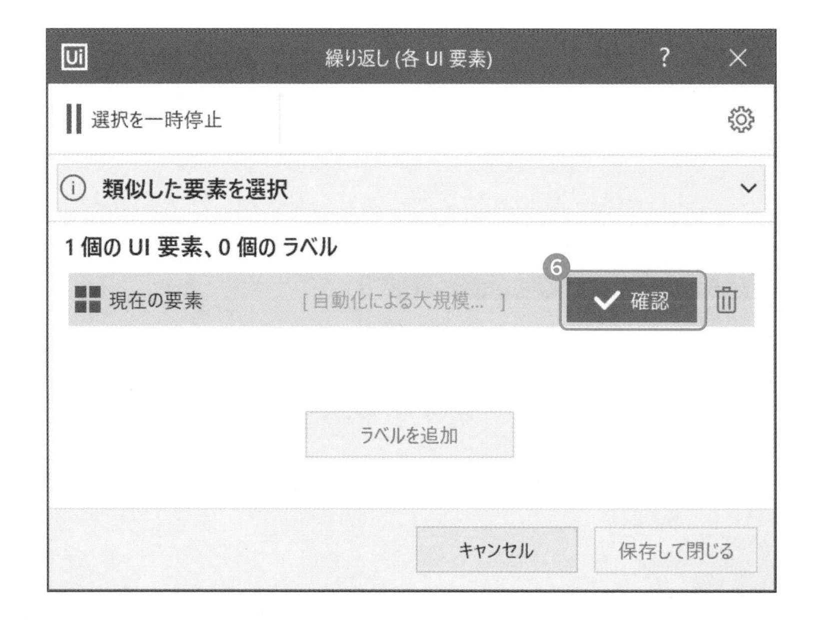

❼必要に応じてラベルを追加します。ここでは、ターゲットと同じ場所をラベルとしても追加します。確認し、「保存して閉じる」ボタンをクリックします。

❽『メッセージボックス』と『クリック』を配置します。

パンくず ブラウザーを使用 > 繰り返し（各UI要素）

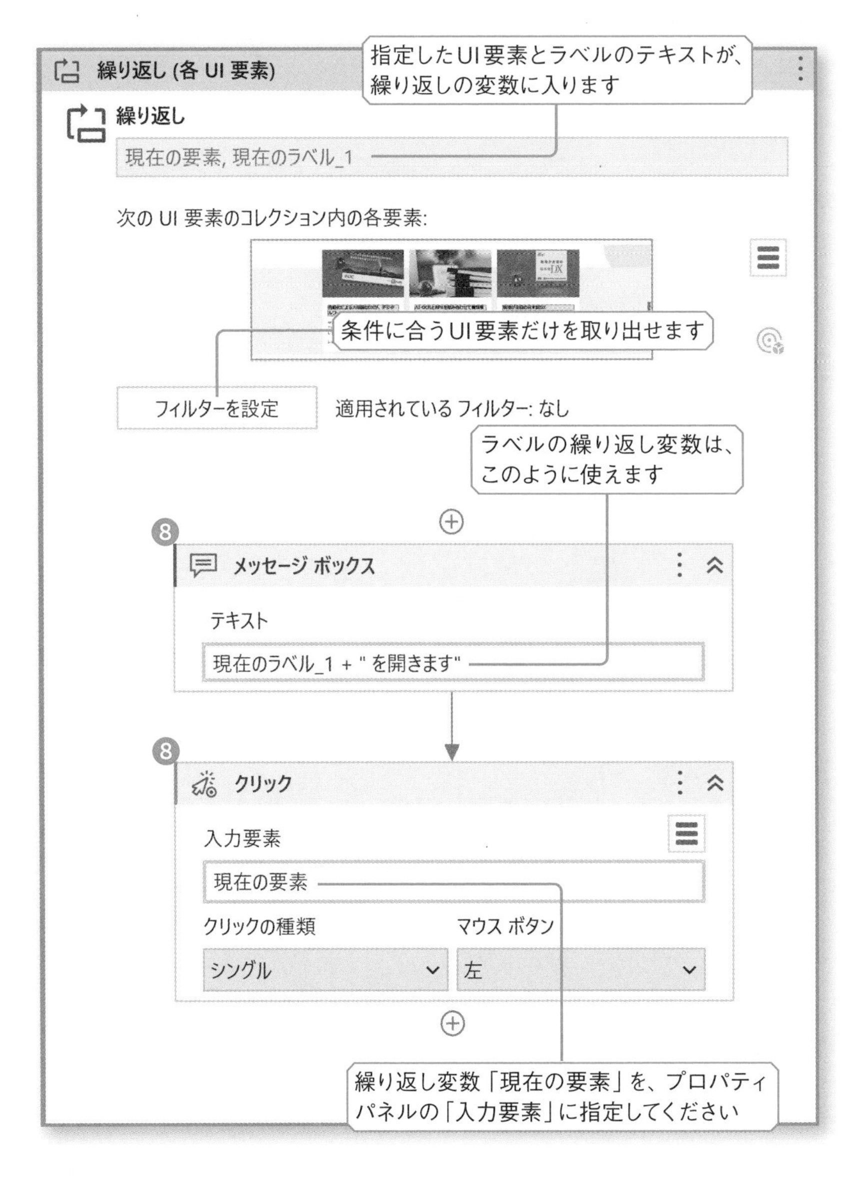

❾『クリック』のプロパティパネルで、「キー修飾子」の右端で［▼］をクリックして「Ctrl」を選択します。これは、リンク先が新規タブで開くようにするためです。

❿『クリック』のプロパティパネルで、「入力要素」の右端の⊕丸十字アイコンをクリックし、変数「現在の要素」を使用します。

Hint

新しく開いたタブを操作するには

［Ctrl］キーを押しながらブラウザー内のリンクをクリックすると、リンク先が新しいタブで開きます。このタブ上のUI要素を操作するには、このタブ用の『アプリケーション/ブラウザーを使用』を入れ子にして配置してください。そのタブに確実にアタッチできるように、この「オープン動作」プロパティは「Never」に設定してください（→ p.168『アプリケーション/ブラウザーを使用』のプロパティ）。

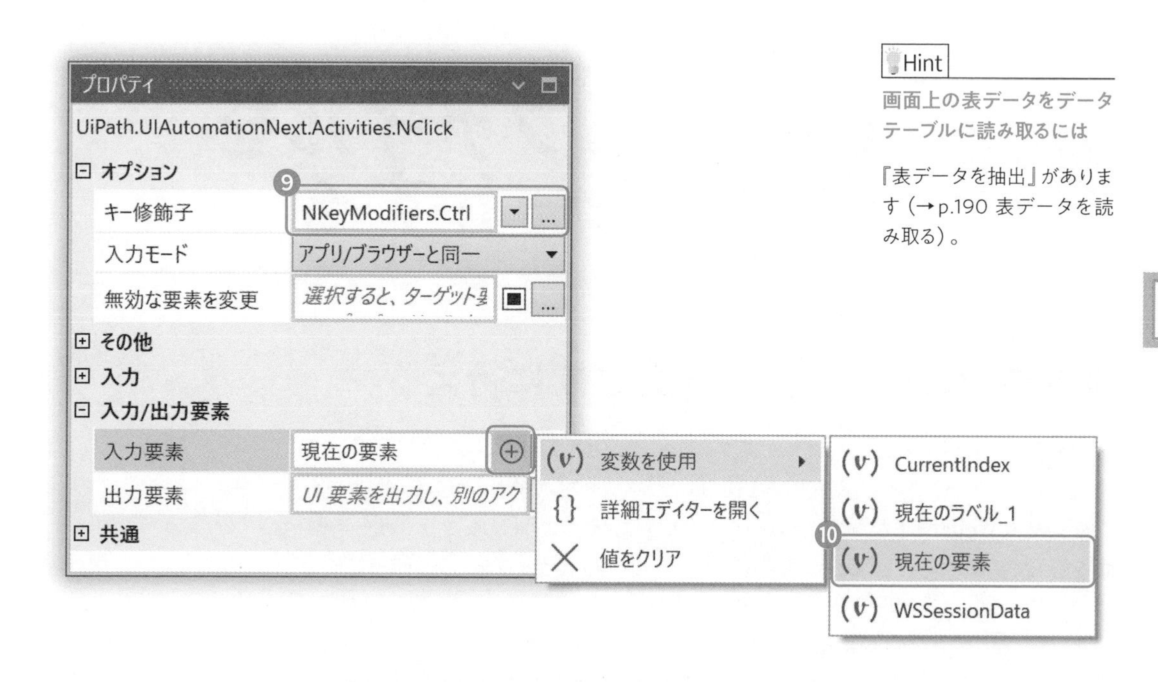

Hint

画面上の表データをデータテーブルに読み取るには

『表データを抽出』があります（→p.190 表データを読み取る）。

実行すると、Webページにある項目が順に［Ctrl］キーを押しながらクリックされ、ブラウザーのタブが開かれます。

3-16 Webからファイルをダウンロードする

ダウンロードも画面を介さずに行える

ブラウザーのリンクからファイルをダウンロードしたいことはよくあるでしょう。これは『アプリケーション/ブラウザーを使用』と『クリック』で行えます。なお、ログインが必要なWebサイトからダウンロードするときは、そのようにしてブラウザーの画面を介してダウンロードするのが簡単でしょう（→p.225 ファイルをブラウザーでダウンロードする）。

しかし、ログインが不要なWebサイトからファイルをダウンロードするなら、『HTTP要求』を使う方がずっと簡単で、しかも高速に動作します。

ファイルをブラウザーなしでダウンロードする

『HTTP要求』は、ブラウザーの画面を経由せず、URLリンクから直接ファイルをダウンロードします。『アプリケーション/ブラウザーを使用』は不要です。ファイルをダウンロードするリンクを知っていれば、この方法が便利です。まず、UiPath.WebAPI.Activities パッケージをインストールしてください（→ p.65 パッケージをインストールする）。

ここでは、UiPathのサイトからUiPathコーディング規約をダウンロードします。

Hint

エンドポイントの指定

ここでは、エンドポイントを生テキスト（Stringのリテラル値）で指定していますが、これを変数で指定することもできます。

Ⓐ HTTP要求ウィザードで『HTTP要求』を構成する

❶ファイルをダウンロードするURLを確認します。ここでは、ブラウザーで次のリンクを手動で開き、画面中央のダウンロードボタンを右クリックして「リンクのアドレスをコピー」を選択します。

UiPathコーディング規約 ダウンロードページ

```
https://www.uipath.com/ja/g/thank-you-coding-standards
```

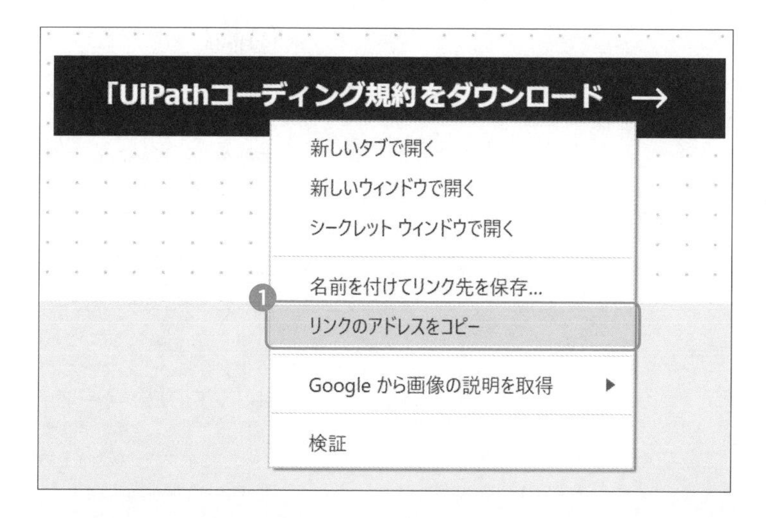

❷『HTTP要求』を配置し、「設定」ボタンをクリックして「HTTP要求ウィザード」を開きます。

❸「エンドポイント」で［Ctrl］＋［V］キーを押して、ダウンロードのURLを貼り付けます。ダブルクォートでくくってください。

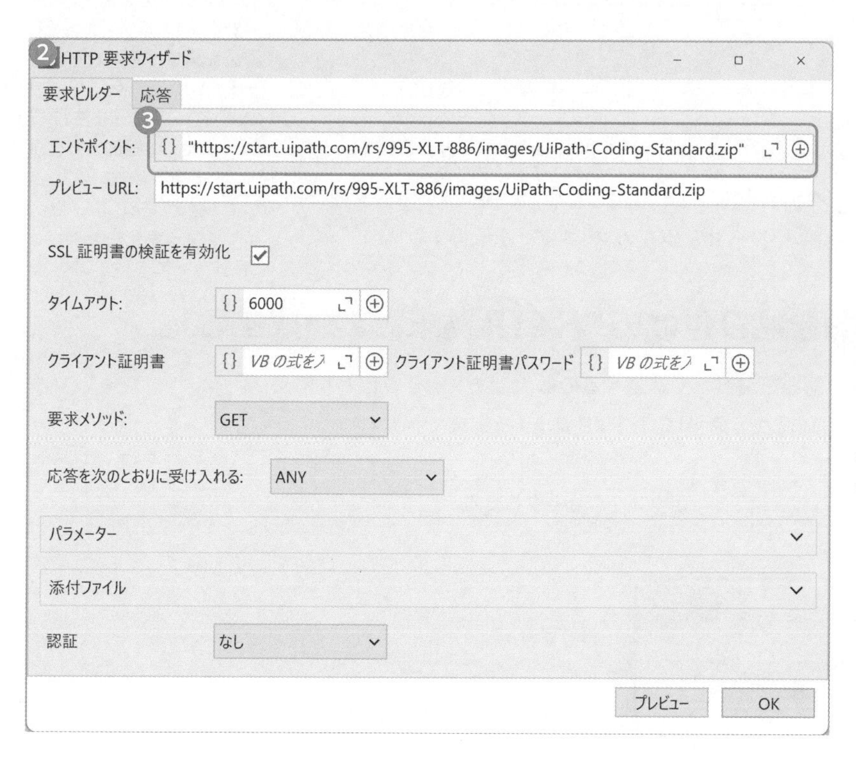

Hint

クラウドストレージからファイルをダウンロードするには

クラウドストレージからファイルをダウンロードするには、専用のアクティビティが用意されているため、ブラウザーの画面を介さずに行えます。各サービスにログインする方法については、次を参照してください（→p.373 外部Webサービスの認証情報を保存する）。

- **OneDrive**……Microsoft 365パッケージの『ファイルをダウンロード』（→p.395 ファイルをダウンロードする）
- **Googleドライブ**……Google Workspaceパッケージの『ファイルをダウンロード』（→p.407 ファイルをダウンロードする）
- **Box**……Boxパッケージの『Download File』
- **Dropbox**……Dropboxパッケージの『Download File』
- **Amazon S3**……Amazon Web Servicesパッケージの『オブジェクトをファイルにダウンロード』

なお、Azure StorageとAmazon S3については、Orchestrator上でストレージバケットを構成して『ストレージファイルをダウンロード』を使うこともできます。

❹応答タブをクリックします。

❺「リソースをダウンロード」にチェックをつけ、ファイルのパスを入力して「OK」ボタンをクリックします（→p.102 パス文字列を操作する）。

実行すると、指定のURLからファイルがダウンロードされ、指定したパスに保存されます。ファイルのパスにファイル名だけを指定した場合、現在のフォルダーに保存されることに注意してください（→p.105 現在のフォルダーを取得する）。

> **Hint**
> **ファイルをダウンロードするURLがわからないときは**
>
> ブラウザー上のダウンロードリンクからURLを読み取ることを試してください（→p.188 画面から情報を読み取る）。あるいは、リンクを右『クリック』から「リンクのアドレスをコピー」を『クリック』して、このURLを『クリップボードから取得』することもできます（→p.204 クリップボードのテキストを取り出す）。

> **Hint**
> **『HTTP要求』で認証を構成するには**
>
> ログインが必要なWebサイトからファイルをダウンロードするときも、ウィザードで認証を構成することができます。しかし少々難しいので、『HTTP要求』を使わず、ブラウザーの画面からダウンロードするようにしても良いでしょう（→p.225 ファイルをブラウザーでダウンロードする）。

Ⓑcurlコマンドを貼り付けて『HTTP要求』を構成する

HTTP要求ウィザードの画面を漏れなく設定するのは大変です。その代わりに、curlコマンドをインポートすることで、簡単に『HTTP要求』を構成できます。

❶『HTTP要求』を配置し、「インポート」ボタンをクリックします。

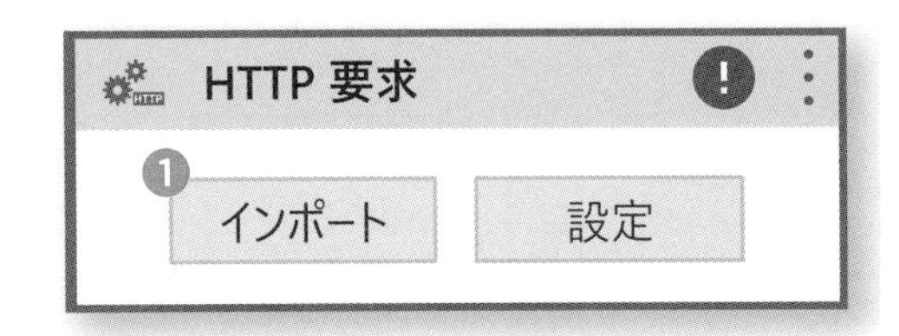

❷「cURL HTTP要求をインポート」ウィンドウが開くので、インポートしたいcurlのコマンドを貼り付けて「インポート」ボタンをクリックします。

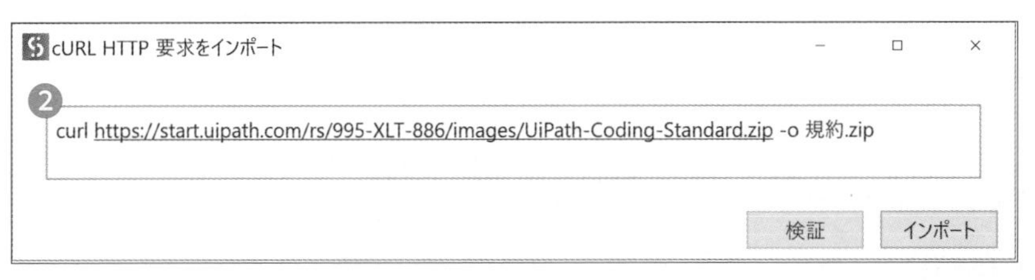

❸「設定」ボタンをクリックして「HTTP要求ウィザード」を開き、意図通り構成されているかを確認します。

実行すると、指定のURLからファイルがダウンロードされ、指定したパスに保存されます。curlコマンドの例は、Webにたくさん見つかります。探してみてください。

Hint

サポートされていないオプションは削除してインポートする

WebAPIパッケージv1.16.2の『HTTP要求』は、-oオプションはインポートできません。そのため、もしエラーになったら -o以降は削除してインポートし、このファイル名はHTTP要求ウィザードで設定してください。将来のバージョンではサポートされることをお祈りしてください。

ファイルをブラウザーでダウンロードする

『ダウンロードを待機』は、ファイルをダウンロードするリンクを『クリック』してから、ダウンロードが完了するまで待機します。ダウンロード先のフォルダーを監視し、ダウンロードしたファイルの情報を取得します。

ここでは、UiPathのサイトからUiPathコーディング規約をブラウザー画面からダウンロードします。

❶『アプリケーション/ブラウザーを使用』を配置し、次のURLを開いたブラウザーの自動化を準備します（→p.214 ブラウザーの自動化を準備する）。

UiPathコーディング規約 ダウンロードページ

```
https://www.uipath.com/ja/g/thank-you-coding-standards
```

❷『ダウンロードを待機』を配置します。
❸この中に、ファイルをダウンロードするための一連のアクティビティを配置します（リンクを『クリック』するなど）。
❹「監視対象のフォルダー」に、ダウンロード先のフォルダーのパスを設定します。
❺「ダウンロードファイル」の右端の⊕丸十字アイコンをクリックし、変数「ダウンロードしたファイルの情報」を作成します。
❻ブラウザーがダウンロードフォルダーに一時ファイルを作成するとき、『ダウン

Hint

UiPathコーディング規約について

筆者が執筆し、最初のバージョンを2019年に公開しました。本書の執筆時（2023年4月現在）において、少し記述が古くなっている部分もあるので、更新をお待ちください。

ロードを待機』はそれがダウンロードしたファイルだと勘違いしてしまいます。これを避けるには、「次の拡張子の一時ファイルを無視」に、一時ファイルの拡張子を設定します。

パンくず ブラウザーを使用 > ダウンロードを待機

Hint

ブラウザーによっては、追加のアクティビティが必要

ブラウザーの設定によっては、❸でリンクを『クリック』した後に、「ファイルを保存」ダイアログの「保存」ボタンを『クリック』する必要があります。

実行すると、ダウンロードの完了を待機し、そのファイルの情報が変数「ダウンロードしたファイルの情報」に代入されます（→p.109 ファイルの情報を取得する）。

『ダウンロードを待機』は、監視対象のフォルダーに一番最初に作成されたファイルをダウンロードされたファイルと認識します。そのため、共有フォルダーなど、ほかのファイルが作成されそうなフォルダーは避けてください。

また、ダウンロードで既存のファイルを上書き保存するときは、新しいファイルが作られないため、無限に待機してしまうことにも注意してください。ダウンロードに先立ち、既存の同名のファイルは削除しておくと良いでしょう（→ p.112 ファイル/フォルダーを削除する）。

Hint

JSONテキストをパースするには

Web上のデータを扱うときは、JSON形式のデータを解釈したいことがよくあります。これには、UiPath.WebAPI.Activitiesパッケージに含まれる『JSONを逆シリアル化』と『JSON配列を逆シリアル化』がたいへん便利です。

第4章

Excelの操作

Excelは、パソコンソフトの中で最も広く使われているビジネスアプリの1つです。そのため、Excelの操作をUiPathで自動化する機会も多いでしょう。この章では、データ範囲内の各行を上から順に処理するほか、様々な操作を自動化するためのアクティビティを説明します。また、操作対象の範囲に名前を付けておくことで、自動化の作成が非常に簡単になります。この名前の付け方についても紹介します。

4-1 Excelの操作を自動化する

UiPathでExcelを自動化する方法の全体像をつかむ

UiPathには、Excelを自動化するためのアクティビティが多く用意されており、大きく5つに分類されます。多くの場合、Excelモダンとデータテーブルを組み合わせて利用することになります。

Excelを操作するアクティビティの分類

Excelモダンアクティビティ

Excelモダンアクティビティ（→p.230 Excelモダンアクティビティを使う）は、Excelファイルを操作するための新しい一連のアクティビティです。Excelクラシックよりも洗練されていて高機能です。『Excelファイルを使用』の中に配置して使います。この中に『クリック』や『文字を入力』などの画面を操作するためのUIモダンアクティビティを直接配置して、Excelアプリを操作することもできます。UiPath.Excel.Activitiesパッケージv2.11.4以降で利用できます。

Excelクラシックアクティビティ

Excelクラシックアクティビティは、以前からStudioに同梱されていた、Excelファイルを操作するための一連のアクティビティです。『Excelアプリケーションスコープ』の中に配置して使います。本書では扱いません。

ワークブックアクティビティ

ワークブックアクティビティは、Excelがインストールされていなくても使えます。拡張子が.xlsxのファイルは、ISO/IECによるオープンなファイルフォーマットなので、このファイルをExcelを使わずに操作してもライセンス上の問題はありません。た

Hint

AccessやMySQLなどのデータベースをUiPathで操作するには

操作したいデータベースのODBCドライバーをインストールして、Windowsのコントロールパネルで構成してください。UiPath.Database.Activitiesパッケージに含まれるアクティビティで、ODBCデータソースをDataTable型の変数に読み込んで操作できます（→ p.65 パッケージをインストールする）。

だし、ExcelがインストールされているPCでは、モダンもしくはクラシックのExcelアクティビティを使うことをお勧めします。アクティビティパネルの「システム/ファイル/ワークブック」の中にあります。本書では扱いません。

データテーブルアクティビティ

データテーブルアクティビティは、DataTable型の変数を操作します（→p.349 データテーブルに固有の操作）。DataTableとは、表形式のデータを扱う変数の種類（型）です。この変数に、ExcelのほかCSVファイル、Access、MySQL、Oracleなどのさまざまなデータを読み込んで高度な操作ができます。『代入』を使って、DataTable型の変数のメソッドやプロパティを直接操作できます。また、DataTable型の変数を操作するためのアクティビティも多く用意されています。

Excelオンラインアクティビティ

Excelオンラインアクティビティ（→p.398 OneDrive上のExcel ファイルを操作する）は、Office 365パッケージをインストールすると使える一連のアクティビティです。Microsoftのファイル共有サービスOneDrive上にあるExcelファイルを、ダウンロードすることなく直接操作できます。

Hint

Office Open XML

.xlsxや.docxなどの拡張子のファイルの実体は、zip形式の圧縮ファイルです。拡張子を.zipに変更すると、中身をテキスト形式で読むことができます。

Hint

Googleスプレッドシートについて

Excelのほか、よく使われるスプレッドシートのアプリケーションにGoogleスプレッドシートがあります。UiPathはGoogleスプレッドシートの操作も簡単に自動化できます。ファイルをダウンロードすることなく、Googleスプレッドシートを直接操作できます。指定の範囲をデータテーブルで読み込み、変更して書き戻すこともできます。この手順は本書で説明しています（→ p.410 Googleスプレッドシートを使う）。

4-2 Excelモダンアクティビティを使う

このプロジェクトで、Excelモダンを使うように設定する

Excelモダンと Excelクラシックは、どちらを使うかをプロジェクトごとに設定できます。ここでは、Excelモダンを使うように設定します。

❶「プロジェクト設定」ウィンドウを開きます（→p.38 プロジェクトの設定を確認する）。

❷画面左側の「Excelモダン」をクリックし、「Excelデザインエクスペリエンス」で「UseModern」を選択します。

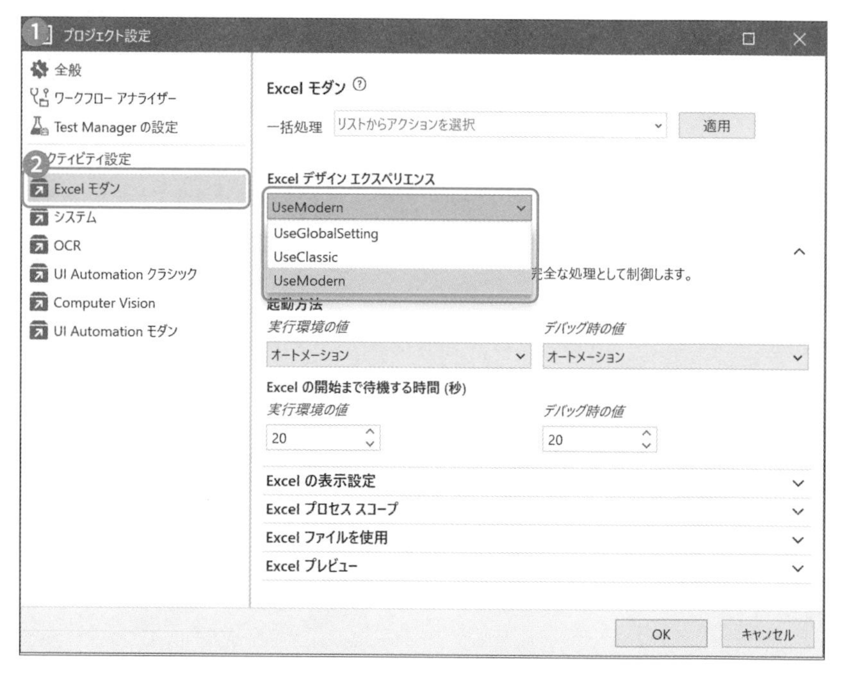

Hint

UI Automationモダンの設定と連動させる

ここで「UseGlobalSetting」を選択すると、この設定には「全般」の「モダンデザインエクスペリエンス」の設定が反映されます。

Hint

Excelモダンの設定が見つからないときは

UiPath.Excel.Activitiesパッケージの最新バージョンをプロジェクトにインストールしてください（→p.65 パッケージをインストールする）。

アクティビティパネルから、Excelモダンアクティビティを探す

一連のExcelモダンアクティビティは、アクティビティパネルの「アプリの連携/Excel」の中にあります（→p.37 パネルを開く）。これらは、すべて『Excelファイルを使用』の中に配置してください。『Excelファイルを使用』は、『Excelプロセススコープ』の中に配置してください。

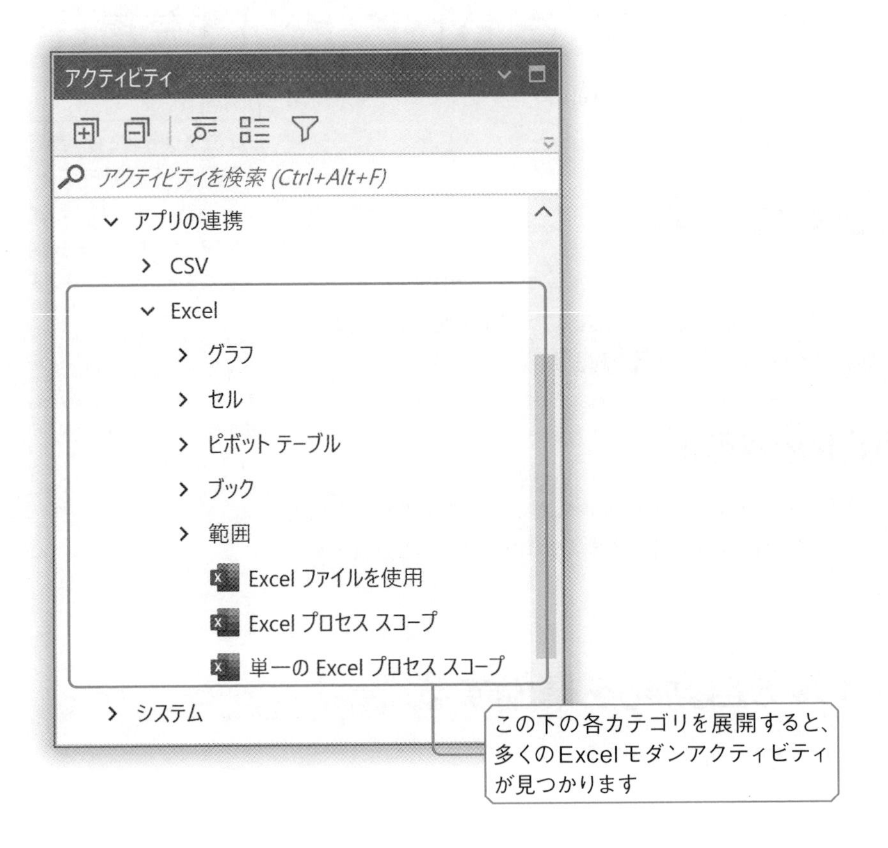

4-3 Excelファイルの操作を自動化する

『Excelプロセススコープ』と『Excelファイルを使用』

まず、この2つを配置してください。これらは、Excelモダンアクティビティを使えるようにします。

『Excelプロセススコープ』

どのExcelプロセスに接続するかを設定します。このスコープの中で、接続できるExcelプロセスは1つだけです。この中に複数の『Excelファイルを使用』を配置すると、それらのファイルは同じExcelプロセスで開かれます。

『Excelファイルを使用』

操作するExcelファイルを指定します。このファイルを開くときのパスワードを指定したり、読み取り専用で開いたりすることもできます。この中にほかのExcelモダンアクティビティを配置してください。

Hint

Excelプロセスとは、実行中のExcelアプリのこと

通常、複数のExcelファイルを開いても、起動するExcelプロセスは1つだけです。すべての実行中のアプリ（プロセス）は、Windowsタスクマネージャで確認できます。タスクマネージャを起動するには、[Ctrl] + [Shift] + [Esc] キーを押してください。

Excelファイルの自動化を準備する

❶『Excelプロセススコープ』を配置します。
❷『Excelファイルを使用』を配置します。
❸「Excelファイル」の右端の🗀フォルダーアイコンをクリックし、操作したいExcelファイルを指定します（→p.102 パス文字列を操作する）。

Hint

Excelの画面を操作して自動化する

Excelモダンアクティビティが用意されていない操作は、UIモダンアクティビティでExcelの画面を操作することで自動化できます。『Excelファイルを使用』の中に『クリック』や『文字を入力』などを直接配置してください。このとき、『アプリケーション/ブラウザーを使用』は不要です（→p.164 操作したいUI要素を指定する）。

以上で、この中にExcelモダンアクティビティを配置する準備ができました。

『Excelプロセススコープ』と『Excelファイルを使用』配置のヒント

『Excelプロセススコープ』を上手に配置することで、Excelアプリをより安定して操作できます。

配置する『Excelプロセススコープ』は、なるべく少なくする

ほとんどの場合、『Excelプロセススコープ』は、1つだけで十分です。もし、複数の『Excelプロセススコープ』を配置する必要があるときは、近くに並べないようにします。また、複数の『Excelプロセススコープ』を近くに並べる場合、それらで同じファイルを開かないようにします。

繰り返し系アクティビティの中に『Excelプロセススコープ』を入れない

入れてしまうと、Excelプロセスの起動と終了を繰り返してしまうため、システムが不安定になりやすくなります。複数のファイルを操作したいときは、先に『Excelプロセススコープ』を配置し、その中に繰り返し系アクティビティを入れてください。その中に『Excelファイルを使用』を入れることは問題ありません（ただし、複数のファイルを処理するのでなければ、『Excelファイルを使用』の中に繰り返し系アクティビティを入れた方が、やはり高速に動作します）。

Hint

ワークフローの開発中は、ときどきタスクマネージャを確認する

『Excelプロセススコープ』は、スコープから出るときに自動でExcelプロセスを終了します。しかし、スコープから出る前にStudioの停止ボタンでワークフロー実行を強制終了すると、Excelのプロセスが終了せず残ってしまいます。これは誤作動の原因となるため、ワークフローの開発中はときどきWindowsタスクマネージャーを確認し、不正なExcelプロセスが残っていたら「タスクの終了」ボタンで終了してください。

複数のExcelファイルを続けて操作するには

1つの『Excelプロセススコープ』の中に『Excelファイルを使用』を縦に並べてください。複数の『Excelプロセススコープ』を並べると、Excelプロセスの起動と終了を繰り返すことになり、動作が不安定になりやすくなります。

複数のExcelファイルを同時に操作するには

『Excelファイルを使用』を入れ子にすると、複数のExcelファイルを同時に操作できます。

❶『Excelプロセススコープ』と『Excelファイルを使用』を配置します（→p.232 Excelファイルの自動化を準備する）。
❷その中に、もう1つ『Excelファイルを使用』を配置します。
❸それぞれの参照名を、ファイル名を想起できるものに変更します。上下に2個所ありますが、重複しないように、参照名を変更してください。
❹必要なExcelモダンアクティビティを配置します。ここでは『セルを読み込み』を配置します。
❺「セル」の右端の⊕丸十字アイコンをクリックし、操作したいExcelファイルの参照名を選択します。

パンくず Excelプロセススコープ > Excelファイルを使用

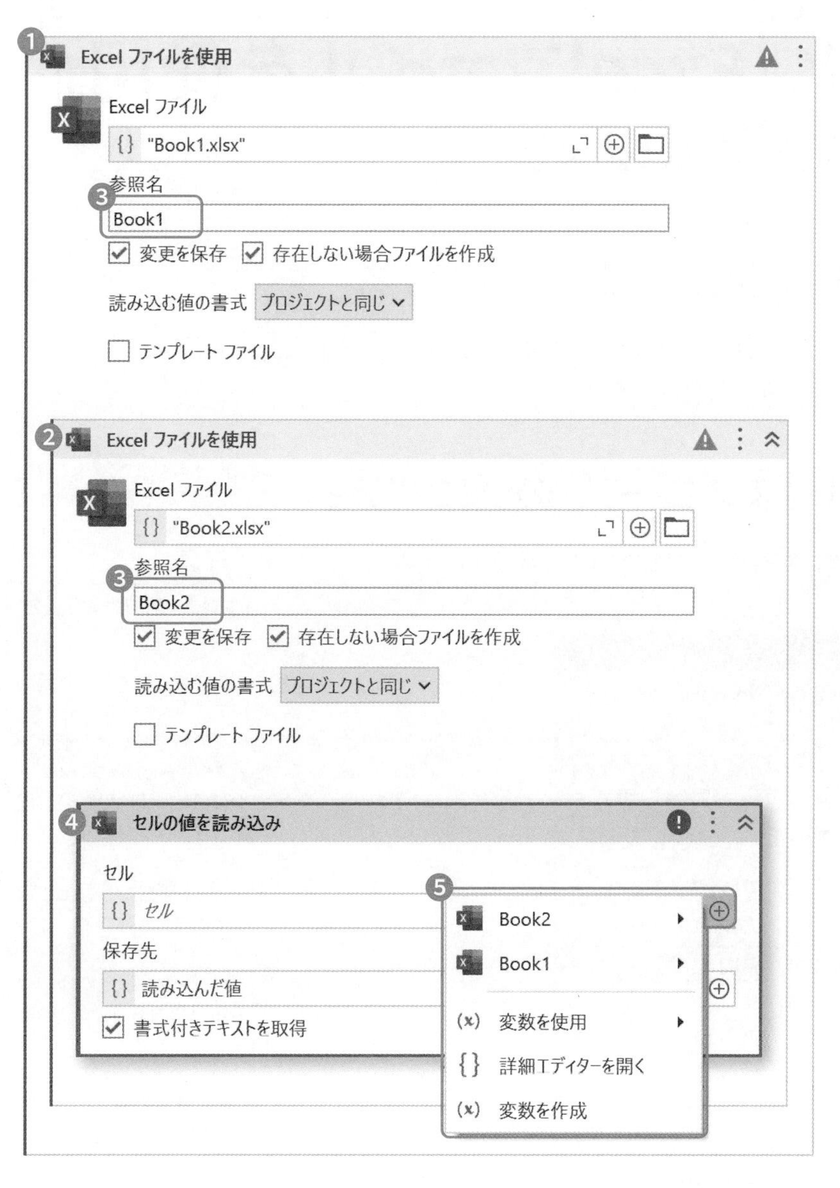

Hint

参照名について

参照名で、操作したいExcelファイルを指定できます。これは変数パネルに表示されない特殊な変数で、このアクティビティの中でだけ使えます。この変数の型はWorkbookQuickHandleです。名前を日本語に変更することもできます。

『Excelプロセススコープ』と『Excelファイルを使用』のプロパティ

Excelアプリの動作を細かく制御する

『Excelプロセススコープ』と『Excelファイルを使用』をよく理解しておけば、Excelファイルのかゆいところに手が届くでしょう。

『Excelプロセススコープ』のプロパティ

多くの設定がありますが、通常はすべて既定のままで問題ありません。

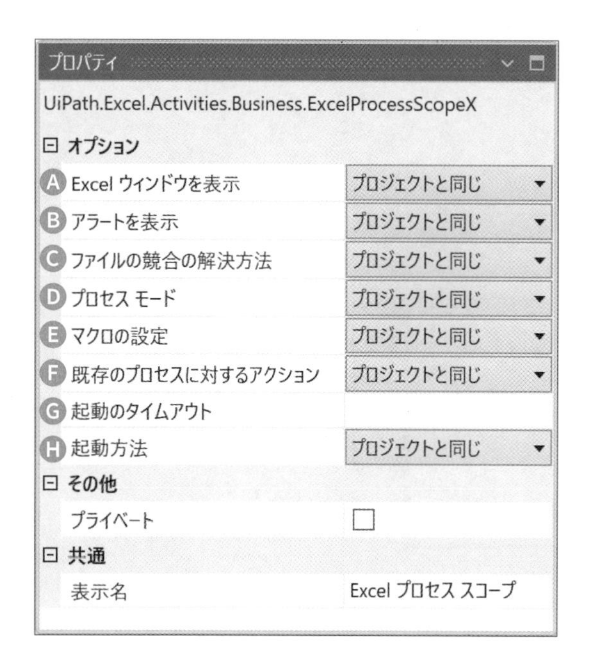

Hint

「プロジェクトと同じ」設定

ここには、プロジェクト設定ウィンドウの「Excelモダン」タブで指定した値が適用されます（→ p.38 プロジェクトの設定を確認する）。配置したアクティビティを個別に設定するよりも、プロジェクト設定で一括して設定する方が便利です。

プロジェクト設定では、1つの項目に対して2つの値を設定できます。

- **実行環境の値**……StudioもしくはAssistantで実行したときに適用される設定です。
- **デバッグ環境の値**……Studioでデバッグ実行したときに適用される設定です。

Ⓐ Excelウィンドウを表示

ワークフローの実行中に、Excelのアプリケーションウィンドウを表示するかどうかを指定します。ワークフローをバックグラウンドで動かしたいときはFalseにしてください（→p.69 プロセスをバックグラウンドで開始する）。開発中は、トラブルシュートしやすいようにTrueにしておくことをお勧めします。また、Unattendedで動かすときもTrueにしてください。

- **True**……Excelアプリケーションウィンドウを表示します。
- **False**……Excelアプリケーションウィンドウを表示しません。

Ⓑ アラートを表示

Trueにすると、ワークフローの処理によってはExcelがアラートメッセージを表示することがあります。通常はFalseに設定してください。

Ⓒ ファイルの競合の解決方法

別のExcelアプリ（Excelプロセス）がファイルを開いているとき、このExcelプロセスが同じファイルを『Excelファイルを使用』により開くときの動作を指定します。これは「プロセスモード」プロパティに「常に新規作成」を指定したときに発生しやすいです。

- **なし**……別のExcelプロセスに何もしません。この『Excelプロセススコープ』のExcelプロセスは、同じファイルを読み取り専用で開きます。
- **保存せずに閉じる**……別のExcelプロセスを強制終了します。
- **ユーザーに確認**……別のExcelプロセスの閉じ方について確認ダイアログを表示します。「はい」は強制終了、「いいえ」は手動で閉じます。閉じる前に「いいえ」を選択すると、ExcelException 例外をスローします。
- **例外をスロー（既定）**……ExcelException例外をスローし、ファイルを開くのは失敗します。

Ⓓ プロセスモード

Excelプロセスと接続する方法を指定します。『Excelプロセススコープ』がいちどExcelプロセスと接続したら、それ以外のExcelプロセスと接続し直すことはありません。この『Excelプロセススコープ』が起動したExcelは、スコープを出るときに自動で終了します。

・**存在する場合は再利用（既定）**……すぐにはExcelと接続しません。『Excelファイルを使用』に入るとき、起動済みのExcelプロセスがあれば接続し、なければ起動して接続します。
・**存在する場合のみ**……すぐにはExcelと接続しません。『Excelファイルを使用』に入るとき、このファイルを開いているExcelプロセスがあれば接続し、なければExcelException例外をスローします。
・**常に新規作成**……すぐに、必ずExcelを起動して接続します（Excelプロセスを常に新規作成します）。
・**有人オートメーションユーザー**……すぐに、実行中のExcelと接続し、なければ起動して接続します。複数のExcelプロセスが実行中なら、ユーザーにダイアログを表示します。「はい」なら、すべてのExcelプロセスを強制終了し、Excelを起動し直して接続します。「いいえ」なら、『Excel プロセススコープ』の中をすべてスキップします。そのため、これを設定した『Excelプロセススコープ』は、メインワークフローの先頭に配置してください。

Ⓔマクロの設定

このExcelファイルに含まれるマクロの実行を許可します。

・**EnableAll**……すべてのマクロ実行を許可します。
・**DisableAll**……すべてのマクロ実行を禁止します。
・**Excelの設定を使用**……このファイルのExcelマクロ設定に従います。

Ⓕ既存のプロセスに対するアクション

『Excelプロセススコープ』に入ったとき、実行中のExcelプロセスをすべて、すぐに強制終了します。開かれていたファイルは保存されません。

・**なし**……何もしません。
・**強制終了**……既存のExcelプロセスをすべて強制終了します。

Ⓖ起動のタイムアウト

Excelの起動を待機する秒数です。既定値は20秒です。この時間を超えると、Excelの起動に失敗したと判断され、例外がスローされます。この設定は、プロパティ「起動方法」に「アプリケーション」を設定したときのみ有効です。

Ⓗ起動方法

Excelと通信して起動するか、通常のアプリとして起動するかを指定します。

・**自動化**……高速にExcelを起動します。一部のExcelアドインはロードされないため、自動化がうまく動かない場合があります。
・**アプリケーション**……通常どおりExcelを起動します。すべてのExcelアドインがロードされます。

『Excelファイルを使用』のプロパティ

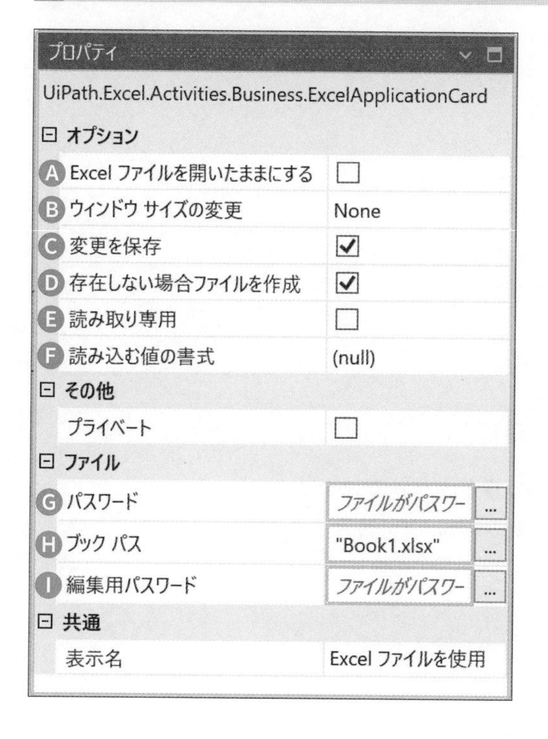

Hint

『単一のExcelプロセススコープ』を使う必要はない

これは『Excelプロセススコープ』の簡易版です。StudioXで作成したシーケンスのルートアクティビティ（最初の親アクティビティ）として、『シーケンス』の代わりに自動で配置されます。

ⒶExcelファイルを開いたままにする

・**False**……このアクティビティを出るとき、ファイルを閉じます。ただし、このアクティビティに入るとき、すでにこのファイルが開かれていた場合は開いたままにします。
・**True**……このアクティビティを出るとき、ファイルを開いたままにします。『Excelプロセススコープ』を出るときも、Excelは終了しません。

Ⓑウィンドウサイズの変更

・**None**……Excelのウィンドウサイズを制御しません。
・**Minimize**……起動したExcelを最小化します。
・**Maximize**……起動したExcelを最大化します。

Ⓒ変更を保存

・**True**……この中に配置したExcelアクティビティがファイルを変更するたび、自動でファイルが保存されます。
・**False**……ファイルは自動では保存されません。『Excelファイルを保存』を配置してください。

Ⓓ存在しない場合ファイルを作成

指定したExcelファイルが存在しないときの動作を設定します。

・**True**……新規にファイルが作成されます。
・**False**……例外がスローされます。

Ⓔ読み取り専用

・**True**……Excelファイルを読み取り専用モードで開きます。書き込みパスワードが設定されたExcelファイルでも、パスワードなしで開いて読み取れます（書き込みはできません）。
・**False**……Excelファイルを書き込みモードで開きます。

Ⓕ読み込む値の書式

Excelから読み取る値に適用する書式設定を選択します。

・**既定**……Excelが返す既定の書式設定を適用します。
・**生の値**……Excelに設定されている書式設定をすべて無視します。
・**表示値**……Excelが表示する値をそのまま取得します。

Ⓖパスワード

Excelファイルに読み取りパスワードが設定されていれば、それを指定してください。指定しないと、Excelがパスワード入力ダイアログを表示します。

Ⓗブックパス

操作したいExcelファイルのパスを指定してください。このファイルの内容（テーブル名など）は、ワークフローの作成時に適宜Studioが一覧表示してくれます。このファイルのパスを変数で指定するときや、このファイルがワークフロー作成時に存在しないときは、一覧表示できるようにⓀの「テンプレートファイル」を指定してください。

Ⓘ編集用パスワード

Excelファイルに書き込みパスワードが設定されていれば、それを指定してください。指定しないと、Excelがパスワード入力ダイアログを表示するため、自動化の実行が失敗してしまいます。

『Excelファイルを使用』のプロパティ（アクティビティ前面）

ⒿとⓀは、プロパティパネルには表示されません。

Ⓙ参照名

この中のExcelモダンアクティビティに、操作するExcelファイルを指定するのに使います。これは変数パネルに表示されない特殊な変数で、『Excelファイルを使用』の中だけで使えます。

Ⓚテンプレートファイル

Excelファイルのパスを変数で指定するときや、ワークフローの作成時にはまだExcelファイルが存在しないときは、同じ構造をもつ別のExcelファイルを指定してください。その内容に基づいて、Studioはワークフローの作成を支援します（テーブル名を一覧表示するなど）。テンプレートファイルが使用されるのは、ワークフローの作成時だけです。実行時には使われません。

4-5 Excelのデータ構造

Excelの画面構成

自動化をスムーズに作成できるように、Excelの画面構成とデータ構造をよく理解しておきましょう。

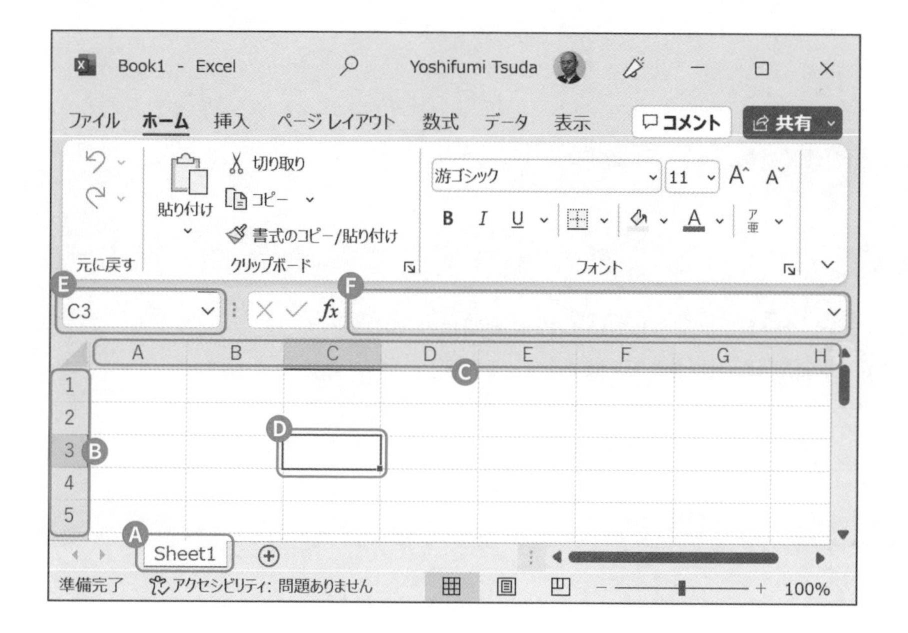

Ⓐシート

Excelファイルには、複数のシートを作成できます。シート名は、ダブルクリックして変更できます。

Ⓑ行番号

シートに含まれる各行には、上から順に1、2、3、……と行番号が振られています。1,048,576行目まで使えます。

Ⓒ列名

シートに含まれる列には、左から順にA、B、C、……と列名が振られています。Z列の右隣は、AA、AB、AC、……と続き、ZZ列の右隣はAAA、AAB、……と続きます。XFD列まであります。

Ⓓセル

シートを細かく区切る四角の1つ1つをセルといいます。1つのセルには、値として生データもしくは式が入っています。書式と色をセルごとに指定できます。

Ⓔ名前ボックス

選択中のセルや範囲に名前をつけます。右端の［V］から、名前つきのセルや範囲を選択することもできます。この名前は、各アクティビティに操作したい範囲を指定するのに使います。

Ⓕ数式バー

選択中のセルに、生データもしくは数式を設定します。

セルについて

範囲は、方眼紙のように細かい四角に区切られています。この四角の1つ1つをセルといいます。各セルには、次の情報が記録されています。

- **生データ（Raw Value）**
- **数式（Formula）**
- **書式（Format）**

これらに基づき、Excelの画面上には表示値（Display Value）が表示されます。この表示値のことを「書式付きテキスト」ということもあります。

たとえば、生データとして1000が、書式として#,#が設定されているとき、このセルには1,000が表示されます。セルを処理するときは、どの情報を扱っているのか意識すると良いでしょう。

範囲について

Excelの複数のセルを四角く区切った部分を範囲といいます。この先頭の行をヘッダー行として列名を書いておけば、この範囲をアクティビティで扱うのがとても簡単になります。なお、テーブルとして指定された範囲の先頭行は、必ずヘッダー行として扱われます。

範囲　列　ヘッダー行（列名）　行

品名	単価	個数	合計	処理結果
じゃがいも	70	5		
にんじん	60	4		
たまねぎ	100	3		

Hint

ヘッダー行にできるのは1行だけ

UiPathのアクティビティは、2行以上をヘッダー行として扱うことはできません。もし、2行をヘッダー行としてExcelの体裁を整えたいときは、先頭の行は範囲やテーブルに含めないように工夫してください。

名前ボックスについて

名前ボックスは、選択中のセルや範囲、グラフなどに名前をつけるのに使います。名前をつけておくと、UiPathから操作したいセルや範囲を指定することがとても簡単になります（→ p.248 範囲をテーブル名で指定する）。

また、名前ボックスにアドレスや名前を入力すると、そのセルや範囲をExcelの画面上で選択できます。Excelの画面を操作するときに便利です。これには、『Excelファイルを使用』の中に『文字を入力』を配置します（→ p.184 画面に文字を入力する）。このとき、『アプリケーション/ブラウザーを使用』は不要です。

パンくず　Excelプロセススコープ > Excelファイルを使用 > 文字を入力

Hint

名前ボックスにテーブル名を入力するとき

名前ボックスにテーブル名を入力すると、そのテーブルのヘッダー行を除いた範囲が選択されます。ヘッダー行も選択するには、続けて［Ctrl］＋［A］を押してください。これには、次のような式を『文字に入力』に指定します。

```
"テーブル1[k(Enter)]
[d(Ctrl)]a[u(Ctrl)]"
```

4-6 操作したい範囲を指定する

アクティビティに、操作対象の範囲を指定する

範囲を処理するアクティビティは、『繰り返し(Excelの各行)』など、多く用意されています。これらに範囲を指定する方法は、次の4つです。テーブルにするのが一番使いやすくお勧めです。

Ⓐ範囲をシート名で指定する（→p.246）
Ⓑ範囲をテーブル名で指定する（→p.248）
Ⓒセル/範囲を名前で指定する（→p.250）
Ⓓセル/範囲をアドレスで指定する（→p.253）

Ⓐ 範囲をシート名で指定する

範囲を指定する方法としては最も手軽です。ただし、1つのシートに記載できる範囲は1つだけです。

シートを準備する

範囲は、必ずシートの左上につめて記載してください。1行目がヘッダー行となります。このシート名は、わかりやすいものに変更しましょう。なお、罫線やセルの色は、範囲を定義するものとして考慮されません。

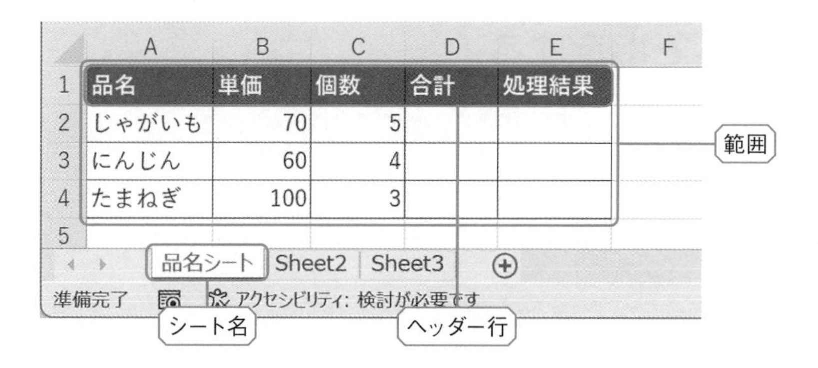

このシート名「品名シート」は、範囲「A1:E4」の別名として使えます。

範囲をシート名で指定する

ここでは『繰り返し（Excelの各行）』の範囲を、シート名で指定します。

❶『Excelプロセススコープ』と『Excelファイルを使用』を配置します（→p.232 Excelファイルの自動化を準備する）。
❷『繰り返し（Excelの各行）』を配置します。
❸「対象範囲」の右端の⊕丸十字アイコンをクリックし、ファイルの参照名「Excel」をホバーします。
❹このExcelファイルにあるシートが一覧表示されるので、操作したいシートを選択します。

Hint
ポップアップメニューにシート名が表示されないときは

『Excelファイルを使用』に指定したファイルが存在することを確認してください。存在しないときは、同じ形式の範囲を含む別のExcelファイルをテンプレートとして指定してください。

パンくず Excelプロセススコープ > Excelファイルを使用 > 繰り返し（Excelの各行）

以上で、選択したシート名が「対象範囲」に自動で入力されます。

Ⓑ 範囲をテーブル名で指定する

テーブルとして書式設定した範囲は、とても扱いやすくなります。テーブルとは、日本語で「表」という意味です。

テーブルを準備する

ここでは、範囲をテーブルにして名前「品名テーブル」をつけます。

❶テーブルにしたい範囲を選択します。
❷「ホーム」リボンの「テーブルとして書式設定」をクリックします。

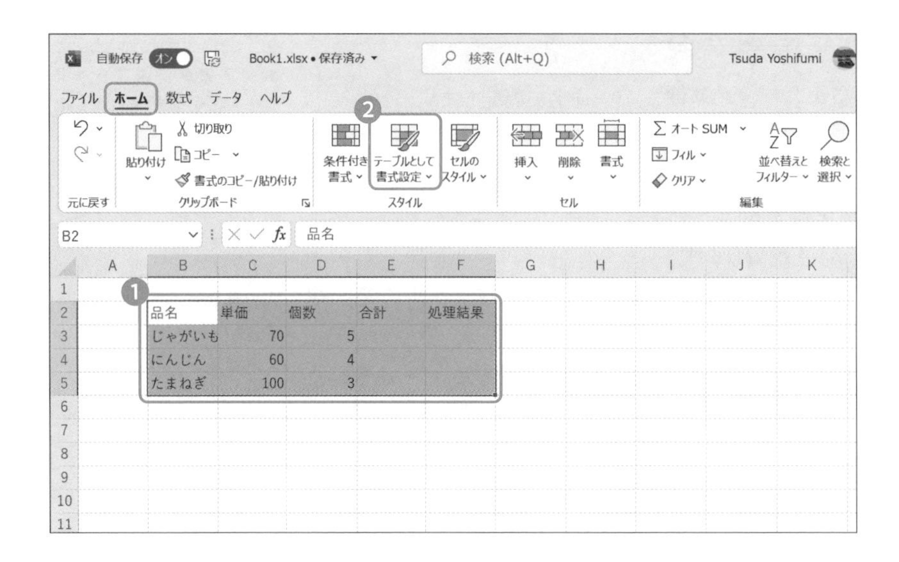

❸「先頭行をテーブルの見出しとして使用する」にチェックがついていることを確認し、「OK」ボタンをクリックします。

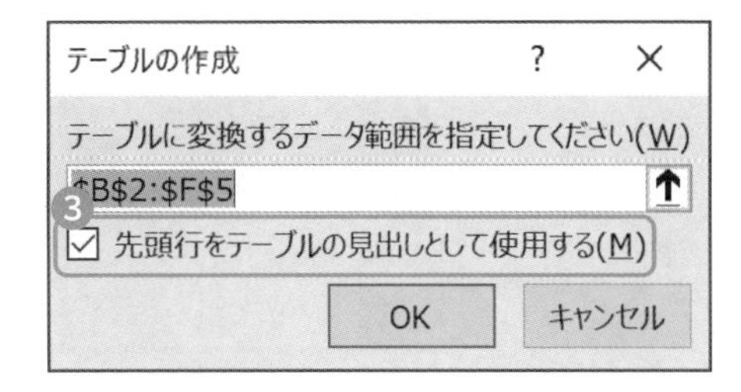

❹「テーブルデザイン」リボンで、テーブル名をわかりやすい名前に変更します。ここでは、「品名テーブル」に変更します。

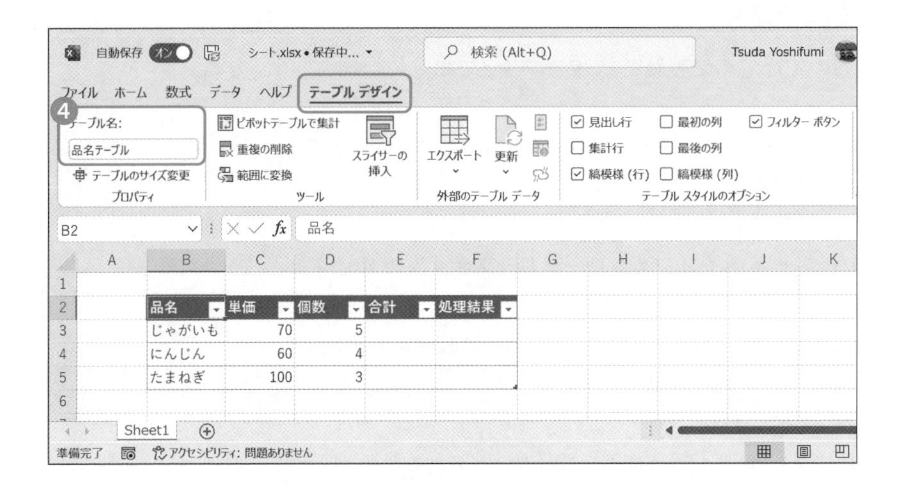

以上で、テーブル名「品名テーブル」は「B2:F5」の範囲を参照するようになります。

テーブルを解除する

Excelで範囲を誤ってテーブルにしてしまったら、次の手順で解除できます。

❶解除したいテーブルの任意のセルを選択します。
❷「テーブルデザイン」リボンの「範囲に変換」をクリックします。

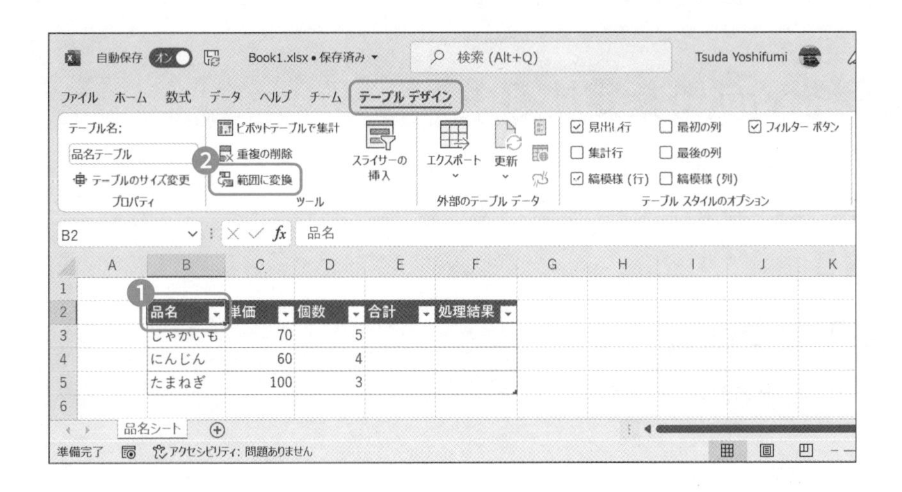

以上で、このテーブルは解除されます。

範囲を名前で指定する

ここでは『繰り返し（Excelの各行）』の処理範囲を、テーブル名で指定します。

❶『Excelプロセススコープ』と『Excelファイルを使用』を配置します（→p.232 Excelファイルの自動化を準備する）。
❷『繰り返し（Excelの各行）』）を配置します。
❸「対象範囲」の右端の⊕丸十字アイコンをクリックし、ファイルの参照名「Excel」、シート名「Sheet1」を順にホバーします。
❹このシートにある範囲の名前が一覧表示されるので、操作したい範囲を選択します。

パンくず Excelプロセススコープ > Excelファイルを使用 > 繰り返し（Excelの各行）

以上で、選択したテーブル名が「対象範囲」に自動で入力されます。

> **Hint**
> **テーブルの先頭行は必ずヘッダー行**
> 範囲にテーブルを指定すると、その先頭行は必ずヘッダー行として扱われます。

Ⓒ セル/範囲を名前で指定する

範囲をテーブルにすることなく、直接名前をつけることもできます。また、1つのセルに名前をつけることもできます。『セルの値を読み込み』などを使うときは、セルに名前をつけておくと便利です。

セル/範囲に名前をつける

ここでは、範囲に「品名の範囲」と名前をつけます。

❶名前をつけたい範囲を選択します。

❷「名前ボックス」に、範囲の名前を入力します。

❷ 品名の範囲 | fx 品名

	A	B	C	D	E	F
1						
2		品名	単価	個数	合計	処理結果
3		じゃがいも	70	5		
4		にんじん	60	4		
5		たまねぎ	100	3		
6						

❶

以上で、名前「品名の範囲」は、「B2:F5」の範囲を指すようになります。同じ方法で、1つのセルにも名前をつけることができます。この名前は、テーブル名と同じようにアクティビティ上で選択できます（→p.250 範囲を名前で指定する）。

セル/範囲の名前を確認する

Excelの名前ボックス右端の［▼］をクリックすると、作成済みのテーブル名と範囲名の一覧が表示されます。この名前をクリックすると、その範囲が画面上で選択されます。

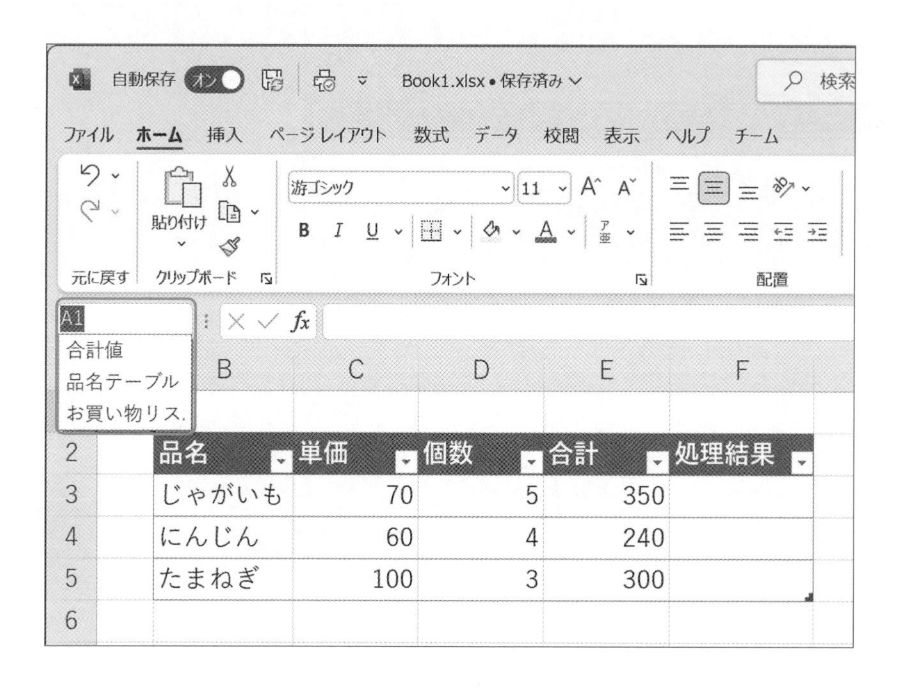

セル/範囲の名前を削除する

セルと範囲について、作成した名前を削除するには次のようにします。

❶「数式」リボンの「名前の管理」をクリックします。

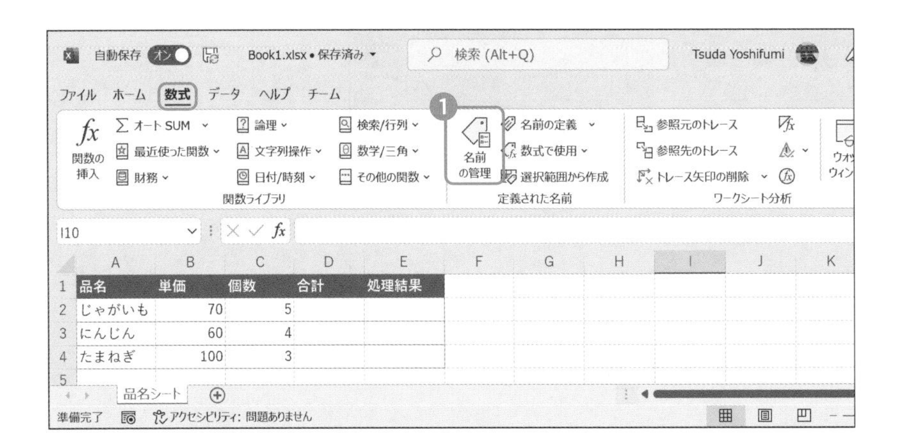

❷削除したい名前を選択し、「削除」をクリックします。
❸「閉じる」ボタンをクリックします。

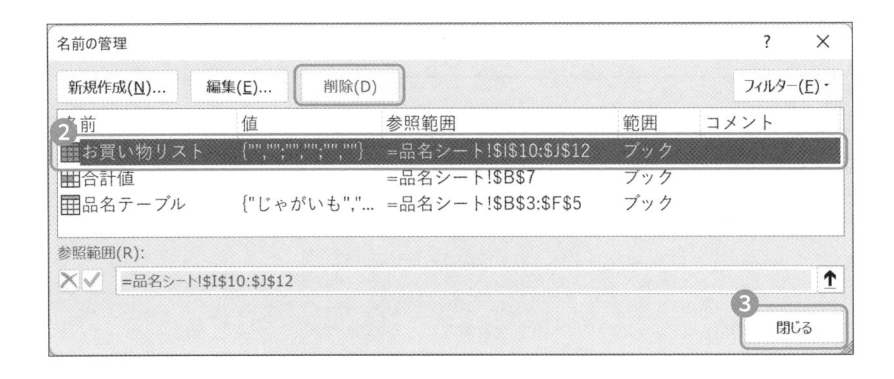

D セル/範囲のアドレスで指定する

アドレスを使っても、操作したい範囲をアクティビティに指定できます。ただし、範囲に行を追加したりすると、そのアドレスは変化してしまいます。このため、アドレスよりも名前を使って操作することをお勧めします。

セル/範囲のアドレスを確認する

セルのアドレスは、シートの列名と行番号をつなげたものです。たとえば、「じゃがいも」セルのアドレスはB3です。

範囲のアドレスは、左上と右下のセルのアドレスをコロンでつなげたものです。たとえば、次の範囲のアドレスはB2:F5です。

このセルのアドレスは「B2」です　この範囲のアドレスは「B2:F5」です

	A	B	C	D	E	F
1						
2		品名	単価	個数	合計	処理結果
3		じゃがいも	70	5		
4		にんじん	60	4		
5		たまねぎ	100	3		
6						

このセルのアドレスは「F5」です

> **Hint**
> **操作したい範囲のアドレスがわからないとき**
> 範囲のアドレスを指定する代わりに、その範囲の左上のセルのアドレスを指定することで代替できる場合があります。試してみてください。

セル/範囲をExcel内で示す

セル/範囲のアドレスは、マウスの操作だけで簡単に設定できます。Studioの「ホーム」リボンの「ツール」メニューから、Excelアドインをインストールしてください。

❶『Excelプロセススコープ』と『Excelファイルを使用』を配置します（→p.232 Excelファイルの自動化を準備する）。

❷範囲を指定したいアクティビティを配置します。ここでは、『繰り返し（Excelの各行）』）を配置します。

❸「対象範囲」の右端の⊕丸十字アイコンをクリックし、ファイルの参照名「Excel」をホバーし、「Excel内で示す」をクリックします。

パンくず Excelプロセススコープ > Excelファイルを使用 > 繰り返し（Excelの各行）

❹Excelが起動するので、操作したい範囲を選択します。
❺「UiPath」リボンにある「確認」をクリックします。

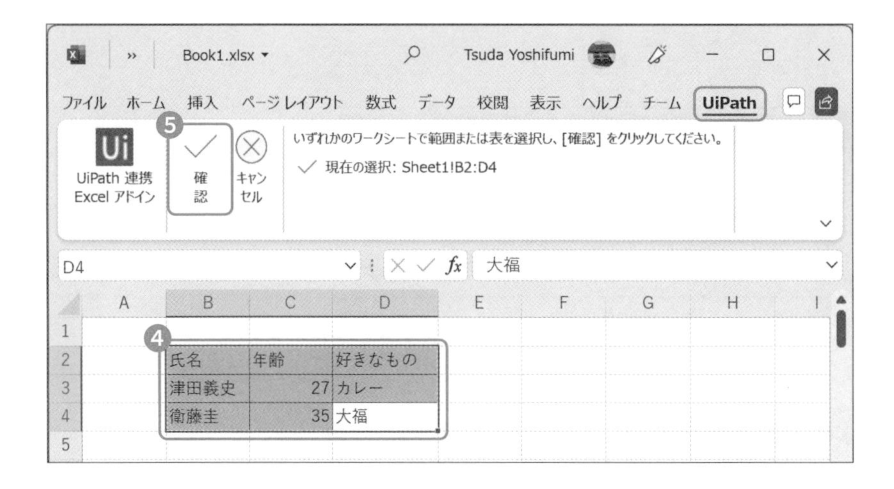

以上で、選択した範囲のアドレスが「対象範囲」に自動で入力されます。

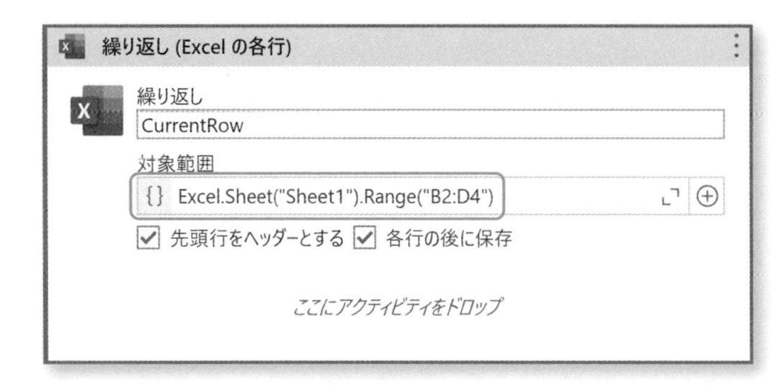

4-7 範囲内の行を、上から順に処理する

RPAで自動化したい典型的な処理

ここでは、ある範囲に含まれるデータを1行ずつ読み込み、何らかの処理をして、その結果を同じ行の結果列に書き込みます。このような処理は、とても頻繁に書く機会があります。

指定の範囲から、1行ずつ取り出す

❶『Excelプロセススコープ』と『Excelファイルを使用』を配置します（→p.232 Excelファイルの自動化を準備する）。
❷『繰り返し（Excelの各行）』を配置します。
❸「対象範囲」の右端の⊕丸十字アイコンをクリックし、操作したい範囲を指定します（→p.246 操作したい範囲を指定する）。

パンくず Excelプロセススコープ > Excelファイルを使用 > 繰り返し（Excelの各行）

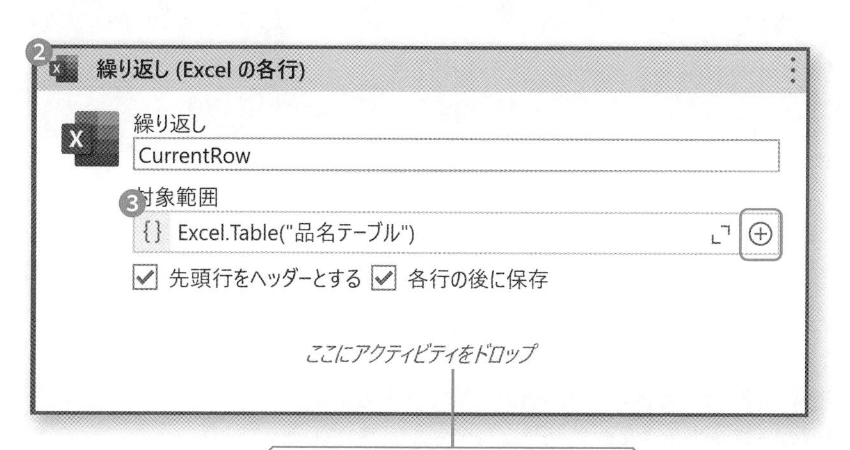

Hint

CurrentRowは『繰り返し（Excelの各行）』の中だけで使える

CurrentRowは、現在の行のデータを含む変数で、変数パネルには表示されない特殊な変数です。この変数名は「現在行」もしくは「品名行」など、わかりやすい名前に変更すると良いでしょう。

取り出した行から、各列のデータを読み取る

❶『繰り返し（Excelの各行）』を配置します（→p.255 指定の範囲から、1行ずつ取り出す）。
❷列値を取り出したいアクティビティを配置します。ここでは『メッセージボックスを表示』を配置します。
❸「テキスト」の右端の⊕丸十字アイコンをクリックし、CurrentRow（現在の行）から読み取りたい列の名前を選択します。
❹「テキスト」に、「CurrentRow.ByField("列名")」のような式が自動で入力されます。

Hint

❹の式は、さまざまな場所に直接指定できる

『メッセージボックス』のほか、ほとんどのアクティビティに列値を直接指定できます。エラーになるときは、型があっているかを確認し、必要に応じて適切なプロパティを呼び出してください（→ p.257 セルから読み取れるデータの種類）。

パンくず Excelプロセススコープ > Excelファイルを使用 > 繰り返し（Excelの各行）

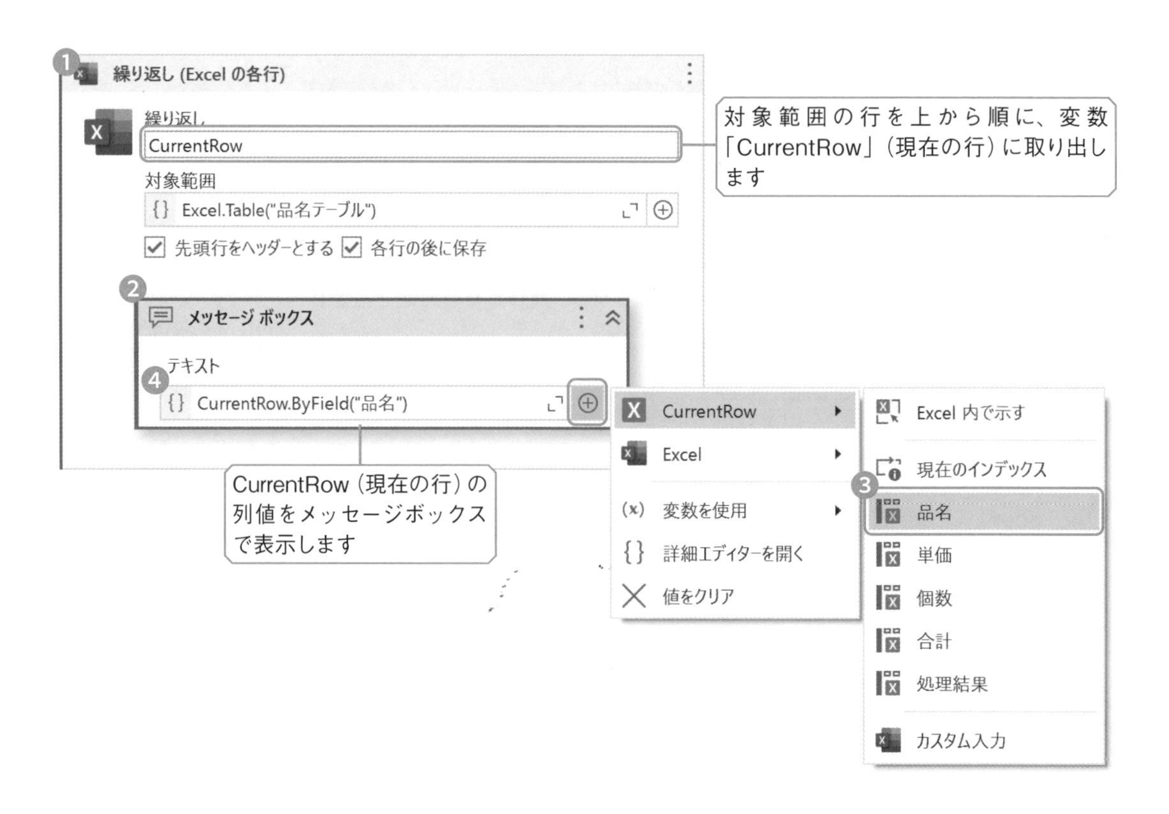

❺入力された式「CurrentRow.ByField("品名")」の直後にピリオドを入力すると、この列から取り出せる情報の一覧が表示されます。たとえばテキストを取得したい場合には、「StringValue」を選択します。

パンくず Excelプロセススコープ > Excelファイルを使用 > 繰り返し（Excelの各行）> メッセージボックス

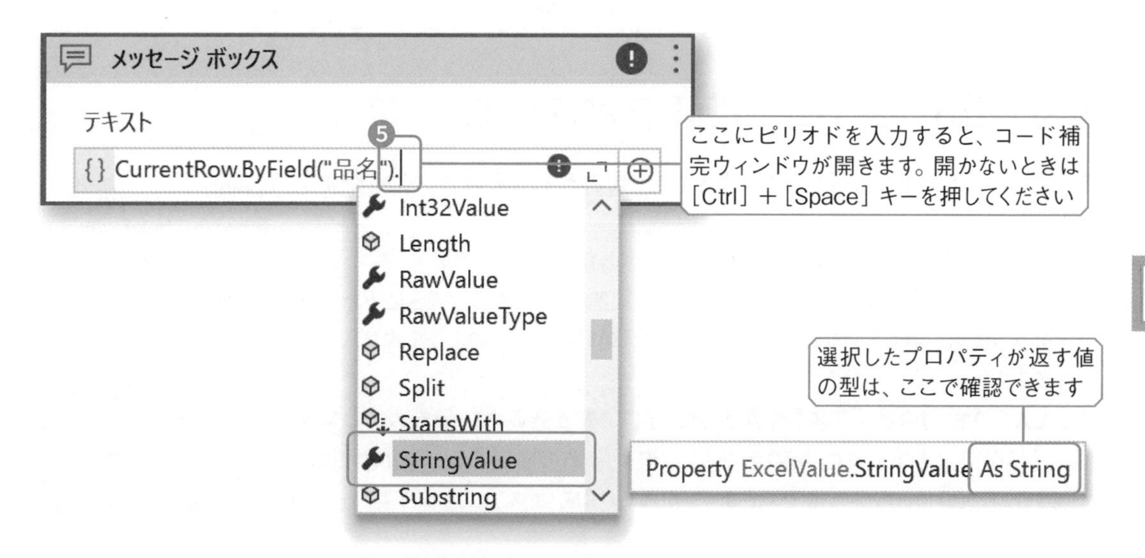

セルから読み取れるデータの種類

前項で使ったCurrentRow.ByField(列名)からは、このセルのさまざまなデータを読み取れます。次のキーワード（プロパティ名）をピリオドに続けて、対応するデータを取り出してください。

●CurrentRow.ByField(列名)の直後で利用できるプロパティ一覧

分類	プロパティ名	データの型	意味
テキスト	StringValue	String	テキスト
	Formula	String	このセルの数式
日時	DateTimeValue	DateTime	日時
	TimeSpanValue	TimeSpan	期間（日数.時間:分数:秒数）
数値	Int32Value	Int32	整数
	DoubleValue	Double	倍精度浮動小数点数
	DecimalValue	Decimal	丸め誤差が生じにくい、金額の処理に適した浮動小数点数
真偽値	BooleanValue	Boolean	真偽値（TrueもしくはFalse）
生の値	RawValue	Object	このセルの生の値（この設計時の型はObject型ですが、実行時の型は読み取ったセルに応じて変化します）
	RawValueType	Type	このセルの生の値の型

Hint

Color型の値

このプロパティR、G、Bのそれぞれは、光の三原色であるRed/Green/Blueの成分です。この値の範囲は0～255です。Color型の値を比較するには、この各プロパティの値を整数と比較するほか、ToStringして取り出したテキストを確認・比較することもできます。

セルの情報	Address	String	このセルのアドレス
	Color	Color	このセルの塗りつぶしの色

取り出した行に、列値を書き込む

❶『繰り返し（Excelの各行）』を配置します（→p.255 指定の範囲から、1行ずつ取り出す）。

❷『代入』を配置します。

❸左側のボックス「左辺値（To）」の右端の⊕丸十字アイコンから、書き込みたい列を選択します。自動で「CurrentRow.ByField("処理結果")」のような式が入力されます。

❹『代入』の右側のボックス「右辺値（To）」に、書き込みたい値を入力します（→p.96 変数を加工して、別のテキストを得る）。この右辺には、Stringのほか Int32やDateTimeの値を指定できます。ここでは"成功"を入力します。

パンくず Excelプロセススコープ > Excelファイルを使用 > 繰り返し（Excelの各行）

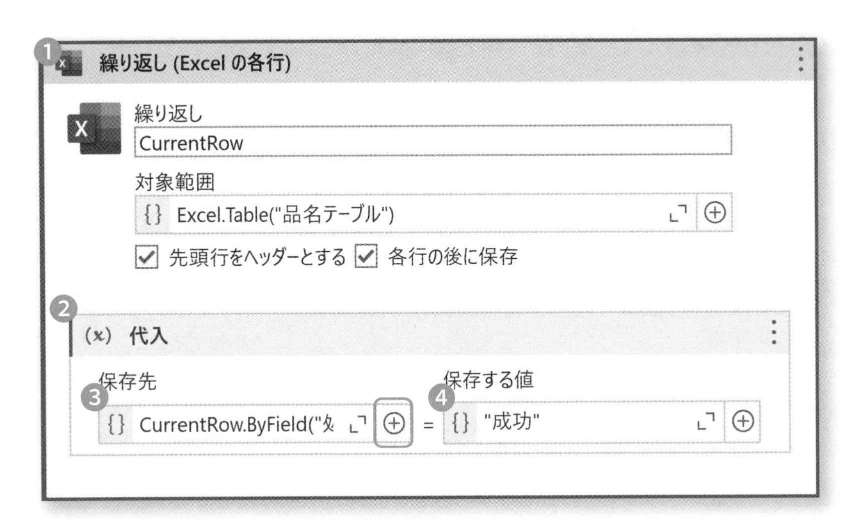

実行すると、範囲の各行の「処理結果」の列に"成功"が書き込まれます。

Hint

書き込んだ値をExcelファイルに保存するには

『繰り返し（Excelの各行）』の「各行の後に保存」をチェックしておくと、各行の繰り返しの最後にこのExcelファイルは自動で保存されます。あるいは『Excelファイルを使用』の「変更を保存」をチェックしておくと、アクティビティでファイルに書き込むたびに自動で保存されます。好きなタイミングで保存するには、自動保存のオプションをアンチェックしておき、『Excelファイルを使用』の中に『Excelファイルを保存』を配置します（→p.291 Excelファイルを保存する）。

Hint

CurrentRow.ByField(列名)は簡潔に書ける

この式は、CurrentRow(列名)と書いても同じ意味となります。

繰り返し中に発生したエラーに対処する

エラーが発生しても、繰り返しを最後まで処理できるようにするには、繰り返しの中に『トライキャッチ』を配置します。

❶『繰り返し（Excelの各行）』を配置します（→p.255 指定の範囲から、1行ずつ取り出す）。

❷『トライキャッチ』を配置します。

❸Try節の中に、各行ごとに実行したい処理を配置します。ここでは『メッセージボックス』で「品名」列の値を表示します（→ p.256 取り出した行から、各列のデータを読み取る）。

❹続いて、『代入』で「処理結果」列に "成功" と書き込みます（→ p.258 取り出した行に、列値を書き込む）。

❺「Add New Catch」をクリックし「System.Exception」のCatch 節を作成します。

❻Catch 節に『代入』を配置し、「処理結果」列にエラーメッセージを書き込みます（→ p.258 取り出した行に、列値を書き込む）。

❼書き込むエラーメッセージを指定します。ここでは、キャッチした例外データに含まれるエラーメッセージを使います。「保存する値」の右端の⊕丸十字アイコンをクリックして変数「exception」を使い、「.」（ピリオド）に続けて「Message」と入力します。

パンくず Excelプロセススコープ > Excelファイルを使用 > 繰り返し（Excelの各行）> トライキャッチ

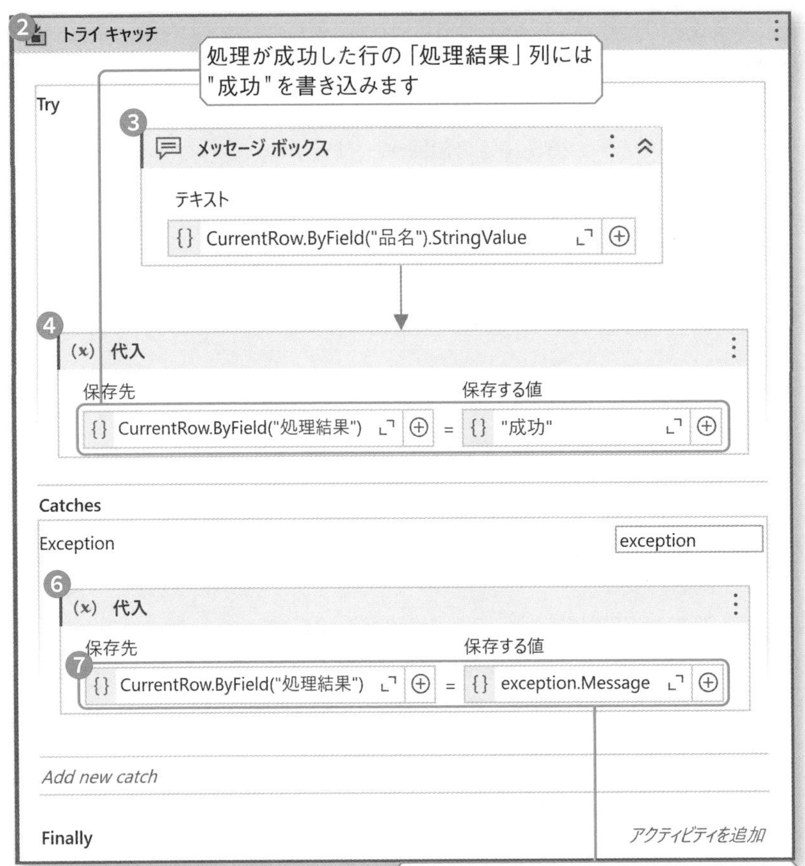

Hint

各行の列値を画面に入力するには

『メッセージボックス』の代わりに『文字を入力』を配置し、「CurrentRow.ByField("列名").StringValue」を指定してください。『アプリケーション/ブラウザーを使用』を繰り返しの外側に配置してください（→p.184 画面に文字を入力する）。

Hint

繰り返しを途中でやめるには

『現在の繰り返しをスキップ』と『繰り返しを終了』が便利です（→p.313 繰り返しの流れを制御する）。

Hint

現在の行をエラーにするには

Tryの中に『スロー』を配置してください（→p.58 意図してエラーを発生させる）。ただし、『スロー』を配置しただけでは、すべての行がエラーとなってしまうので、『条件分岐』で何らかの条件を判断し、エラーのときだけ『スロー』してください。

4-8 範囲の操作①

範囲に対して、さまざまな操作ができる

Excelモダンアクティビティには、範囲を扱うためのさまざまな操作が用意されています。範囲内の行を順に処理する方法は次を参照してください（→p.255 範囲内の行を、上から順に処理する）。

テーブルとして書式設定する

『テーブルとして書式設定』は、指定の範囲をテーブルにします。

❶『Excelプロセススコープ』と『Excelファイルを使用』を配置します（→p.232 Excelファイルの自動化を準備する）。
❷『テーブルとして書式設定』を配置します。
❸「ターゲット」の右端の⊕丸十字アイコンをクリックし、テーブルにしたい範囲を指定します。この範囲はまだテーブルになっていないので、シート名もしくはアドレスで指定します。
❹「テーブルの名前（任意）」に、このテーブルにつけたい名前を指定します（→p.96 変数を加工して、別のテキストを得る）。

パンくず Excelプロセススコープ > Excelファイルを使用 > テーブルとして書式設定

実行すると、指定の範囲がテーブルとして書式設定されます。

Hint

「テーブルの名前（任意）」を指定しないとき

自動で「テーブル1」のような名前がつきます。この名前は、「新しいテーブル名の保存先」に指定した変数で受け取れます。

Hint

指定した名前と同じ名前のテーブルが既にある場合

指定した「テーブルの名前」と同名のテーブルが既にあるときは、ArgumentException例外がスローされます。これを避けるには、「既存のテーブルを置換」にチェックをつけてください。既存の同名テーブルは、自動で範囲に変換されます（→p.249 テーブルを解除する）。

範囲内のセルに書式を設定する

『セルを書式設定』は、指定の範囲のセルに一括して書式を設定します。フォントや塗りつぶしの色も指定できます。

❶『Excelプロセススコープ』と『Excelファイルを使用』を配置します（→p.232 Excelファイルの自動化を準備する）。
❷『セルを書式設定』を配置します。
❸「ソース」の右端の⊕丸十字アイコンをクリックし、書式を設定したい範囲を指定します（→p.246 操作したい範囲を指定する）。
❹「書式設定」ボタンをクリックします。

パンくず Excel プロセススコープ > Excel ファイルを使用 > セルを書式設定

❺表示されたセルを書式設定ウィンドウで、設定したい書式を設定します。

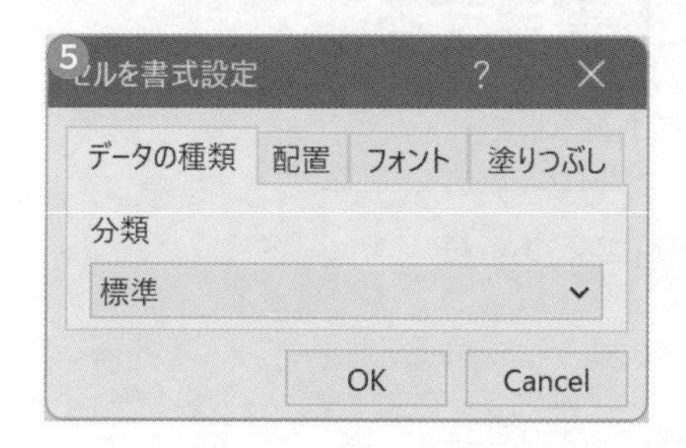

実行すると、指定の範囲に書式が設定されます。

範囲を自動調整する

『範囲を自動調整』は、指定の範囲に含まれる各列の幅と各行の高さを自動で調整します。

❶『Excelプロセススコープ』と『Excelファイルを使用』を配置します（→p.232 Excelファイルの自動化を準備する）。
❷『範囲を自動調整』を配置します。
❸「ソースを選択」の右端の⊕丸十字アイコンをクリックし、調整したい範囲を指定します（→p.246 操作したい範囲を指定する）。
❹列の幅を調整したいときは「列」を、行の高さを調整したいときは「行」をチェックします。

パンくず Excelプロセススコープ > Excelファイルを使用 > 範囲を自動調整

2 範囲を自動調整
ソースを選択
3 {} Excel.Table("品名テーブル")
列 行
4

実行すると、指定の範囲の各列/行の、幅/高さが適切に調整されます。

ある範囲のデータを、別の範囲に上書きする

『範囲をコピー/貼り付け』は、指定の範囲をコピーして別の場所に上書きします。このとき、行と列を入れ替えたり、書式のみを貼り付けることもできます。コピー先のデータを上書きしたくないときは、『範囲を追加』を使ってください（→p.265 ある範囲のデータを、別の範囲の最後に追加する）。

❶『Excelプロセススコープ』と『Excelファイルを使用』を配置します（→p.232 Excelファイルの自動化を準備する）。
❷『範囲をコピー/貼り付け』を配置します。
❸「ソース」の右端の⊕丸十字アイコンをクリックし、コピー元の範囲を指定します（→p.246 操作したい範囲を指定する）。
❹「ターゲット」の右端の⊕丸十字アイコンをクリックし、コピー先の範囲を指定します。
❺「コピーする内容」で、「すべて」「値」「数式」「書式」のいずれかを選択します。
❻ソース（コピー元）の範囲の先頭行がヘッダー行であれば、「ソースのヘッダーを除外」にチェックします。

パンくず Excel プロセススコープ > Excel ファイルを使用 > 範囲をコピー / 貼り付け

範囲をコピー/貼り付け

ソース

Excel.Table("コピー元テーブル")

ターゲット

Excel.Table("貼り付け先テーブル")

コピーする内容

すべて

ソースのヘッダーを除外　行/列の入れ替え

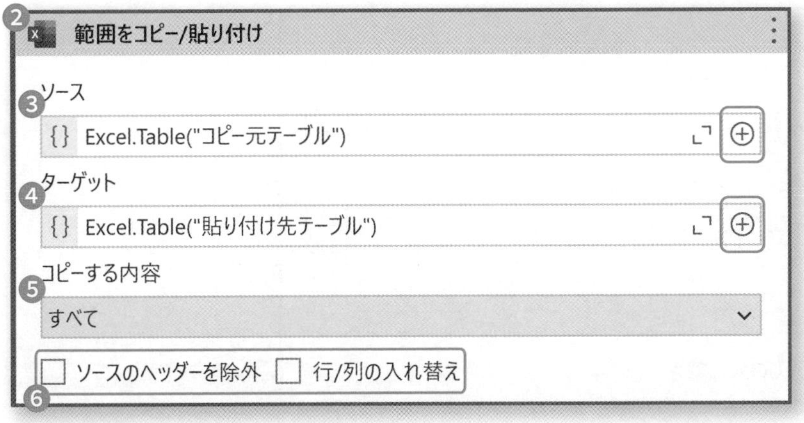

実行すると、「ソース」範囲のデータが「ターゲット」範囲に上書きされます。

ある範囲のデータを、別の範囲の最後に追加する

『範囲を追加』は、指定の範囲にあるデータを別の範囲の最後に追加します。追加先の範囲は自動で下に広がるので、追加先のデータは上書きされません。

❶『Excelプロセススコープ』と『Excelファイルを使用』を配置します（→p.232 Excelファイルの自動化を準備する）。
❷『範囲を追加』を配置します。
❸「追加するExcel範囲」の右端の⊕丸十字アイコンをクリックし、元の範囲を指定します（→p.246 操作したい範囲を指定する）。
❹「次の範囲の後に追加」の右端の⊕丸十字アイコンをクリックし、追加先の範囲を指定します（→p.246 操作したい範囲を指定する）。
❺「コピーする内容」で、「すべて」「値」「数式」「書式」のいずれかを選択します。

パンくず Excel プロセススコープ > Excel ファイルを使用 > 範囲を追加

実行すると、「追加するExcel範囲」のデータが「次の範囲の後に追加」されます。

4-9 範囲の操作②

範囲の最後に行を追加する

『セルに書き込み』と『範囲を追加』を組み合わせて、範囲に行を追加できます。

❶ Excelファイルに、新規行追加用のシートを用意しておきます。このシートの先頭行の各セルに、列名と同じ名前をつけておきます（→p.250 セル/範囲に名前をつける）。
❷ この新規行追加用のシートに、列と同数の『セルに書き込み』で1行を書き込みます（→ p.289 セルに値を書き込む）。
❸ この行の範囲を、『範囲を追加』で追加先の範囲に追加します（→p.265 ある範囲のデータを、別の範囲の最後に追加する）。

テキストを列に分割する

『テキストを列に分割』は、セルに含まれるテキストを区切って複数のセルに分割します。この動作は、Excelの「データ」リボンの「区切り位置」ボタンと同様です。

❶『Excelプロセススコープ』と『Excelファイルを使用』を配置します（→p.232 Excelファイルの自動化を準備する）。
❷『テキストを列に分割』を配置します。
❸「元の範囲」の右端の⊕丸十字アイコンをクリックし、分割したいセルを含む範囲を指定します。この範囲は、必ず縦1列で指定します（→p.246 操作したい範囲を指定する）。
❹「ターゲット」の右端の⊕丸十字アイコンをクリックし、分割した範囲を書き込む先のアドレスを指定します（→p.246 操作したい範囲を指定する）。
❺「データ型」に、「区切り文字」もしくは「固定幅」を指定します。「固定幅」の場合は、区切る位置を文字数で指定します。

Hint

そのほかの行を追加する方法

下記のうち、Ⓑが使いやすくお勧めです。

Ⓐ列と同数の『セルに書き込み』を並べて、追加したい範囲に直接書き込みます。追加を始めるセルの位置を知っておく必要があります（→p.290 列のセルに連続して書き込む）。
Ⓑ『範囲を読み込み』で読み込んだデータテーブルに行を追加し、『データテーブルをExcelに書き込み』で同じ範囲に書き戻します（→p.349 データテーブルに固有の操作）。
Ⓒ『データテーブルを構築』で作成した空のデータテーブルに行を追加し、『データテーブルをExcelに書き込み』で範囲に追記します（→p.349 データテーブルに固有の操作）。

パンくず Excel プロセススコープ > Excel ファイルを使用 > テキストを列に分割

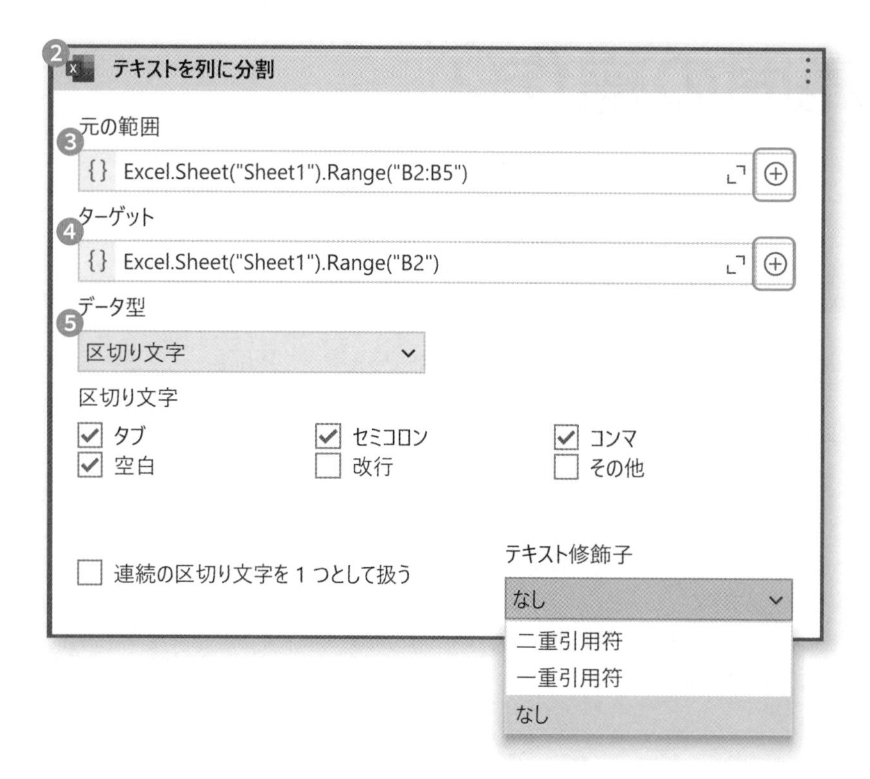

実行すると、指定の1列が複数の列に分割されます。

●元の範囲の例

	A	B
1		
2		品名,単価,個数
3		じゃがいも,40,50
4		たまねぎ,30,3
5		にんじん,100,2
6		

●分割後の例

	A	B	C	D
1				
2		品名	単価	個数
3		じゃがいも	40	50
4		たまねぎ	30	3
5		にんじん	100	2
6				

行を削除する

『行を削除』は、指定の範囲から、複数の行をまとめて削除します。削除する行を指定する方法は、いくつか用意されています。

❶『Excelプロセススコープ』と『Excelファイルを使用』を配置します（→p.232 Excel操作を準備する）。
❷『行を削除』を配置します。
❸「表または範囲」の右端の⊕丸十字アイコンをクリックし、操作したい範囲を指定します（→p.246 操作したい範囲を指定する）。
❹「削除対象」で、削除したい行の指定方法を選択します。「位置」に、削除したい行を指定します。

パンくず Excelプロセススコープ > Excelファイルを使用 > 行を削除

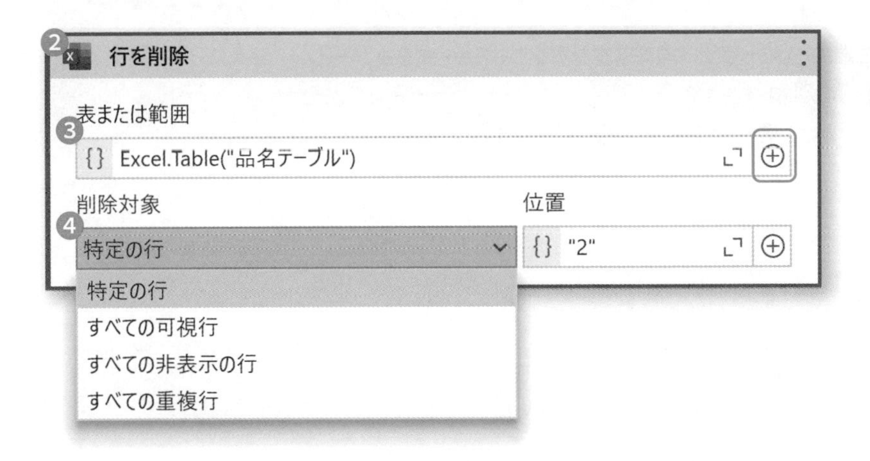

実行すると、範囲内の指定の行が削除されます。

●「削除対象」に指定できる値

削除対象の指定	意味	補足
特定の行	削除したい行の番号(最初の行の番号は1、ヘッダー行は含まず)	・"2"……2行目 ・"1,3"……1行目と3行目 ・"3-5"……3行目から5行目
すべての可視行	非表示になっていないすべての行	「先頭行をヘッダーとする」をチェックすると、先頭の行は削除されない
すべての非表示の行	非表示になっているすべての行	
すべての重複行	すべての列値が重複するすべての行(最初の一行は除く)	

重複行を削除する

『重複を削除』は、重複する行のうち最初の行を残して、ほかの行をすべて削除します。重複する行とは、指定の列の値が同じ行です。この列には、複数の列を指定できます。

❶『Excelプロセススコープ』と『Excelファイルを使用』を配置します(→p.232 Excelファイルの自動化を準備する)。
❷『重複を削除』を配置します。
❸「範囲」の右端の⊕丸十字アイコンをクリックし、重複を削除したい範囲を指定します(→p.246 操作したい範囲を指定する)。
❹「列を追加」をクリックします。
❺「比較対象の列」の右端の⊕丸十字アイコンをクリックし、Rangeをホバーし、重複をチェックする列を選択します。
❻複数の列を指定したいときは、❹〜❺の手順を繰り返します。

パンくず Excel プロセススコープ > Excel ファイルを使用 > 重複を削除

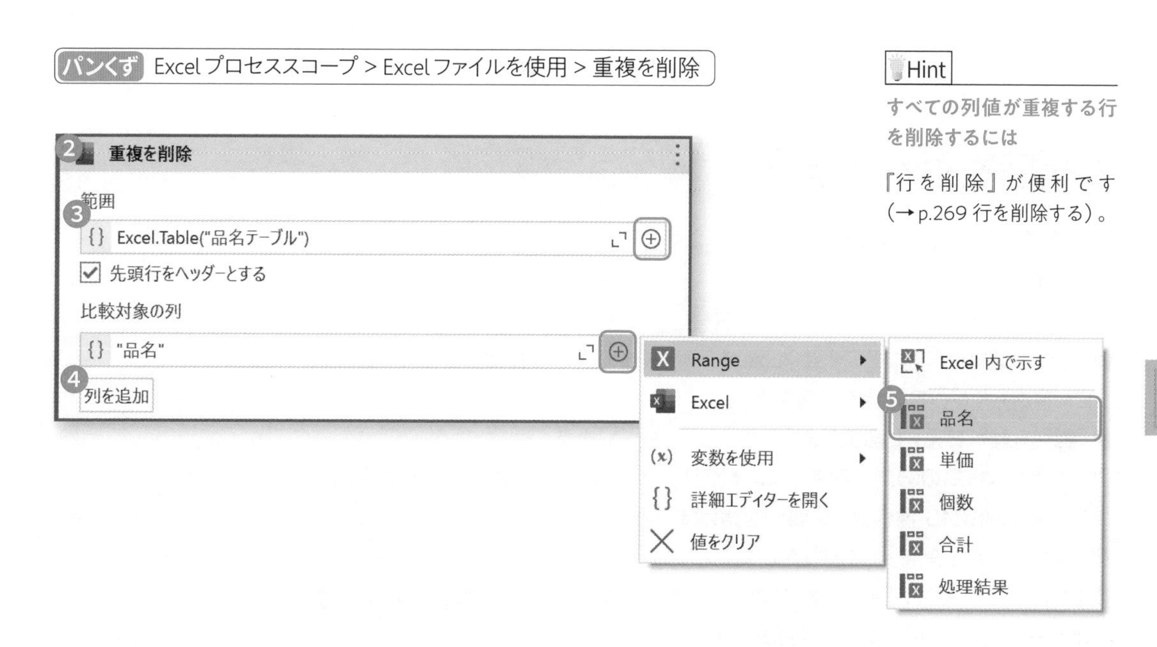

Hint

すべての列値が重複する行を削除するには

『行を削除』が便利です（→p.269 行を削除する）。

実行すると、「品名」列の値が重複する行は、最初の行を残してすべて削除されます。

範囲をクリアする

『シート/範囲/テーブルをクリア』は、指定の範囲をまっさらにします。ヘッダー行はそのまま残します。行の削除もしないので、元の範囲は同じ広さのまま残ります。

❶『Excelプロセススコープ』と『Excelファイルを使用』を配置します（→p.232 Excelファイルの自動化を準備する）。
❷『シート/範囲/テーブルをクリア』を配置します。
❸「クリアする範囲」の右端の⊕丸十字アイコンをクリックし、クリアしたい範囲を指定します（→p.246 操作したい範囲を指定する）。

パンくず Excel プロセススコープ > Excel ファイルを使用 > シート/範囲/テーブルをクリア

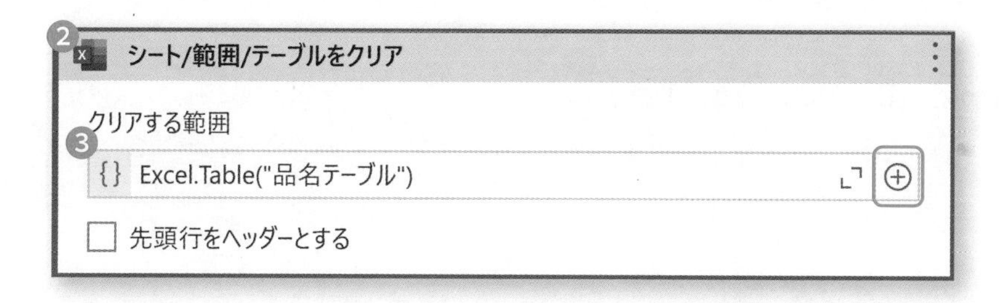

実行すると、「クリアする範囲」に指定した範囲がクリアされます。

範囲を並べ替える

『範囲を並べ替え』は、複数の列に昇順または降順を指定して、範囲内の行を並べ替えます。

❶『Excelプロセススコープ』と『Excelファイルを使用』を配置します（→p.232 Excelファイルの自動化を準備する）。
❷『範囲を並べ替え』を配置します。
❸「範囲」の右端の⊕丸十字アイコンをクリックし、行を並べ替えたい範囲を指定します（→p.246 操作したい範囲を指定する）。
❹「並べ替え列を追加」をクリックします。
❺「列で並べ替え」の「列」の右端の⊕丸十字アイコンをクリックし、「Range」をホバーして、並べ替えたい列を選択します。
❻「方向」に、並べ替える順序（ここでは「昇順」）を指定します。
❼複数の列で並べ替えたいときは、❹〜❻の手順を繰り返します。

パンくず　Excelプロセススコープ > Excelファイルを使用 > 範囲を並べ替え

Hint

データテーブルを使っても、行を並べ替えられる

並べ替えた行データは、『データテーブルをExcelに書き込み』でExcelファイルに書き戻せます（→p.361 データテーブルをソートする）。

実行すると、範囲内の行が指定した列でソートされます。

4-10 範囲の操作③

セルの値を検索・置換する

『値を検索/置換』は、指定したテキストを含むセルを検索します。検索対象として、値と数式のいずれかをプロパティパネルで指定できます。検索したテキストを、別のテキストに置換もできます。

❶『Excelプロセススコープ』と『Excelファイルを使用』を配置します（→p.232 Excelファイルの自動化を準備する）。
❷『値を検索/置換』を配置します。
❸「操作」で、「検索」「置換」「すべて置換」のいずれかを指定します。
❹「検索する場所」の右端の⊕丸十字アイコンをクリックし、検索する範囲を指定します（→p.246 操作したい範囲を指定する）。
❺「検索する値」に、検索したい値を指定します。ここでは"じゃがいも"を指定します。❸で「置換」を指定した場合は、「次で置換」に置換先のテキストを指定します。
❻「見つかった場所」の右端の⊕丸十字アイコンをクリックし、変数「場所」を作成します。

Hint

ワイルドカードの使用

「検索する値」には、次のワイルドカードが使えます。必要に応じて「セル内容が完全に同一であるものを検索する」プロパティをTrueにしてください。

- *……0個以上の任意の個数の文字に合致
- ?……任意の1文字に合致

Hint

検索オプションの指定

完全に一致するセルだけを検索するには、プロパティパネルで「セル内容が完全に同一であるものを検索する」をTrueにします。また、アルファベットの大文字と小文字を違うものとして検索するには、プロパティパネルで「大文字/小文字を区別」をTrueにします。これらをTrueにしたときも、ワイルドカードが使えます。

パンくず Excelプロセススコープ > Excelファイルを使用 > 値を検索 / 置換

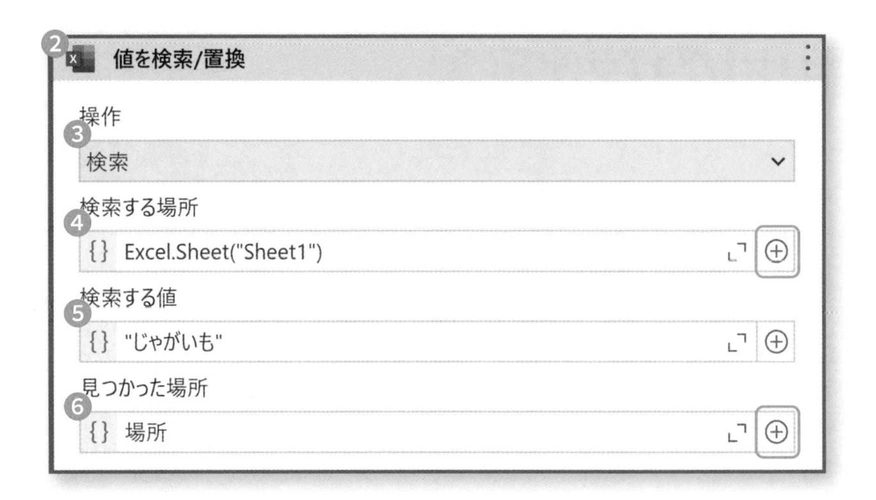

実行すると、セルのアドレスが変数「場所」に返されます。これを『セルに書き込み』などに指定して、このセルに対してより高度な操作ができます（→p.286 セルの操作）。

フィルターをかける

『フィルター』は、指定の範囲にフィルターをかけます。複数の列にフィルターをかけるには、複数の『フィルター』を連続して配置してください。すべての列のフィルターを解除するには、「既存のフィルターをクリア」をチェックしてください。列名を指定すると、その列のフィルターのみ解除します。

❶『Excelプロセススコープ』と『Excelファイルを使用』を配置します（→p.232 Excelファイルの自動化を準備する）。
❷『フィルター』を配置します。
❸「ソース」の右端の⊕丸十字アイコンをクリックし、フィルターをかけたい範囲を指定します（→p.246 操作したい範囲を指定する）。
❹「列名」の右端の⊕丸十字アイコンをクリックし、フィルターをかけたい列を選択します。
❺「フィルターを設定」ボタンをクリックし、フィルターを設定します。

パンくず Excel プロセススコープ > Excel ファイルを使用 > フィルター

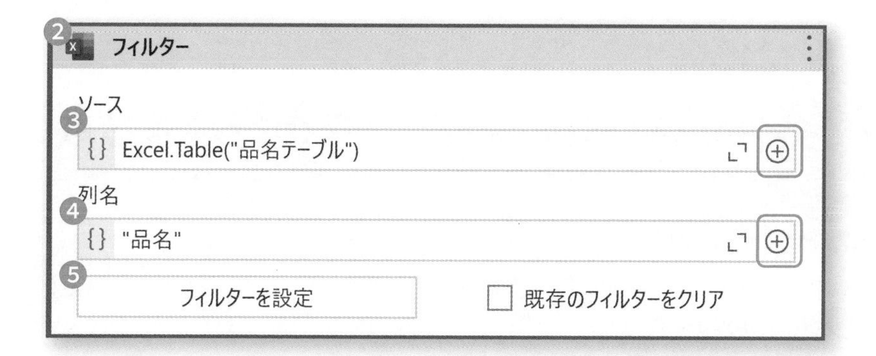

❻「フィルター」ダイアログが表示されます。指定の値と一致でフィルターするには「基本的なフィルター」を使います。複雑な条件でフィルターするには「高度なフィルター」を使います。

Hint

ワイルドカードを使う

フィルターには、ワイルドカードとして次が使えます。

- *……任意の文字列と一致します。
- ?……任意の1文字と一致します。

たとえば、フィルターに「= "*いも"」を指定すると、「べにいも」、「じゃがいも」、「さつまいも」などに合致します。

実行すると、指定の列にフィルターがかかります。この後、『繰り返し（Excelの各行）』でフィルターされた行を1行ずつ取り出せます（→p.255 指定の範囲から、1行ずつ取り出す）。

ある列の中で条件に合うセルを探し、その行番号を取得する

『MATCH関数』は、ExcelのMATCH関数と同じように動作します。ある列の中から条件に合うセルを検索して、その行番号を取得します。合致するセルが見つからないときは、「保存先」の変数に-1が返ります。

❶『Excelプロセススコープ』と『Excelファイルを使用』を配置します（→p.232 Excelファイルの自動化を準備する）。
❷『MATCH関数』を配置します。
❸「検索値」に、検索したい値を指定します。ここでは、「80」を指定します。
❹「検索範囲」の右端の⊕丸十字アイコンをクリックし、検索値を探す範囲を指定します（→p.246 操作したい範囲を指定する）。1列（もしくは1行）だけを指定する必要があるので、「Excel内で示す」を使います。
❺「照合の種類」で、「検索値と等しい最初の値」「検索値以下の最大値」「検索値以上の最小値」のいずれかを選択します。
❻「保存先」の右端の⊕丸十字アイコンをクリックし、変数「最大値を含む行の番号」を作成します。

Hint
合致するセルが見つからないとき

合致するセルが見つからないとき、以前の『MATCH関数』はExcelException例外をスローします。これでは使いにくいため、Excelパッケージ v2.20以降の『MATCH関数』では例外をスローせず、-1を返すように修正されました。

パンくず　Excelプロセススコープ > Excelファイルを使用 > MATCH関数

Hint
ある行の中で条件に合うセルを探し、その列番号を取得する

『MATCH関数』に検索の範囲として1行を指定すると、その行から条件に合うセルの列番号を取得できます。これは、指定した範囲の一番左の列を1としたときの番号です。

実行すると、条件に一致した行の番号が変数に代入されます。これは、指定した範囲の一番上の行を1としたときの番号です。

指定した列値を検索して、その行の別の列値を読み取る

『VLOOKUP』は、ExcelのVLOOKUP関数と同じように動作します。指定した範囲の最左端の列から条件に合うセルを検索して、その行の別の列値を取得します。

❶『Excelプロセススコープ』と『Excelファイルを使用』を配置します（→p.232 Excelファイルの自動化を準備する）。
❷『VLOOKUP』を配置します。
❸「検索する値」に、検索したい値を入力します。
❹検索したい値と完全に一致するセルを探すときは「完全一致」をチェックします。
❺「対象範囲」の右端の⊕丸十字アイコンをクリックし、検索の対象範囲を入力します（→p.246 操作したい範囲を指定する）。
❻「列インデックス」に、値を取り出したい列の番号を入力します。この番号は、指定した範囲の左端の列を1としたときの相対的な番号です。
❼「保存先」の右端の⊕丸十字アイコンをクリックし、結果を受け取る変数を作成します（→p.50 変数の作成と利用）。

パンくず Excelプロセススコープ > Excelファイルを使用 > VLOOKUP

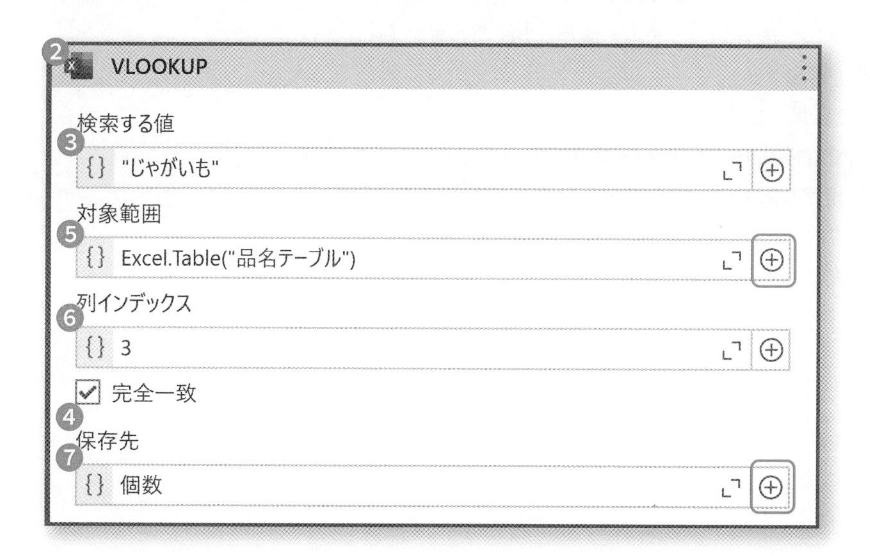

❽実行して、問題なく動作するか確認します。次のようなエラーが出たら、取得するセルのデータに合わせて、変数パネルで変数の型を変更します。この例では、変数「個数」の型をSystem.Double(倍精度小数点数)に変更します。

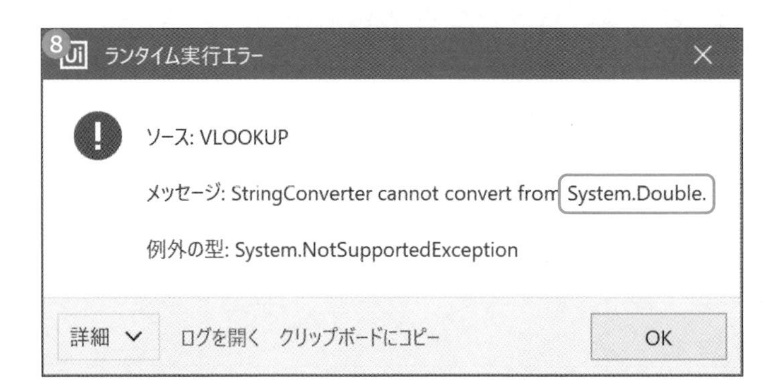

実行すると、範囲で一番左の列が"じゃがいも"となっている行を検索し、その3列目の値が変数「個数」に代入されます。

CSVファイルに書き出す

『CSVにエクスポート』は、指定の範囲をCSVファイルに出力します。CSVファイルとは、カンマ区切り(Comma Separated Values)のテキストファイルです。

❶『Excelプロセススコープ』と『Excelファイルを使用』を配置します(→p.232 Excelファイルの自動化を準備する)。
❷『CSVにエクスポート』を配置します。
❸「書き込み先ファイル」の右端の🗀フォルダーアイコンをクリックし、作成する.csvファイルのパスを指定します(→p.102 パス文字列を操作する)。既存のファイルは上書きされます。
❹「書き込み元」の右端の⊕丸十字アイコンをクリックし、書き出したい範囲を指定します(→p.246 操作したい範囲を指定する)。

パンくず Excelプロセススコープ > Excelファイルを使用 > CSVにエクスポート

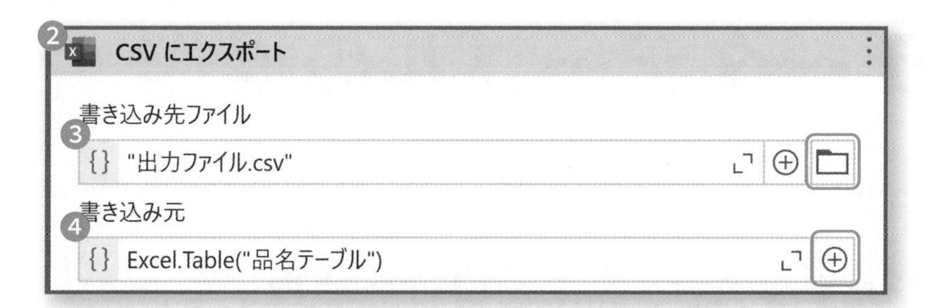

実行すると、指定した範囲が.csvファイルに書き込まれます。

Hint

ファイルに出力する値の書式

出力する値の書式は、『Excelファイルを使用』の「読み取る値の書式」で調整できます。

Hint

書き込み先ファイルのエンコーディングはUTF-8

このファイルをExcelで開くと、日本語が文字化けしてしまいます。これを避けるには、『CSVにエキスポート』ではなく、『CSVに書き込み』を使います。データテーブルに読み込んでからShift JISで出力すると、Excelで開いても文字化けしないCSVファイルになります。

4-11 データテーブルの操作

データテーブルを使うと、高度な操作も簡単にできる

Excelを直接操作するよりも、データテーブルの方がずっと高速に処理できます。範囲が大きいときはデータテーブルに読み込んで処理を行い、データの更新があればExcelの範囲に書き戻す、という手順で操作することをお勧めします。数式と書式はデータテーブルに読み込めませんが、同じ範囲に書き戻してもその範囲に設定されていた書式は残ります。なお、読み込んだデータテーブルの操作方法については次を参照してください（→ p.349 データテーブルに固有の操作）。

範囲をデータテーブルに読み込む

『範囲を読み込み』は、指定の範囲をDataTable型の変数に読み込みます。

❶『Excelプロセススコープ』と『Excelファイルを使用』を配置します（→p.232 Excelファイルの自動化を準備する）。
❷『範囲を読み込み』を配置します。
❸「範囲」の右端の⊕丸十字アイコンをクリックし、読み込みたい範囲を指定します。
❹「保存先」の右端の⊕丸十字アイコンをクリックし、変数「データテーブル」を作成します。

Hint

『範囲を読み込み』を短い時間で実行するには

範囲が大きいと、『範囲を読み込み』の実行時間がとても長くなることがあります。これを改善するには、プロパティパネルで「読み込む値の書式」を「RawValue」にして、「表示行のみ」をアンチェックします。Excelパッケージは最新バージョンを試してください（→p.65 パッケージをインストールする）。また、デバッグ実行では処理速度がかなり遅くなることにも留意してください（→p.60 ワークフローをデバッグする）。

パンくず Excel プロセススコープ > Excel ファイルを使用 > 範囲を読み込み

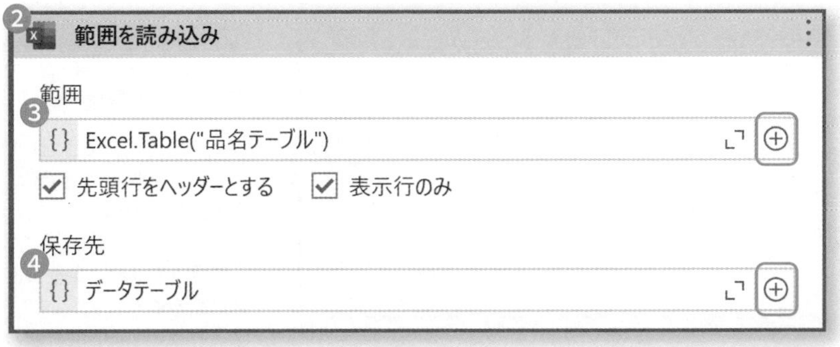

2 範囲を読み込み

範囲
3 {} Excel.Table("品名テーブル")
☑ 先頭行をヘッダーとする　☑ 表示行のみ

保存先
4 {} データテーブル

実行すると、範囲に含まれるデータが変数「データテーブル」に読み込まれます。

データテーブルを範囲に書き込む

『データテーブルをExcelに書き込み』は、DataTable型の変数を指定の範囲に書き込みます。既存の範囲を上書きするので、Excelから読み込んだデータテーブルを同じ範囲に書き戻すのに便利です。「追加」プロパティをTrueにすると、上書きせず範囲の末尾に追加します。

❶『Excelプロセススコープ』と『Excelファイルを使用』を配置します（→p.232 Excelファイルの自動化を準備する）。
❷『データテーブルをExcelに書き込み』を配置します。
❸「書き込む内容」の右端の⊕丸十字アイコンをクリックし、DataTable型の変数を使用します。
❹「ターゲット」の右端の⊕丸十字アイコンをクリックし、書き込み先の範囲を指定します。
❺「追加」をチェックすると、指定した範囲の最初の空行から書き込みます。

パンくず Excelプロセススコープ > Excelファイルを使用 > データテーブルをExcelに書き込み

2 データ テーブルを Excel に書き込み

3 書き込む内容

{} データテーブル

4 ターゲット

{} Excel.Table("品名テーブル")

5 ☐ 追加 ☑ ヘッダーを除外

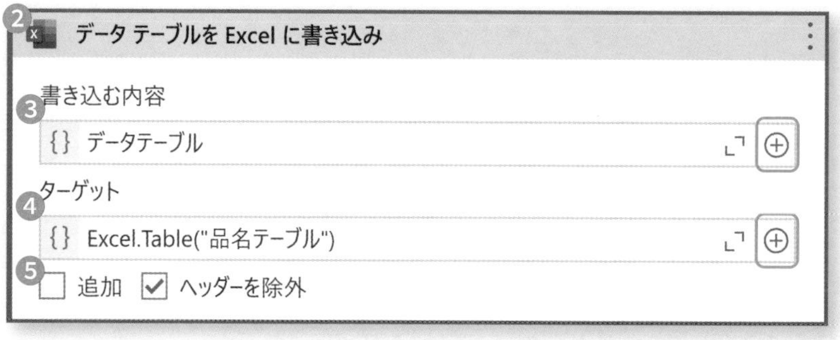

実行すると、変数「データテーブル」の内容が範囲に書き込まれます。『データテーブルをExcelに書き込み』の便利な配置については、次を参照してください（→ p.314 各繰り返しの最後に必ず実行したい処理があるとき）。

Hint

データテーブルでExcelの範囲データを操作する

データテーブルを活用してExcelを操作する手順は、次のようになります。

①範囲をDataTable型の変数に読み取る。
②このDataTable型の変数を更新する。
③この変数を、Excelの同じ範囲に書き戻す。

データテーブルを処理する方法は、次を参照してください。

・p.350 データテーブルを1行ずつ処理する
・p.352 データテーブルに行を追加する
・p.358 データテーブルから行を削除する

このほか、高度な操作方法を多く紹介しています。

・p.349 データテーブルに固有の操作

4-12 列の操作

ワークフローの設計時に、列名を選択できるようにする

範囲と同様に、列も簡単に扱えます。Studio上で操作対象の列を選択できるようにするには、先に『Excelファイルを使用』にExcelファイル名を、その中の各アクティビティに範囲を指定してください。

列を削除する

『列を削除』は、指定の範囲の指定の列を削除します。

❶『Excelプロセススコープ』と『Excelファイルを使用』を配置します（→p.232 Excelファイルの自動化を準備する）。
❷『列を削除』を配置します。
❸「ソース」の右端の⊕丸十字アイコンをクリックし、削除したい列を含む範囲を指定します（→p.246 操作したい範囲を指定する）。
❹「列名」の右端の⊕丸十字アイコンをクリックし、「Range」をホバーして、削除したい列の名前を選択します。

パンくず Excelプロセススコープ > Excelファイルを使用 > 列を削除

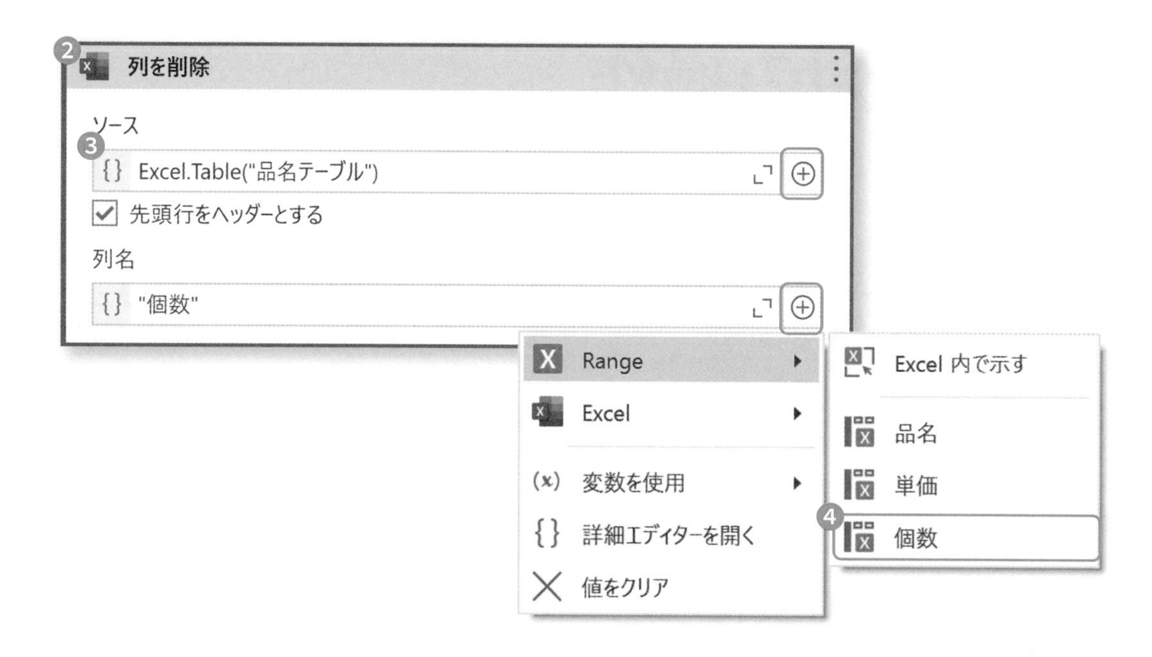

実行すると、指定の列が削除されます。

列を挿入する

『列を挿入』は、指定の範囲に、列を新規に挿入します。挿入する位置は、既存の列の前後いずれかという形で指定できます。

❶『Excelプロセススコープ』と『Excelファイルを使用』を配置します（→p.232 Excelファイルの自動化を準備する）。
❷『列を挿入』を配置します。
❸「範囲」の右端の⊕丸十字アイコンをクリックし、列を挿入したい範囲を指定します（→p.246 操作したい範囲を指定する）。
❹「列基準」の右端の⊕丸十字アイコンをクリックし、「Range」をホバーして、挿入したい列の隣の列名を選択します。
❺「場所」に、列基準の列の前（左側）か、後（右側）に挿入するかを選択します。
❻「ヘッダーを追加」に、挿入する列の列名を入力します。
❼「書式設定」ボタンをクリックします。

パンくず Excel プロセススコープ > Excel ファイルを使用 > 列を挿入

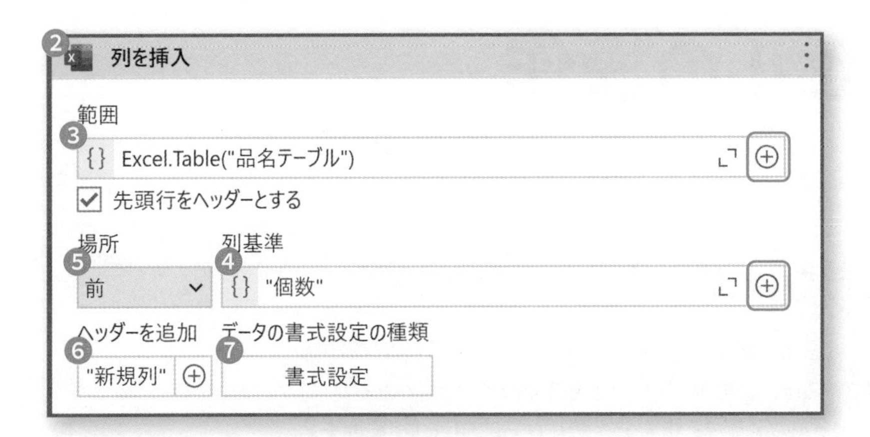

❽表示された「データの書式設定の種類」ダイアログで列の書式を選択します。

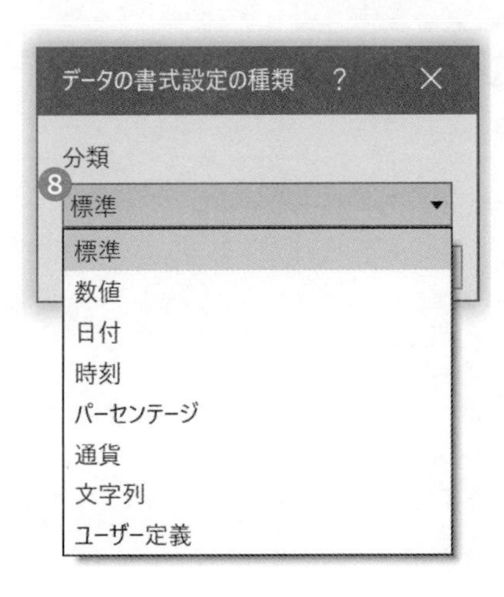

実行すると、指定の位置に新しい列が挿入されます。

4-13 セルの操作

セルに名前をつけておく

Excelモダンアクティビティを使えば、指定のセルを読み書きすることも簡単です。セルに値や数式を読み書きするほか、塗りつぶしの色を読み取ることもできます。対象のセルはアドレスのほか、セルの名前でも指定できます（→p.250 セル/範囲を名前で指定する）。大事なセルには、名前をつけておきましょう。

セルの値を読み込む

『セルの値を読み込み』は、指定のセルの値を変数に読み込みます。

❶『Excelプロセススコープ』と『Excelファイルを使用』を配置します（→p.232 Excelファイルの自動化を準備する）。
❷『セルの値を読み込み』を配置します。
❸「セル」の右端の⊕丸十字アイコンをクリックし、値を読み取りたいセルを選択します（→ p.246 操作したい範囲を指定する）。
❹「保存先」の右端の⊕丸十字アイコンをクリックし、変数「セルの値」を作成します。

パンくず　Excelプロセススコープ > Excelファイルを使用 > セルの値を読み込み

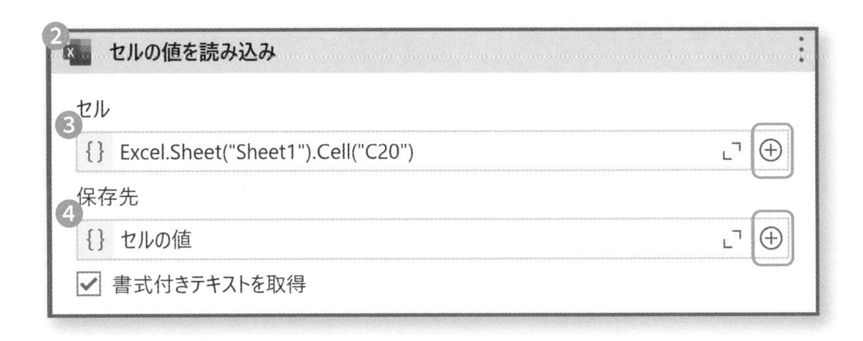

❺実行して次のエラーが出たら、読み込むセルの値に合わせて、変数パネルで変数の型を変更します。この例では、変数「セルの値」の型をSystem.Double（倍精度小数点数）に変更します。

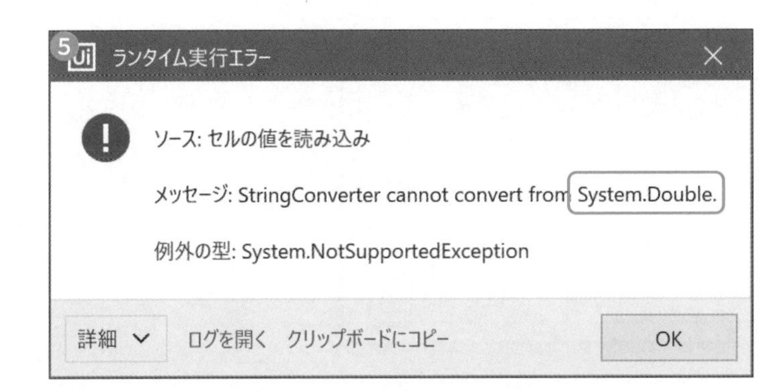

実行すると、指定のセルの値が変数に読み込まれます。プロパティ「書式付きテキストを取得」をチェックしたら、保存先の変数の型は必ずStringにしてください。Falseにしたら、セルの値にあわせて変数の型を適切に設定してください。

Hint
セルの値を別のセルにコピーする

『セルの値を読み込み』の「保存先」に変数を指定する代わりに、右端の⊕丸十字アイコンをクリックしてExcelの別のセルを指定すると、読み込んだ値がこのセルに直接書き込まれます。

●セルから読み取る値の種類と、それに対応する変数の型

セルに入っている生データの種類	保存先に指定できる変数の型
テキスト	System.String
数字	System.Double
通貨	System.Decimal
日時	System.DateTime
真偽値（TrueもしくはFalse）	System.Boolean

セルの数式を読み取る

『セルの数式を読み込み』は、指定のセルの数式をString型の変数に読み込みます。

❶『Excelプロセススコープ』と『Excelファイルを使用』を配置します（→p.232 Excelファイルの自動化を準備する）。
❷『セルの数式を読み込み』を配置します。
❸「セル」の右端の⊕丸十字アイコンをクリックし、数式を読み取りたいセルを選択します（→ p.246 操作したい範囲を指定する）。

❹「保存先」の右端の⊕丸十字アイコンをクリックし、変数「セルの数式」を作成します（→p.50 変数の作成と利用）。

パンくず Excelプロセススコープ > Excelファイルを使用 > セルの数式を読み込み

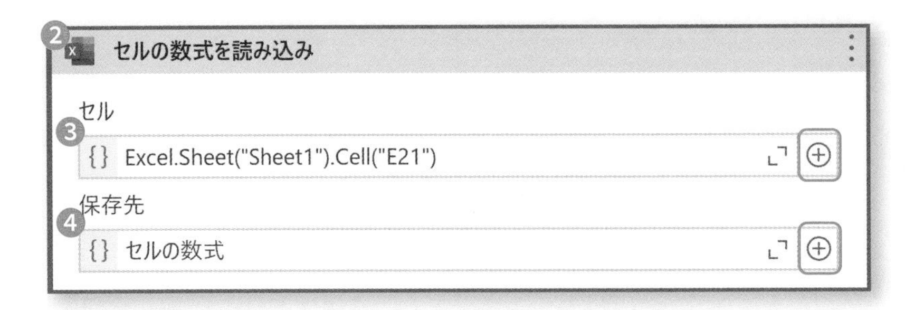

セルの塗りつぶしの色を読み取る

『セルの色を取得』は、指定のセルの色を読み取ります。

❶『Excelプロセススコープ』と『Excelファイルを使用』を配置します（→p.232 Excelファイルの自動化を準備する）。
❷『セルの色を取得』を配置します。
❸「セル」の右端の⊕丸十字アイコンをクリックし、色を読み取りたいセルを指定します（→ p.246 操作したい範囲を指定する）。
❹「色」の右端の⊕丸十字アイコンをクリックし、変数「セルの色」を作成します。

パンくず Excelプロセススコープ > Excelファイルを使用 > セルの色を取得

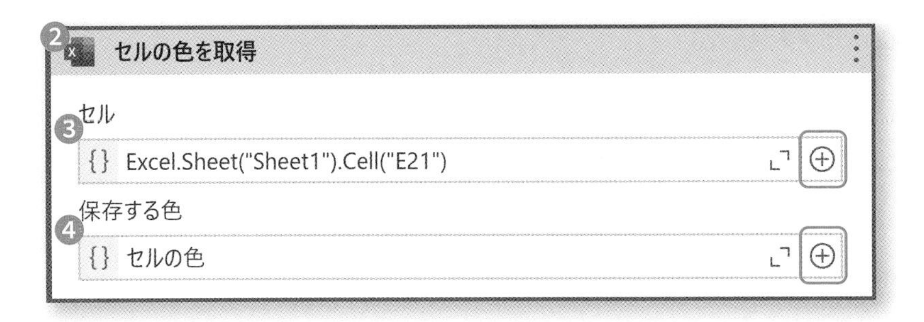

実行すると、変数「セルの色」に色データが読み込まれます。このColor型の変数「セルの色」の内容を解釈する方法は、次を参照してください（→p.257 セルから読み取れるデータの種類）。

セルに値を書き込む

『セルに書き込み』は、指定のセルに変数の値を書き込みます。変数の型については次を参照してください（→p.286 セルの値を読み込む）。

❶『Excelプロセススコープ』と『Excelファイルを使用』を配置します（→p.232 Excelファイルの自動化を準備する）。
❷『セルに書き込み』を配置します。
❸「書き込む内容」に、書き込みたい値を指定します。ここでは、次のように指定します。

```
"新しい値"
```

Stringのほか、Int32やDouble、DateTimeなどの値を指定できます。
❹「書き込む場所」の右端の⊕丸十字アイコンをクリックし、書き込み先のセルを選択します（→ p.246 操作したい範囲を指定する）。

パンくず Excelプロセススコープ > Excelファイルを使用 > セルに書き込み

Hint
セルに数式を書き込むには

最初の文字が=になっているテキストを『セルに書き込み』に指定してください。たとえば、"=SUM(C3:C7)"のように数式を指定できます。

実行すると、変数「セルの値」にセルの値が読み込まれます。

列のセルに連続して書き込む

繰り返しの中に配置した『セルに書き込み』の「行を自動インクリメント」をチェックすると、指定のセルから下の方向に連続して書き込みます。

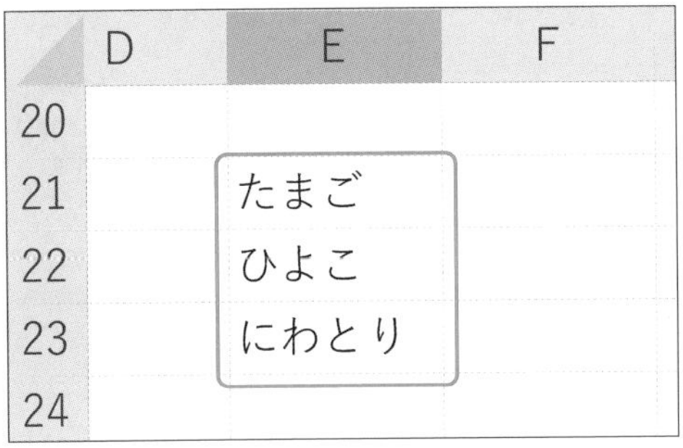

Hint
書き始めのセルの位置を知るには

『最初/最後のデータ行を検索』があります（本書では説明していません）。

パンくず Excel プロセススコープ > Excel ファイルを使用 > 繰り返し（コレクションの各要素）

繰り返し (コレクションの各要素)
繰り返し
currentItem
次のコレクション内の各要素:
{ "たまご", "ひよこ", "にわとり" }
セルに書き込み
書き込む内容
currentItem
書き込む場所
Excel.Sheet("Sheet1").Cell("E21")
行を自動インクリメント

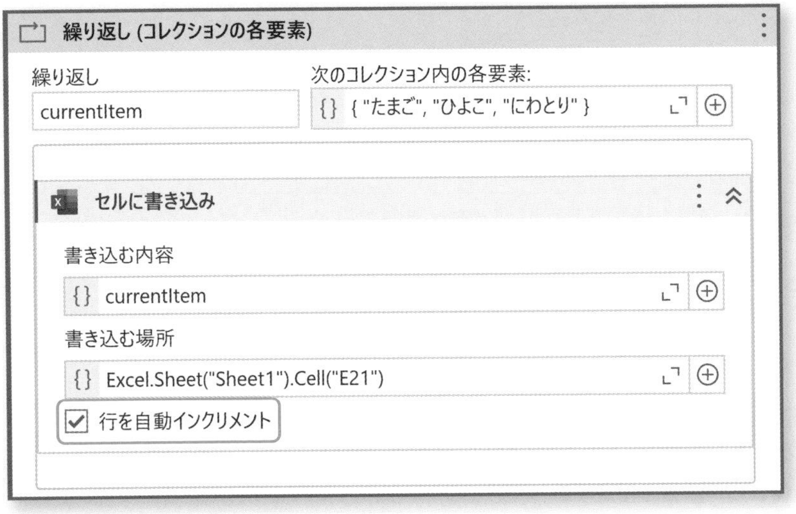

実行すると、E21のセルから下方向に連続して書き込みます。

	D	E	F
20			
21		たまご	
22		ひよこ	
23		にわとり	
24			

4-14 ブックの操作

ブックとは、Excelファイルのこと

Excelファイルを指してブックともいいます。ブックを操作するアクティビティは、アクティビティパネルの「ブック」カテゴリにあります。

Excelファイルを保存する

『Excelファイルを保存』は、『Excelファイルを使用』で使用中のExcelファイルを保存します。

❶『Excelプロセススコープ』と『Excelファイルを使用』を配置します（→p.232 Excelファイルの自動化を準備する）。
❷『Excelファイルを保存』を配置します。
❸「ファイル」の右端の⊕丸十字アイコンをクリックし、『Excelファイルを使用』で指定した参照名を選択します。

パンくず Excelプロセススコープ > Excelファイルを使用 > Excelファイルを保存

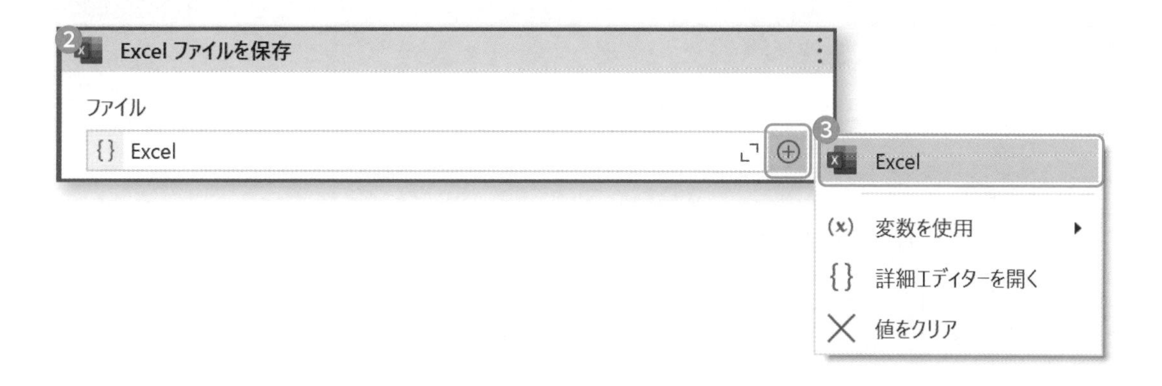

実行すると、参照名「Excel」で指定したExcelファイルが保存されます。

●保存したいタイミングに応じて、設定すべきプロパティ

保存するタイミング	『Excelファイルを使用』の「変更を保存」	『繰り返し（Excelファイルの各行）』の「各行の後に保存」	『Excelファイルを保存』の配置
ファイルを変更する各アクティビティの実行が完了するたび	**True**	False	不要
1行を処理するたび	False	**True**	不要
任意のタイミングで	False	False	**保存したい場所に配置**

名前を付けてExcelファイルを保存する

『名前を付けてExcelファイルを保存』は、ファイルを別の名前と形式で保存します。

❶『Excelプロセススコープ』と『Excelファイルを使用』を配置します（→p.232 Excelファイルの自動化を準備する）。
❷『名前を付けてExcelファイルを保存』を配置します。
❸「ブック」の右端の⊕丸十字アイコンをクリックし、『Excelファイルを使用』で指定した参照名を選択します。
❹「ファイルパス」に、新しいファイル名を入力します（→p.102 パス文字列を操作する）。

パンくず　Excelプロセススコープ > Excelファイルを使用 > 名前を付けてExcelファイルを保存

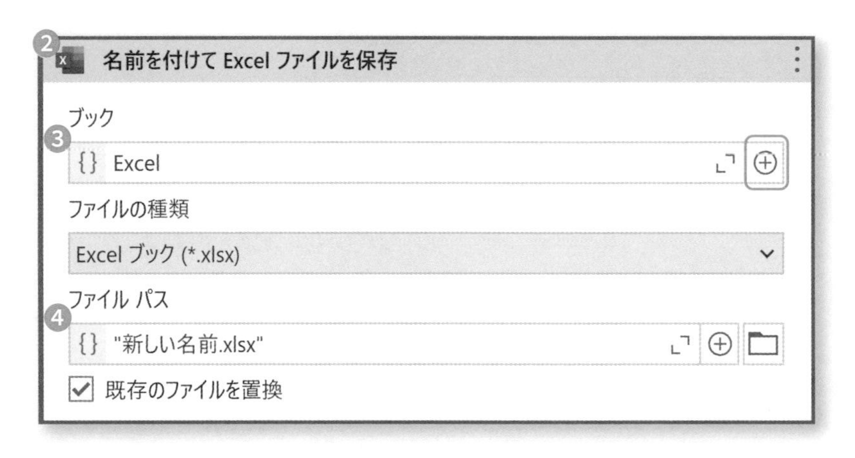

Hint

Excelファイルを保存するタイミングを制御する

ファイルを頻繁に保存すると処理は遅くなりますが、データを失う危険は少なくなります。一方で保存の頻度が少ないと処理は早いのですが、自動化が異常終了したときに保存前のデータが失われてしまいます（例外をキャッチしたら保存してから再スローすることで回避はできます）。要件に合わせて、各アクティビティのプロパティを適切に設定してください。多くの場合、1行を処理するたびに保存するのが適切でしょう。

実行すると、参照名「Excel」で指定したExcelファイルが「新しい名前.xlsx」という名前で保存されます。

●『名前を付けてExcelファイルを保存』がサポートするファイル形式

サポートするファイル形式	拡張子
Excelブック	.xlsx
Excelバイナリブック	.xlsb
Excelマクロ有効ブック	.xlsm
Excel 97-2003ブック	.xls

Excelファイルを PDFとして保存する

『ExcelファイルをPDFとして保存』は、指定のExcelファイルに含まれるすべてのシートをPDFファイルとして保存します。

❶『Excelプロセススコープ』と『Excelファイルを使用』を配置します（→p.232 Excelファイルの自動化を準備する）。
❷『ExcelファイルをPDFとして保存』を配置します。
❸「ブック」の右端の⊕丸十字アイコンをクリックし、『Excelファイルを使用』で指定した参照名を選択します。
❹「ファイルパス」に、作成するPDFファイルの名前を指定します（→p.102 パス文字列を操作する）。

パンくず Excelプロセススコープ > Excelファイルを使用 > ExcelファイルをPDFとして保存

Excel ファイルを PDF として保存
ブック
{} Excel
ファイル パス
{} "新しいPDFファイル.pdf"
☑ 既存のファイルを置換

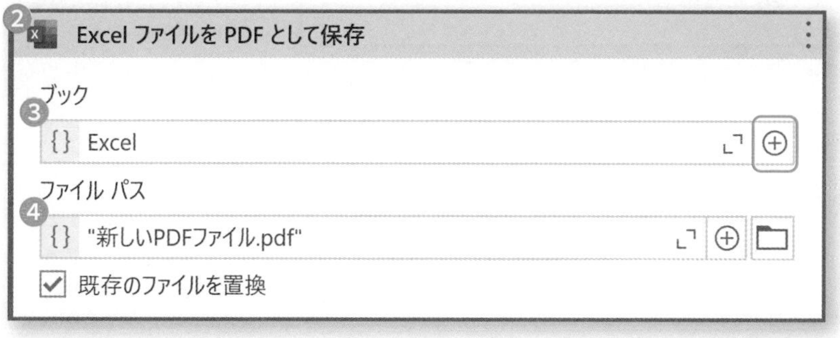

Hint
同名のファイルが存在するとき

ArgumentException 例外がスローされ、ファイルは上書きされません。これを避けるには、「既存のファイルを置換」をチェックしてください。

実行すると、『Excelファイルを使用』で指定したファイルを「新しいPDFファイル.pdf」という名前で保存します。

マクロを実行する

『スプレッドシートのマクロを実行』は、Excelファイルに設定されたマクロを実行します。

❶『Excelプロセススコープ』と『Excelファイルを使用』を配置します（→p.232 Excelファイルの自動化を準備する）。
❷『スプレッドシートのマクロを実行』を配置します。
❸「元のブック」の右端の⊕丸十字アイコンをクリックし、『Excelファイルを使用』の参照名を選択します。
❹「マクロ名」に、実行したいマクロ名を入力します。

パンくず Excel プロセススコープ > Excel ファイルを使用 > スプレッドシートのマクロを実行

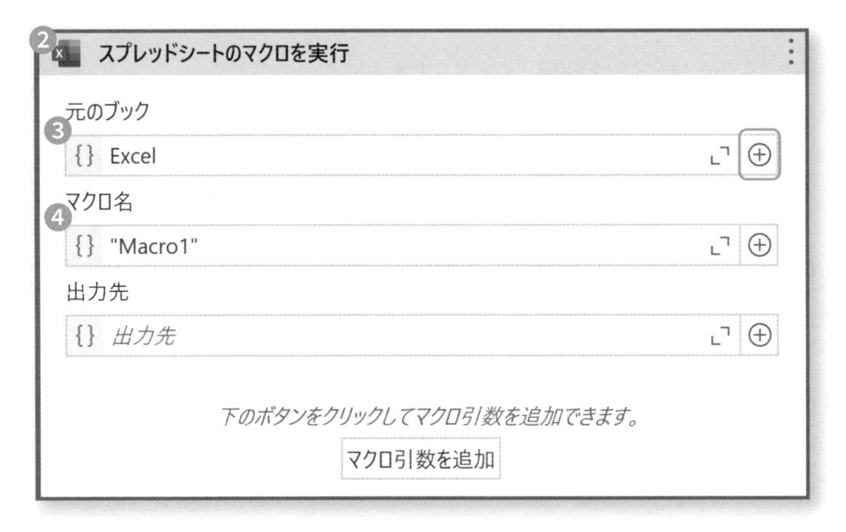

Hint

マクロに受け渡す引数

マクロに渡したい引数があれば、「マクロ引数を追加」ボタンで追加できます。また、マクロから返された値は「出力先」に作成した変数で受け取れます。

実行すると、マクロ「Macro1」が実行されます。

マクロが表示したメッセージボックスを閉じる

Excelマクロがメッセージボックスを表示すると、それが閉じられるまで『スプレッドシートのマクロを実行』は止まってしまいます。そのため、その直後に配置した『クリック』では、このメッセージボックスを閉じることができません。これを閉じるには、『並列』を配置して、この中に『スプレッドシートのマクロを実行』と『クリック』を横に並べます。

パンくず Excelプロセススコープ > Excelファイルを使用 > 並列

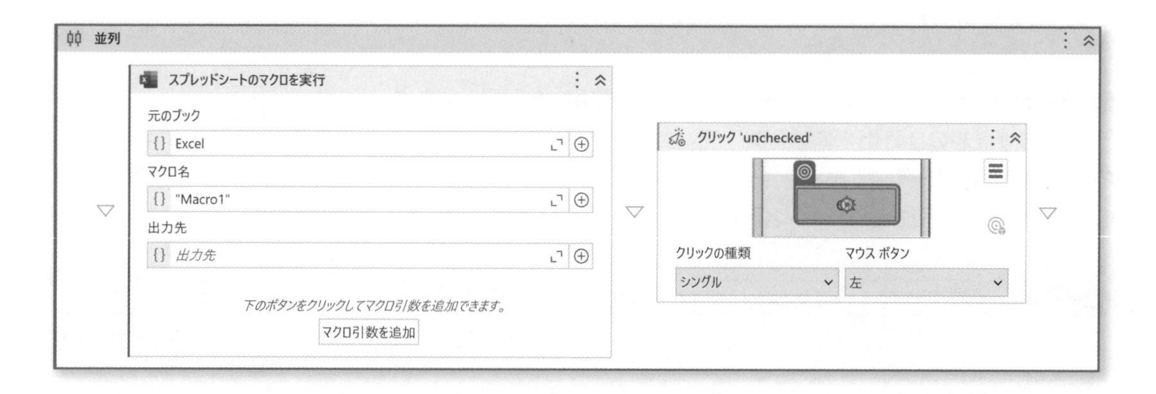

なお、この方法は、以前からクラシックの『マクロを実行』で使えましたが、モダンの『スプレッドシートのマクロを実行』ではうまく動きませんでした。Excelパッケージv2.20からは、『スプレッドシートのマクロを実行』でもこのテクニックが使えるようになりました。

Hint

『並列』の「条件」プロパティ

このプロパティは、『並列』の終了条件を指定します。

・**True**……いずれか1つのレーンが終了したら、それ以外のレーンの実行はキャンセルされて『並列』を出ます。
・**False**……すべてのレーンが終了してから、『並列』を出ます。

4-15 シートの操作

シートを挿入する

『シートを挿入』は、新しい空のシートを挿入します。

❶『Excelプロセススコープ』と『Excelファイルを使用』を配置します（→p.232 Excelファイルの自動化を準備する）。
❷『シートを挿入』を配置します。
❸「シート名」に作成したいシート名を入力します。

Hint
作成されたシートは「新しいシートの参照名」で取得できる

ここに作成した変数は、シートを操作するアクティビティで「Excel.Sheet("Sheet1")」のような式の代わりに指定できます。

パンくず Excelプロセススコープ > Excelファイルを使用 > シートを挿入

シートを挿入	
シートを作成するブック	{} Excel
シート名	{} "新しいシート"
新しいシートの参照名	{} シートの参照名を入力してください。

実行すると、「新しいシート」が作成されます。

シートを複製する

『シートを複製』は、既存のシートをコピーして新しいシートを作成します。

❶『Excelプロセススコープ』と『Excelファイルを使用』を配置します（→p.232

Excelファイルの自動化を準備する)。
❷『シートを複製』を配置します。
❸「複製するシート」の右端の⊕丸十字アイコンをクリックし、元のシートを選択します。
❹「新しいシート名」に作成したいシート名を入力します。

パンくず Excelプロセススコープ > Excelファイルを使用 > シートを複製

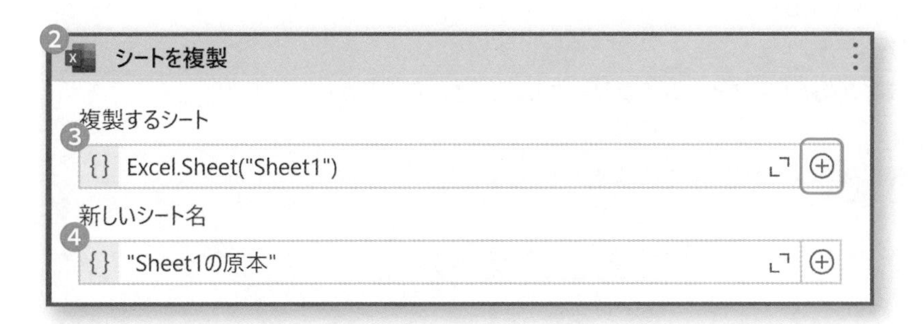

実行すると、シート「Sheet1」のコピー「Sheet1の原本」が作成されます。

シートを削除する

『シートを削除』は、指定したシートを削除します。

❶『Excelプロセススコープ』と『Excelファイルを使用』を配置します(→p.232 Excelファイルの自動化を準備する)。
❷『シートを削除』を配置します。
❸「削除するシート」の右端の⊕丸十字アイコンをクリックし、削除したいシートを選択します。

パンくず Excelプロセススコープ > Excelファイルを使用 > シートを削除

実行すると、指定したシートが削除されます。

シート名を変更する

『シート名を変更』は、指定したシートの名前を変更します。

❶『Excelプロセススコープ』と『Excelファイルを使用』を配置します（→p.232 Excelファイルの自動化を準備する）。
❷『シート名を変更』を配置します。
❸「変更するシート」の右端の⊕丸十字アイコンをクリックし、名前を変更したいシートを選択します。
❹「新しいシート名」に、変更後のシート名を入力します。

パンくず　Excelプロセススコープ > Excelファイルを使用 > シート名を変更

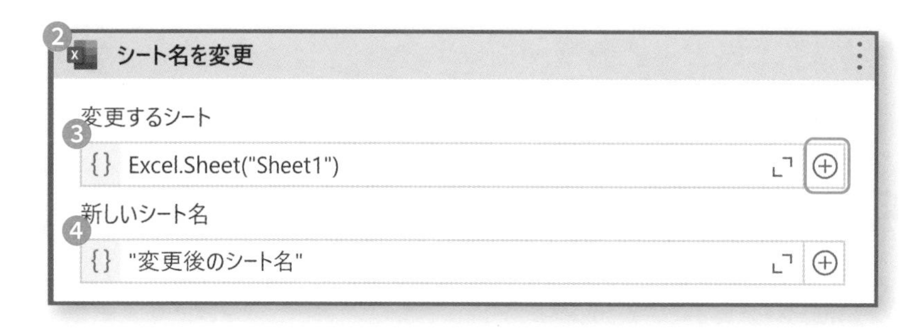

実行すると、シート「Sheet1」の名前が「変更後のシート名」に変更されます。

シートを保護する

『シートを保護』は、指定したシートを読み取り専用にして、誤操作によるデータの変更を抑止します。

❶『Excelプロセススコープ』と『Excelファイルを使用』を配置します（→p.232 Excelファイルの自動化を準備する）。
❷『シートを保護』を配置します。
❸「シート」の右端の⊕丸十字アイコンをクリックし、保護したいシートを選択します。

❹「パスワード」に、設定したいパスワードを指定します。

パンくず Excel プロセススコープ > Excel ファイルを使用 > シートを保護

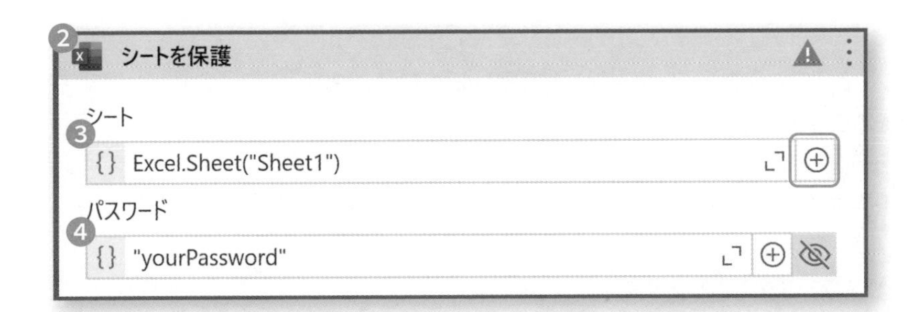

❺必要に応じて、プロパティパネルの「追加の権限」に、保護したシート上で許可する操作を指定します。Excelの「校閲」リボンの「シートの保護」ボタンを押したときと同じものを選択できます。

プロパティ
UiPath.Excel.Activities.Business.ProtectSheetX
オプション
追加の権限
None
その他
プライベート
入力
シート
パスワード
パスワード (SecureString)
共通
表示名
AllowDeletingColumns
AllowDeletingRows
DrawingObjects
Scenarios
AllowFiltering
AllowFormattingCells
AllowFormattingColumns
AllowFormattingRows
AllowInsertingColumns
AllowInsertingHyperlinks
AllowInsertingRows
AllowSorting
AllowUsingPivotTables

Hint

Excelでシートを保護するには

「校閲」リボンの「シートの保護」ボタンで行えます。

実行すると、シート「Sheet1」は保護されて書き込めなくなります。アクティビティを使っても、このシートに書き込みはできません。

シートの保護を解除する

『シートの保護を解除』は、シートの保護を解除します。保護するときに設定したパスワードが必要です。

❶『Excelプロセススコープ』と『Excelファイルを使用』を配置します（→p.232 Excelファイルの自動化を準備する）。
❷『シートの保護を解除』を配置します。
❸「シート」の右端の⊕丸十字アイコンをクリックし、保護を解除したいシートを選択します。
❹「パスワード」に、正しいパスワードを入力します。

パンくず Excelプロセススコープ > Excelファイルを使用 > シートの保護を解除

シートの保護を解除
シート
Excel.Sheet("Sheet1")
パスワード
"yourPassword"

Hint
シートの保護を解除するには

Excelでシートの保護を解除するには、「校閲」リボンの「シート保護の解除」ボタンで行えます。

実行すると、「Sheet1」の保護が解除され、書き込める状態に戻ります。

すべてのシート名を列挙する

『繰り返し（Excelの各シート）』は、すべてのシート名を列挙します。

❶『Excelプロセススコープ』と『Excelファイルを使用』を配置します（→p.232 Excelファイルの自動化を準備する）。
❷『繰り返し（Excelの各シート）』を配置します。
❸「ブック」の右端の⊕丸十字アイコンをクリックし、『Excelファイルを使用』の参照名を選択します。
❹シート名を使いたいアクティビティを配置します。ここでは『メッセージボックス』を配置します。

Hint
列挙したシートを、ほかのアクティビティで処理する

繰り返し変数「CurrentSheet」は、『シート名を変更』などのシートを処理するアクティビティに指定できます。

❺「テキスト」の右端の⊕丸十字アイコンをクリックし、「CurrentSheet」→「名前」を選択します。

パンくず Excelプロセススコープ > Excelファイルを使用 > 繰り返し（Excelの各シート）

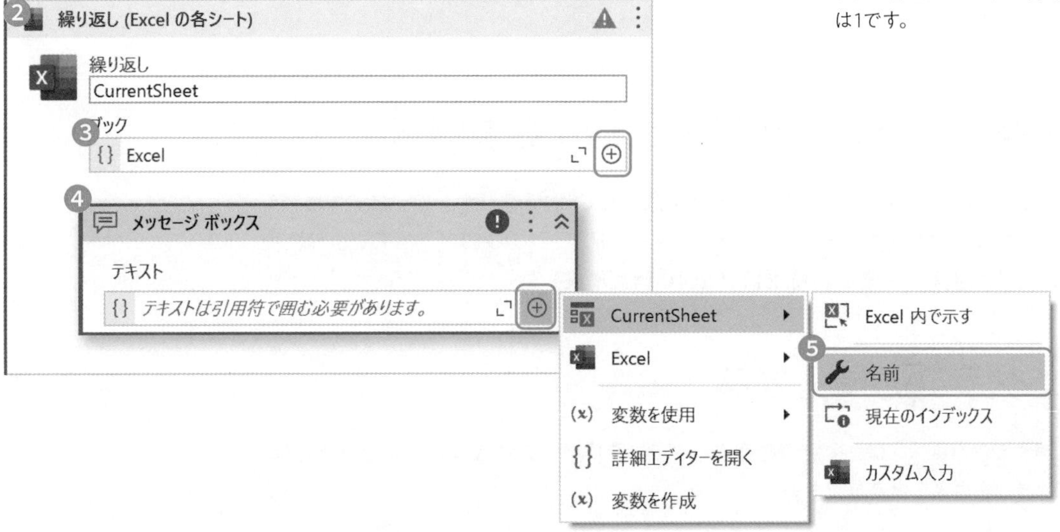

実行すると、すべてのシートの名前を左から順に列挙します。

Hint

現在のシートの番号を取得するには

CurrentSheetの「現在のインデックス」で取得できます。一番左のシートの番号は1です。

Hint

条件に合う名前のシートだけを処理するには

『繰り返し（Excelの各シート）』の中に『条件分岐（else if）』を配置し、シート名が条件に合わなければ『現在の繰り返しをスキップ』してください（→p.92 条件式を書く/p.54 複数の項目を1つずつ処理する）。

4

4-16 グラフの操作

操作したいグラフの名前を確認する

Excelでグラフを作成するには、範囲を選択して「挿入」リボンの「おすすめグラフ」ボタンをクリックしてください。テーブルと同じく、グラフの名前もExcelの名前ボックスで変更できます（→p.243 Excelの画面構成）。

グラフを挿入する

『グラフを挿入』は、指定の範囲からグラフを作成します。この名前やタイトルは、『グラフを更新』で変更できます。

❶『Excelプロセススコープ』と『Excelファイルを使用』を配置します（→p.232 Excelファイルの自動化を準備する）。
❷『グラフを挿入』と『グラフを更新』を配置します。
❸作成したいグラフの種類を「グラフのカテゴリ」と「グラフの種類」で指定します。
❹「データ範囲」の右端の⊕丸十字アイコンをクリックし、グラフにしたい範囲を選択します（→p.246 操作したい範囲を指定する）。
❺「挿入先のシート」の右端の⊕丸十字アイコンをクリックし、グラフを挿入するシートを選択します。
❻「グラフの保存先」の右端の⊕丸十字アイコンをクリックし、変数「新しいグラフ」を作成します。
❼『グラフを更新』の「グラフ」の右端の⊕丸十字アイコンをクリックし、変数「新しいグラフ」を使用します。
❽「変更を追加」ボタンをクリックし、「グラフのタイトルを変更」を選択します。
❾「タイトル」にグラフのタイトルを入力します。

パンくず Excel プロセススコープ > Excel ファイルを使用

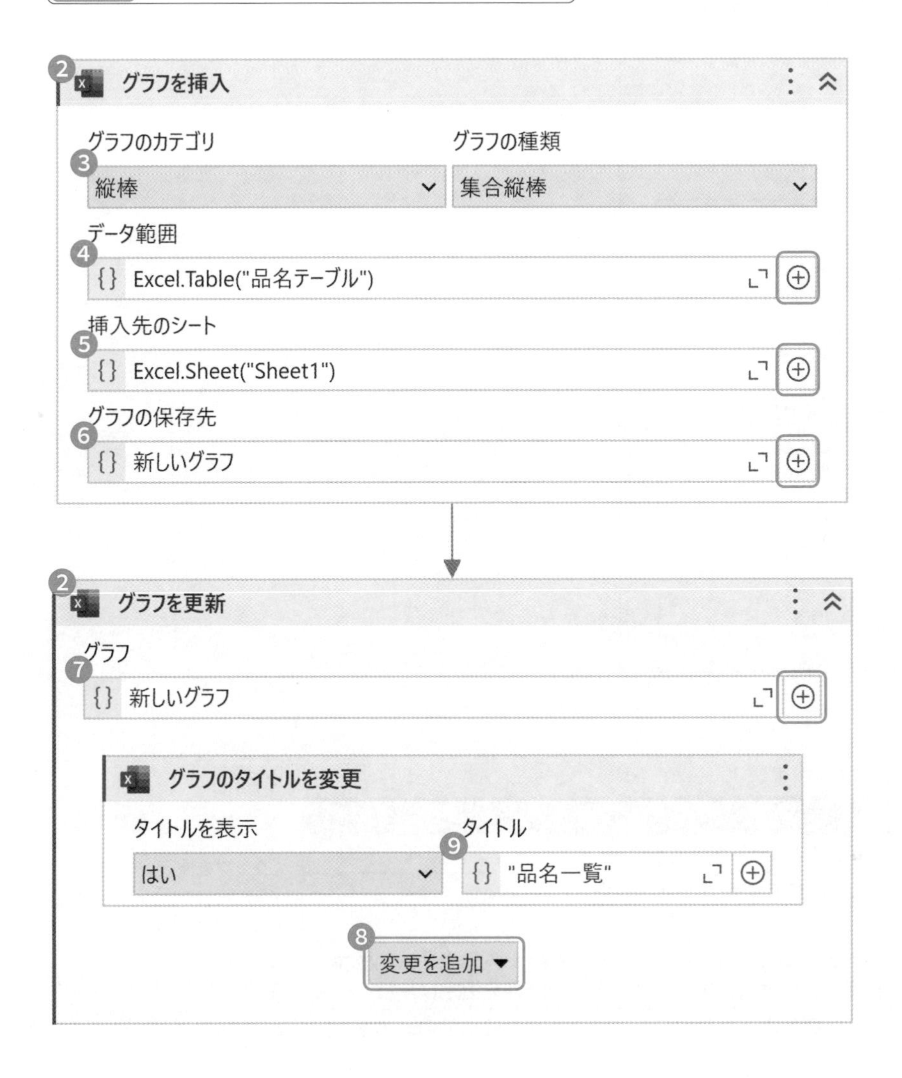

⑩『グラフを挿入』のプロパティ「グラフの上端の位置」と「グラフの左端の位置」で、グラフを挿入する位置を指定します。グラフの位置を指定する数値の単位は、Excel のセルの高さと幅に対応します。

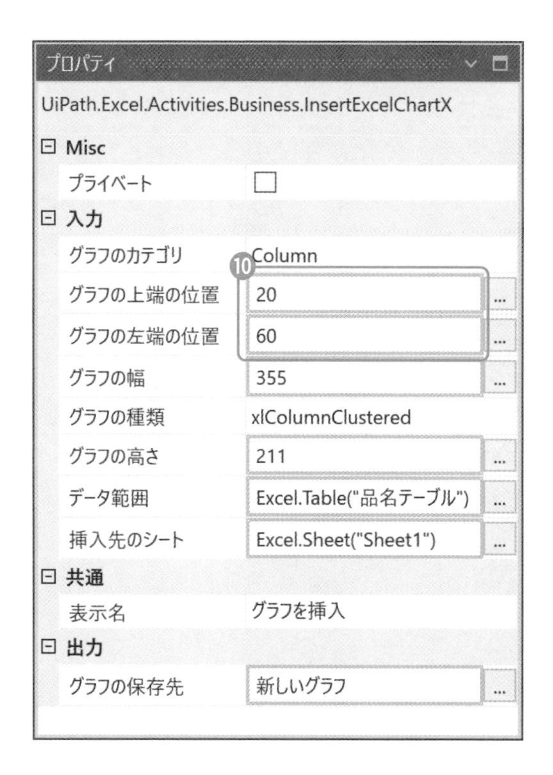

●『グラフを更新』で追加できる変更

変更	説明
データ範囲を変更	グラフにするデータ範囲を変更します
グラフのタイトルを変更	グラフに表示するタイトルを変更します
軸のタイトルを変更	横軸と縦軸のそれぞれについて、軸タイトルの表示／非表示を指定します。表示する場合は、そのタイトルを指定します
軸の最大値／最小値を更新	横軸と縦軸のそれぞれについて、最大値と最小値の両方を指定します
凡例を表示／非表示	グラフに凡例を表示するかどうかを指定します
データラベルを表示／非表示	グラフにデータラベルを表示するかどうかを指定します

Hint

既存のグラフを更新する

『グラフを挿入』で作成したグラフのほか、既存のグラフも更新できます。『グラフを更新』の「グラフ」の右端の⊕丸十字アイコンをクリックし、既存のグラフを選択してください。

グラフをファイルに保存する/クリップボードにコピーする

『グラフを取得』は、グラフの画像をファイルに保存します。クリップボードにコピーすることもできます。

> Hint
> **『グラフを挿入』で追加したグラフをファイルに保存するには**
>
> 直前に配置した『グラフを挿入』の「グラフの保存先」に変数を作成し、これを『グラフを取得』の「グラフ」で使用してください。

❶『Excelプロセススコープ』と『Excelファイルを使用』を配置します（→p.232 Excelファイルの自動化を準備する）。
❷『グラフを取得』を配置します。
❸「グラフ」の右端の⊕丸十字アイコンをクリックし、保存/コピーしたいグラフを選択します。
❹「アクション」で、グラフの保存先を「画像として保存/クリップボードにコピー」のどちらかから選択します。
❺上記の❹で「画像として保存」を選択した場合は、「ファイル名」にファイル名を指定します（→ p.102 パス文字列を操作する）。

パンくず Excelプロセススコープ > Excelファイルを使用 > グラフを取得

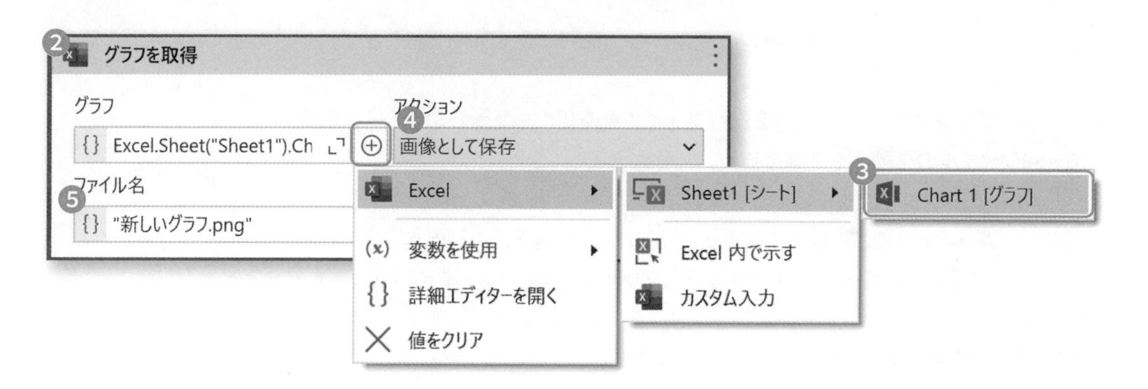

実行すると、指定したグラフの画像がファイルに保存されます。

4-17 ピボットテーブルの操作

ピボットテーブルの名前を確認する

ピボットテーブルを手動で作成するには、Excelで範囲を選択し、「挿入」リボンの「おすすめピボットテーブル」ボタンをクリックします。ピボットテーブルにも必ず名前があります。Excelの名前ボックスで、わかりやすい名前に変更してください（→p.243 Excelの画面構成）。

ピボットテーブルを作成する

『ピボットテーブルを作成』は、指定の範囲からピボットテーブルを作成します。

❶『Excelプロセススコープ』と『Excelファイルを使用』を配置します（→p.232 Excelファイルの自動化を準備する）。
❷『ピボットテーブルを作成』を配置します。
❸「新しい表の名前」に、作成するピボットテーブルの名前を入力します。
❹「ターゲット」の右端の⊕丸十字アイコンをクリックし、空のシートを選択します。
❺「ピボットテーブルフィールドを追加」ボタンをクリックし、ピボットテーブルに追加する列と種類を指定します。
❻必要に応じて、❺の手順を繰り返します。

パンくず Excel プロセススコープ > Excel ファイルを使用 > ピボットテーブルを作成

Hint

「ターゲット」に指定するシート

必要に応じて『シートを挿入』を『ピボットテーブルを作成』の直前に配置し、ピボットテーブル用のシートを作成すると良いでしょう。このとき、『シートを挿入』の「新しいシートの参照名」に作成した変数を、『ピボットテーブルを作成』の「ターゲット」に指定してください。

Hint

ピボットテーブルを手動で作成しておくのも選択肢

作成したいピボットテーブルの形式がいつも同じならあらかじめ手動で作成しておき、そのソースの範囲に『データテーブルをExcelに書き込み』する方が簡単です。

Hint

ピボットテーブルの更新とフィルター

それぞれ『ピボットテーブルを更新』と『ピボットテーブルをフィルター』で行えます。

C#/VB.NETのコードをワークフローから呼び出す

標準のアクティビティでは自動化できない処理でも、.NETの標準ライブラリを直接呼び出すことで実装できることがよくあります。Webには、参考になるC#/VB.NETのサンプルコードがたくさん見つかります。たとえば、p.124で紹介したOpenFileDialogも、.NETの標準の機能です。

VB.NETの値を返すメソッドはFunction、値を返さないメソッドはSubといいます。これは、コード補完ウィンドウで確認できます。

● 値を返すスタティックメソッド / プロパティ

型名に対して、『代入』で呼び出せます。たとえば、DateTime型のNowプロパティを参照するには、次のように『代入』します。

```
現在の日時 = DateTime.Now
```

● 値を返すインスタンスメソッド / プロパティ

インスタンス（値）に対して、『代入』で呼び出せます。たとえば、"ほえほえ"に対してSubstringメソッドを呼び出すには、次のように『代入』します。

```
文字列 = "ほえほえ".Substring(0, 2)
```

● 値を返さないスタティックメソッド

型名に対して、『メソッドを呼び出し』で呼び出せます。型名は「ターゲット型」プロパティに、メソッドの引数は「パラメーター」プロパティに指定してください。たとえば、Thread型のSleepメソッドを呼び出すと、『待機』と同じことができます。

● 値を返さないインスタンスメソッド

インスタンス（値）に対して、『メソッドを呼び出し』で呼び出せます。インスタンスは「ターゲットオブジェクト」プロパティに、メソッドの引数は「パラメーター」プロパティに指定してください。たとえば、List<String>型のAddメソッドを呼び出すと、『リストに項目を追加』と同じことができます。なお、この呼び出しに先立って、New List(Of String) としてインスタンスを作成しておく必要があります（→ p.318 リスト変数の作成と初期化）。

Hint

コード補完ウィンドウ

式ウィンドウなどで、変数のあとにピリオドを入力すると自動で開くウィンドウです。[Ctrl] + [Space] キーを押しても開きます。

Hint

インスタンスの作成について

.NETでは、「New 型名」としてインスタンスを作成できます。これを同じ型の変数に『代入』してください。String型は、Newを使わずにインスタンスを作成できる数少ない型の1つです。

Hint

メソッドの引数

VB.NETでは、引数が1つもないメソッドを呼び出すときは、引数のかっこを省略できます。

第 5 章

配列とデータテーブルの操作

複数の値をまとめて扱う方法には、配列やリスト、辞書などがあります。本書では、これらをまとめて「列挙データ」とよぶことにします。本章では、まず列挙データの基本的な操作として「要素を1つずつ取り出す（列挙する）」方法を説明します。その後、配列やリストなどに固有の操作を紹介した後に、列挙データに共通する多くの操作を紹介します。これらは、データテーブルで複雑な操作をするときにも大変役に立ちます。

5-1 列挙データから、要素を順に取り出す

配列やリストなどは、すべて列挙データの仲間

配列やリストに入っている複数の要素は、先頭から順に取り出せます。このように、先頭から順に要素を列挙できるデータ構造は、すべて列挙データ（IEnumerable<T>型）の仲間です。このTには、要素の型（Type）を指定できます。列挙データには便利な操作が多く用意されています。ここでは、列挙データからT型の要素を順に取り出す方法を説明します。

要素を1つずつ取り出す

『繰り返し（コレクションの各要素）』は、列挙データに含まれる要素を先頭から順に取り出します。

❶『繰り返し（コレクションの各要素）』を配置します。
❷「次のコレクション内の各要素」に、列挙データ（配列やリスト）の変数もしくは値を設定します。ここでは、次の式を設定します。

```
{"にんじん","じゃがいも","たまねぎ"}
```

❸プロパティパネルで、「TypeArgument」にString型を設定します。
❹『メッセージボックス』を配置します。
❺「テキスト」の右端の⊕丸十字アイコンをクリックし、変数「currentItem」（現在のアイテム）を選択します。

Hint

TypeArgumentプロパティ

WindowsプロジェクトのSystemパッケージv23.4以降では、列挙データの型に応じてTypeArgumentが自動で設定されます（ユーザーが指定することはできません）。このTypeArgumentは、プロパティパネルの上部に表示されます。もし意図した型が設定されないときは、列挙データを指定し直してみてください。

Hint

変数「currentItem」

「繰り返し」の変数「currentItem」は、変数パネルに表示されない特殊な変数です。『繰り返し（コレクションの各要素）』の中でだけ使えます。

Hint

「現在のインデックス」プロパティの活用

このプロパティに指定したInt32型の変数は、繰り返すたびに自動で1ずつインクリメント（加算）されます。最初の値はゼロです。

繰り返し変数の型を、TypeArgumentプロパティで指定する

前述のように、『繰り返し（コレクションの各要素）』の繰り返し変数の型は、TypeArgumentプロパティで指定してください。既定のまま（Object型）では、繰り返し変数に対して使えるはずの操作が使えないからです。TypeArgumentプロパティに適切な型を指定すると、この変数の直後にピリオドを入力したとき、使える操作がすべて表示されるようになります。

Hint

コード補完ウィンドウを手動で開くには

ピリオドを入力してもコード補完ウィンドウが開かないときは、[Ctrl]＋[Space]キーを押してください。コード補完ウィンドウを手動で開くことができます。

TypeArgumentがObjectのままのとき

パンくず 繰り返し（コレクションの各要素）> メッセージボックス

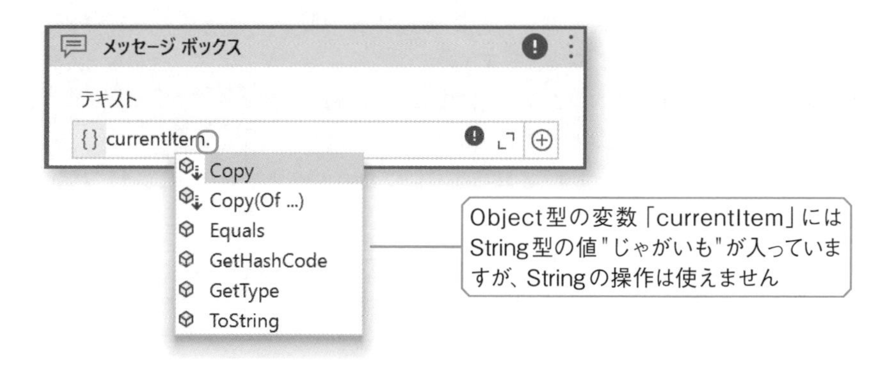

TypeArgumentにStringを指定したとき

パンくず 繰り返し（コレクションの各要素）> メッセージボックス

String型の変数「currentItem」に対しては、Stringの便利な操作がすべて使えます

TypeArgumentプロパティに指定すべき型を確認する

Stringの配列のほか、さまざまなコレクション（列挙データ）を扱う機会があります。このコレクションに含まれる要素の型に応じて、『繰り返し（コレクションの各要素）』のTypeArgumentプロパティを適切に設定してください。要素と適合しない型をTypeArgumentに指定すると、実行時エラーになってしまいます。

Systemパッケージv22.4.5以降では、指定したコレクションに応じて、自動でTypeArgumentプロパティが設定されます。ただし、型を正しく検出できない場合には、このプロパティにObject型が設定されてしまいます。これでは不便なので、その場合は適切な型を手動で設定してください。

TypeArgumentプロパティに指定すべき型がわからないときは、『メッセージボックス』に次の式を指定し、ワークフローを実行してください。指定すべき型を確認できます。

```
currentItem.GetType
```

Hint

型の検出機能の改善

Systemパッケージv23.4以降では、この型の検出機能が改善され、ほぼ間違えることがなくなりました。これに伴い、TypeArgumentは『繰り返し（コレクションの各要素）』のプロパティパネルに表示されないようになります。もし、要素の型を正しく検出できないコレクション式を見つけたら、ぜひUiPathにお知らせください。型の自動検出機能をさらに改善していきたいと思います。

パンくず 繰り返し（コレクションの各要素）> メッセージボックス

メッセージ ボックス

テキスト

{} currentItem.GetType

実行すると、要素の値の型が表示されます。これをTypeArgumentプロパティに指定してください

繰り返しの流れを制御する

『現在の繰り返しをスキップ』と『繰り返しを終了』は、繰り返し処理の実行の流れを制御します。これらは『繰り返し（コレクションの各要素）』のほか、任意の繰り返し系アクティビティの中に配置できます。

『現在の繰り返しをスキップ』

現在の要素をスキップして繰り返しの先頭に戻り、次の要素に進みます。

『繰り返しを終了』

現在の要素と残りの要素をすべてスキップし、この『繰り返し』を終了します。

パンくず 繰り返し（コレクションの各要素）> 条件分岐（else if）

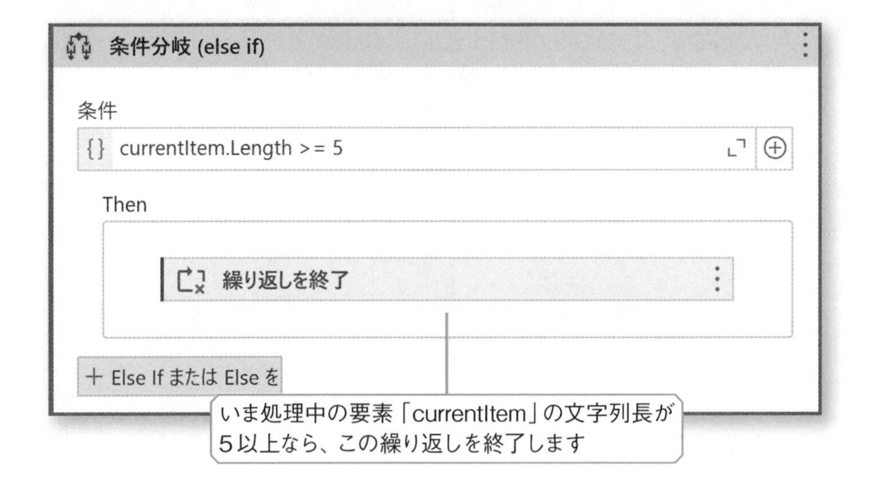

Hint

アクティビティ名の変更

『現在の繰り返しをスキップ』と『繰り返しを終了』は、以前はそれぞれ『繰り返しをコンティニュー』と『繰り返しをブレーク』という名前でした。Systemパッケージ v22.10.4で、わかりやすいように現在の名前に変更されました。

各繰り返しの最後に必ず実行したい処理があるとき

『繰り返し（コレクションの各要素）』の中に『トライキャッチ』を配置し、System.ExceptionのCatch節を作成してください。すると、その『トライキャッチ』のFinally節は、各要素を繰り返した後に必ず実行されます。

❶ Try節の最後まで実行すると、Finally節を実行してから繰り返しの先頭に戻り、次の要素に進みます。
❷ Try節の中で『現在の繰り返しをスキップ』すると、Finally節を実行してから繰り返しの先頭に戻り、次の要素に進みます。
❸ Try節の中で『繰り返しを終了』すると、Finally節を実行してから繰り返しを終了します。
❹ Try節の中で例外が発生すると、Catch節とFinally節を順に実行してから繰り返しの先頭に戻り、次の要素に進みます。

上記の動作は、ほかの繰り返し系アクティビティの中に『トライキャッチ』を配置したときも同様です。各要素の最後に必ず実行したい処理があるとき、とても便利です。たとえば、Excelの範囲をデータテーブルで処理するときは、『繰り返し（データテーブルの各行）』の中に『トライキャッチ』を配置し、そのFinally節に『テーブルをExcelに書き込み』を配置すると快適です。

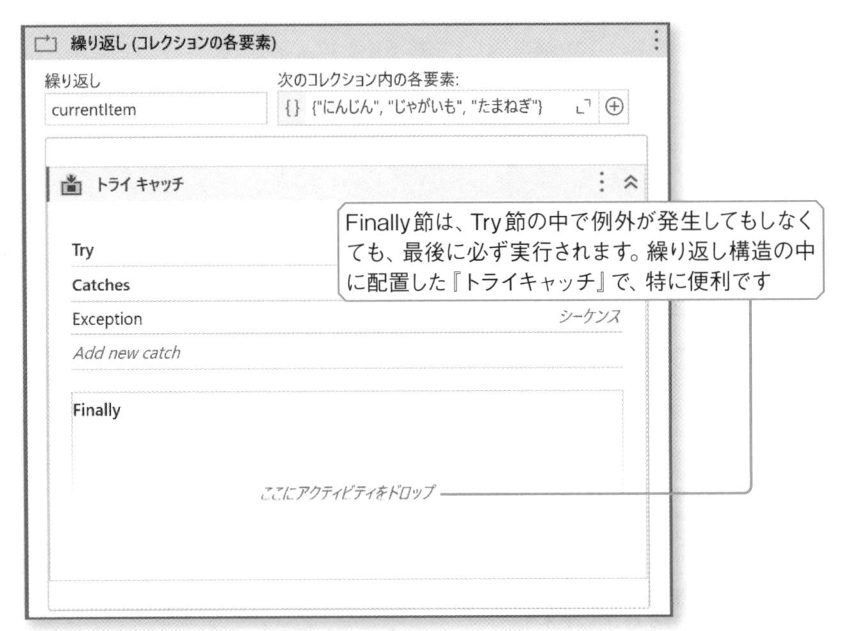

Hint

Finally節を使うときの注意

Finally節を使うときは、必ずSystem.ExceptionのCatch節を追加してください。これは、Finally節が必ず実行されるようにするために必要です。その場合でも、Catch節の中で例外をスロー／再スローすると、Finally節は実行されません。これは、『トライキャッチ』が例外を漏らすときは、そのFinally節は実行されないという制限のためです。そのため、Finally節を使うときは、Catch節の中で例外をスローしないでください。

Hint

Catch節の中には、必ずエラー処理を書いておく

さもないと、発生したエラーを握りつぶしてなかったことにしてしまうため、トラブルシュートが困難になります。エラー処理の書き方については次を参照してください（→p.56『トライキャッチ』を構成する）。

5-2 配列に固有の操作

同じ種類（型）の値をまとめて扱うには、配列が便利

配列の操作はとても簡単ですが、要素の追加/削除はできません。それが必要なときは、配列の代わりにリストを使ってください。ここではテキスト（String型）の配列の使い方を示しますが、ほかの型の配列も同じように操作できます。

配列変数の作成と初期化

ここでは、Stringの配列変数を3つの要素で初期化します。

❶変数パネルを開いて「変数を作成」をクリックします。
❷変数名に「食材の配列」と入力します。
❸変数の型を開き、「Array of [T]」を選択します。

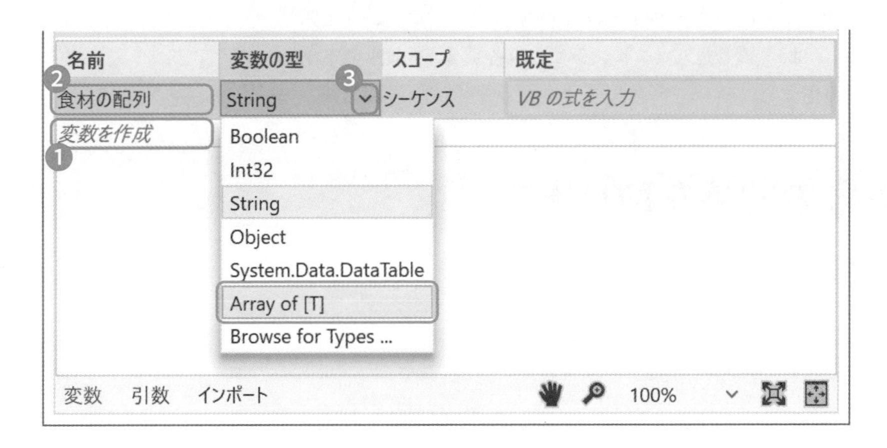

❹「型を選択」ウィンドウが表示されます。
❺型引数Tに「String」を選択して、「OK」ボタンをクリックします。

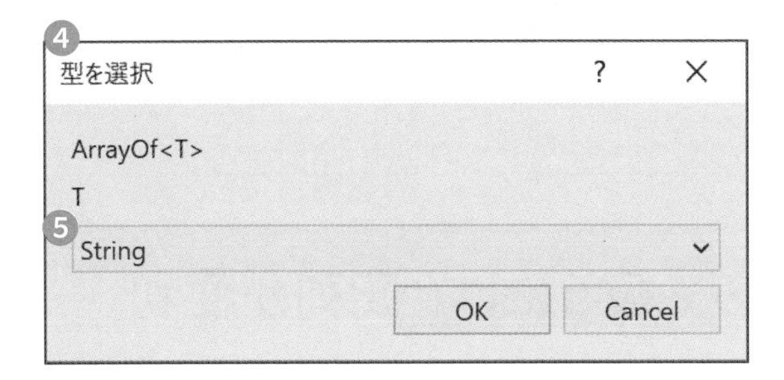

❻既定値に、次の式を設定します。

```
{"じゃがいも","にんじん","たまねぎ"}
```

以上で、変数「食材の配列」にStringの配列データを準備できました。この変数から要素を1つずつ取り出すには、『繰り返し（コレクションの各要素）』を使います（→ p.310 要素を1つずつ取り出す）。

指定した番号の要素を取り出す

たとえば0番目の要素を取り出すには、次の式を使います。

この式はString型です。これを『メッセージボックス』で表示したり、『代入』の右

側に指定して、ほかのString型の変数に代入したりできます。

このような式は、『繰り返し（コレクションの各要素）』の外側でも使えます。

指定した番号の要素を変更する

『代入』で、各要素の値を変更できます。たとえば2番目の要素を"ぶたにく"に変更するには、次のようにします。

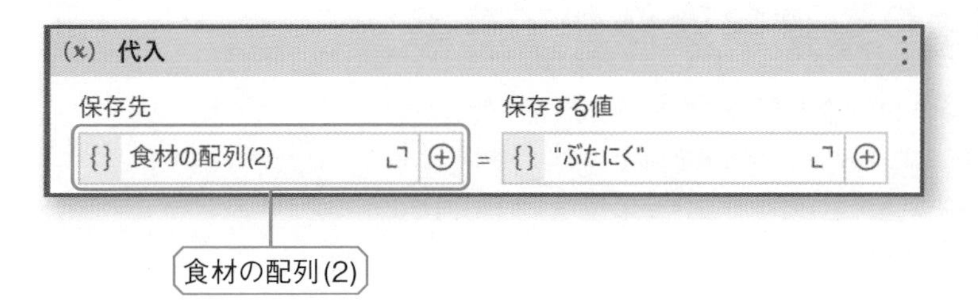

リストに固有の操作

リストなら配列より柔軟な操作ができる

リストは、List<T>型のデータです。好きなタイミングで要素の追加や削除ができます。型引数Tには、要素の型（Int32やStringなど）を指定してください。ここではテキスト（String型）のリストの使い方を示しますが、ほかの型のリストも同じように操作できます。

リスト変数の作成と初期化

ここでは、List<String>型の変数を3つの要素で初期化します。

❶変数パネルを開き、「変数を作成」をクリックします。
❷変数名に「食材のリスト」と入力します。
❸変数の型を開き、「Browse for Types...」を選択します。

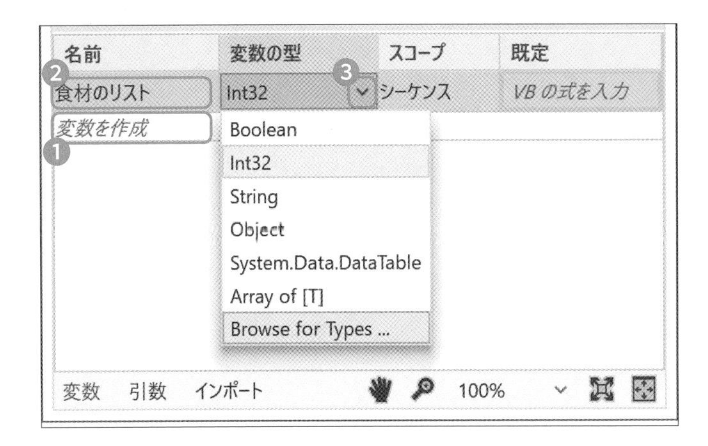

❹「型の名前」に「list<」と入力します。
❺List<T>を選択します。
❻型引数Tに「String」を選択して「OK」ボタンをクリックします。

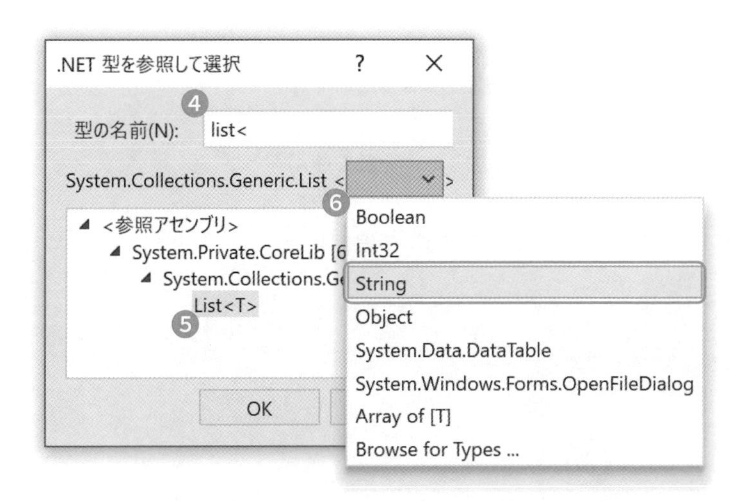

❼既定値に、次の式を設定します（→ p.345 列挙データをリストに変換）。

```
{ "じゃがいも", "にんじん", "たまねぎ" }.ToList
```

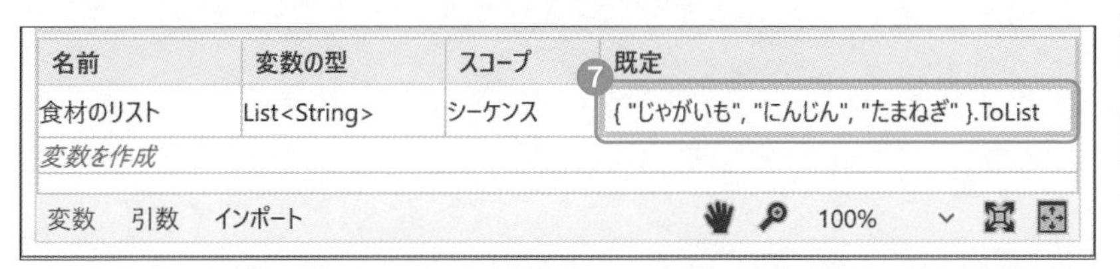

以上で、変数「食材のリスト」にStringのリストデータを準備できました。この変数から要素を1つずつ取り出すには、『繰り返し（コレクションの各要素）』を使います（→ p.310 要素を1つずつ取り出す）。

Hint

空のリスト変数を作成するには

既定値に、次の式を設定してください。

```
New List(Of String)
```

Hint

先頭からの番号で要素にアクセスする

リスト型データは、配列データと同じように番号で各要素にアクセスできます（→p.316 指定した番号の要素を取り出す）。

リストの最後に要素を追加する

『リストに項目を追加』は、リストの末尾に要素を追加します。

❶『リストに項目を追加』を配置します。
❷プロパティパネルで、「TypeArgument」に要素の型を指定します。ここではStringを指定します。
❸「リスト」の右端の⊕丸十字アイコンをクリックし、要素を追加したい変数を使用します。
❹「追加する項目」の右端の⊕丸十字アイコンをクリックし、要素として追加したい値を指定します。

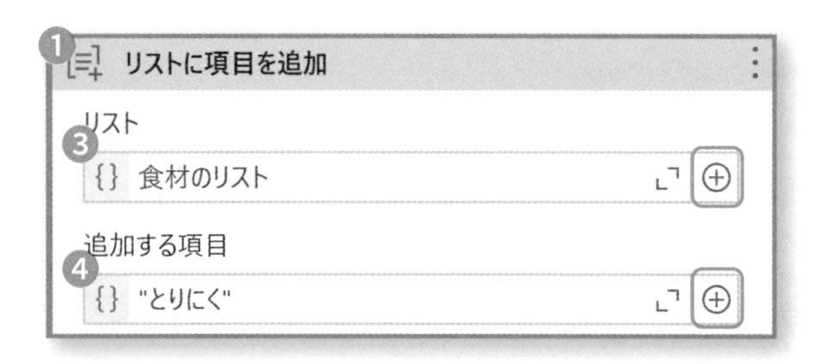

以上で、変数「食材のリスト」の末尾に"とりにく"が追加されます。

5-4 辞書に固有の操作

辞書データの変数を作成する

辞書データは、複数の{ キーと値のペア }を要素として含みます。同じキーを複数追加することはできません。辞書データをキーで検索すると、そのペアとなっている値をすぐに取り出せます。

ここでは、氏名と年齢のペアを管理する辞書データを作成します。

❶変数パネルを開き、「変数を作成」をクリックします。
❷変数名に「辞書」と入力します。
❸「変数の型」を開き、「Browse for Types...」を選択します。
❹「型の名前」に「dictionary<」と入力します。
❺Dictionary<TKey, TValue>を選択します。
❻左側のドロップダウンリストに、キーの型を指定します。ここではキーとして氏名を使いたいので、Stringを指定します。
❼右側のドロップダウンリストに、値の型を指定します。ここでは値として年齢を管理したいので、Int32を指定します。
❽「OK」ボタンをクリックします。

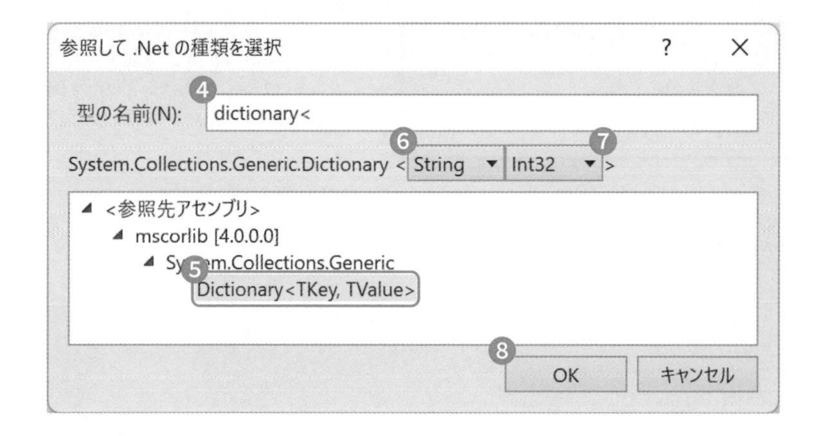

Hint

重複しないデータを管理するには

辞書のキーだけを管理したい（キーとペアになるU値がない）ときは、Dictionary<T,U>の代わりにHashSet<T>を使います。たとえば、HashSet<String>型の変数「セット」を初期化するには、変数パネルの既定値に次の式を設定します。

```
New HashSet(Of String)
```

この変数に "ほえほえ" を入れるには、次のように『代入』します。

```
追加できたか = セット.Add("ほえほえ")
```

変数「追加できたか」はBoolean型の変数です。既に "ほえほえ" が追加済みであれば、変数「追加できたか」にはFalseが代入されます。このとき、"ほえほえ" が重複して追加されることはありません。なお、Setとは「集合」という意味です。

❽既定値に、次の式を設定します。

```
New Dictionary(Of String, Int32)
```

名前	変数の型	スコープ	❽ 既定値
辞書	Dictionary<String,Int32>	シーケンス	New Dictionary(Of String, Int32)
変数の作成			

変数　引数　インポート　100%

> **Hint**
> **型引数について**
> 通常の引数（値引数）は、( )でくくって指定します。これに対して型引数は、C#では < > で、Visual Basic .NETでは（Of）で、くくって指定する必要があります。形は違いますが、どちらも型引数（型名）を指定するかっこです。

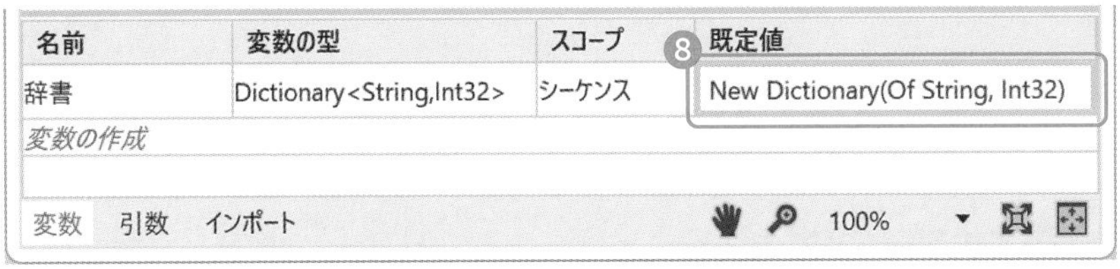

ここまでで、StringとInt32のペアを管理する辞書データを準備できました。

辞書データの変数を、要素を指定して作成する

変数パネルの「既定値」（前項の❽の部分）に次のように記載すると、この変数の作成と同時に要素を追加できます。中かっこの中に、キーと値のペアをカンマで区切って並べてください。

```
New Dictionary(Of String, Int32) From {{"津田", 27}, {"衛藤", 35}}
```

辞書データに要素を追加する

『代入』で、辞書に要素を追加できます。たとえば、津田さんが27才であることを辞書に登録するには、次のようにします。

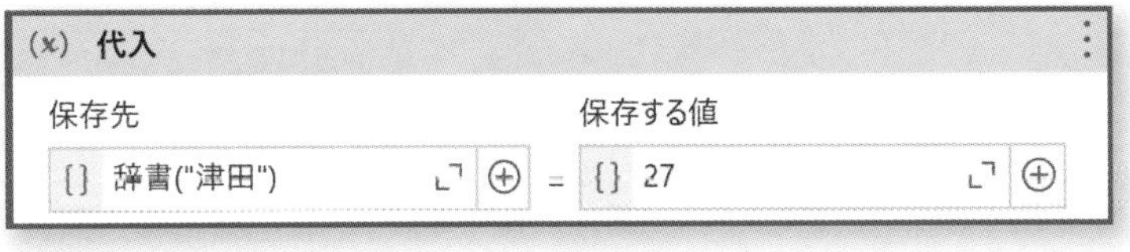

(x) 代入

保存先: 辞書("津田") = 保存する値: 27

> **Hint**
> **左の『代入』は、辞書に要素を1つ追加する**
> この要素はKeyValuePair <String, Int32>型です。そのKeyプロパティは"津田"で、Valueプロパティは27です。

辞書が"津田"のキーをすでに含んでいたら、その値が27で上書きされます。

辞書データから、キーに対応する値を取得する

指定のキーに対応する値を取り出すには、次の式を使います。

メッセージ ボックス
テキスト
辞書("津田")

この式の値はInt32型です。これを『メッセージボックス』で表示したり、ほかのInt32型の変数に『代入』したりできます。このキー"津田"が辞書に存在しないときは、KeyNotFoundException例外がスローされます。

Hint

『メッセージボックス』の「テキスト」には、任意の型の値を指定できる

ここに指定した値は、内部で自動でToStringメソッドが呼び出されます。そのため、辞書("津田")が返す値はInt32型ですが、そのままで『メッセージボックス』で表示できます。

辞書データに、キーが含まれているか確認する

ContainsKeyメソッドは、指定のキーが辞書に含まれていればTrueを、含まれていなければFalseを返します。辞書にキーが存在しない可能性があるときは、値を取り出す前にこのメソッドで確認すると例外の発生を避けられます。次のようにします。

条件分岐 (else if)
条件
辞書.ContainsKey("津田")
Then
メッセージ ボックス
テキスト
"津田は " + 辞書("津田").ToString + "才です"
+ Else If または Else を
辞書.ContainsKey("津田")がTrueのときに限り、辞書("津田")にアクセスします

辞書データに含まれるすべての要素を取り出す（その1）

『繰り返し（コレクションの各要素）』に、辞書データのKeysプロパティを指定してください。この辞書に含まれるすべてのキーを取り出せます。辞書のキーがString型なら、このTypeArgumentプロパティにはStringを指定してください。

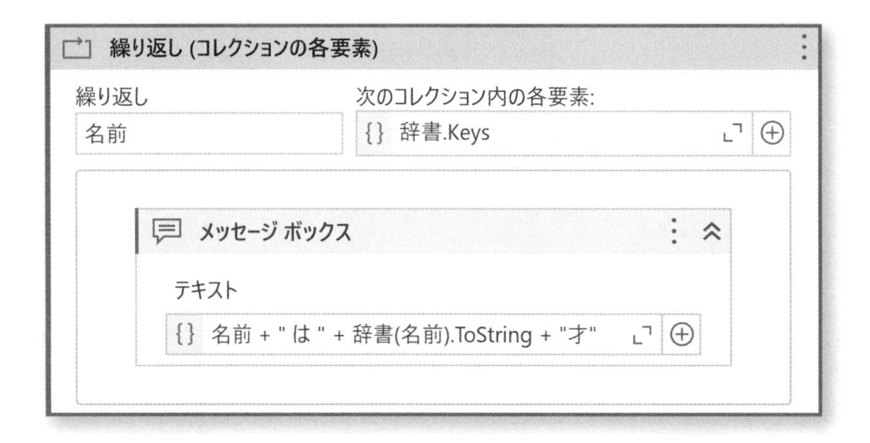

辞書データに含まれるすべての要素を取り出す（その2）

上述の方法は、すべてのキーで辞書を検索するので非効率です。辞書に含まれる要素数が少なければこれで十分ですが、より高速に処理するには、辞書から各要素｛キー，値｝を直接取り出してください。TypeArgumentプロパティにKeyValuePair<String, Int32>を指定すると、繰り返し変数のKeyとValueプロパティからキーと値を直接取り出せます。

5-5 LINQの基本的な操作

LINQを使えば、複雑な処理をコンパクトに書ける

LINQ（Language-Integrated Query：言語に統合されたクエリ）は、列挙データを操作するための.NETの機能です。これを活用すると、複雑な処理をとても簡潔に書けます。これは品質の良いワークフローを短い時間で書くことにつながります。このLanguageとは、プログラミング言語（Visual Basic/C#）のことです。

匿名関数について

列挙データの操作には、匿名関数を使うものが多くあります。これは、変数に代入できる小さな関数です。この匿名とは、名前がないということです。たとえば、整数値「27」には名前がありませんが、変数に代入することにより、名前をつけることができます。このように、変数には匿名のデータに名前をつける機能があります。

Hint

匿名関数の型

T型の値を受け取って、TResult型の値を返す匿名関数の型は、Func<T, TResult>です。

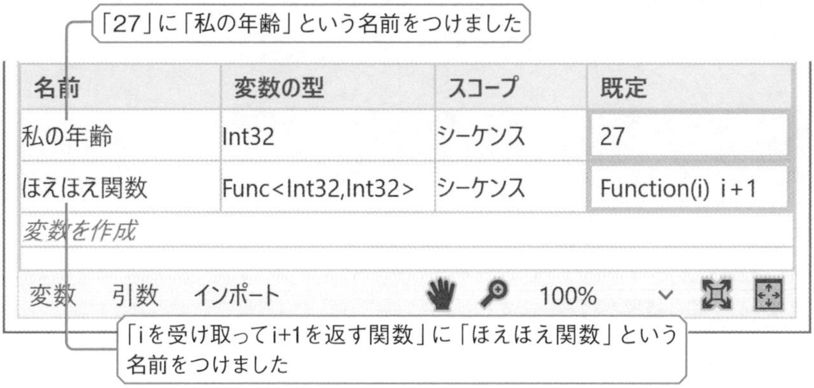

「27」に「私の年齢」という名前をつけました

名前	変数の型	スコープ	既定
私の年齢	Int32	シーケンス	27
ほえほえ関数	Func<Int32,Int32>	シーケンス	Function(i) i+1
変数を作成			

変数　引数　インポート　100%

「iを受け取ってi+1を返す関数」に「ほえほえ関数」という名前をつけました

匿名関数も、変数に代入することで名前をつけることができます。ここでは、引数iに1を足した値を返す匿名関数「Function(i) i+1」を、変数に代入して「ほえほえ関数」と名前をつけました。この関数は、次のように使えます。

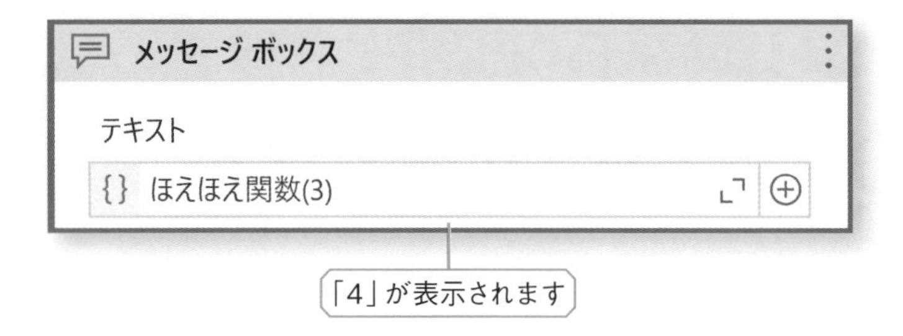

Selectで、要素を変換する

列挙データのSelectメソッドは、匿名関数ですべての要素を変換し、別の列挙データを作成します。前述の「ほえほえ関数」と組み合わせると、すべての要素に1を足した別の列挙データが得られます。

Hint
変数「整数の列挙」
この型はIEnumerable<Int32>型です。

Hint
変数「整数の配列」
この型はInt32の配列型です。

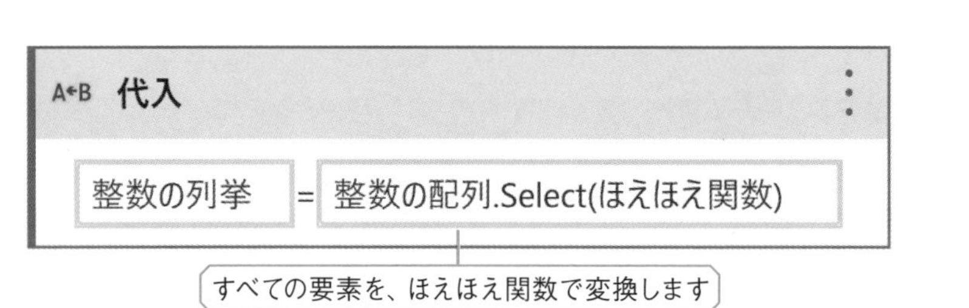

変数「整数の配列」が{ 3, 6, 3, 10 }のとき、変数「整数の列挙」は{ 4, 7, 4, 11 }になります。ここまで理解できれば、匿名関数を変数に代入せず、そのまま使えることもすぐにわかります。匿名関数を、匿名のまま使うということです。

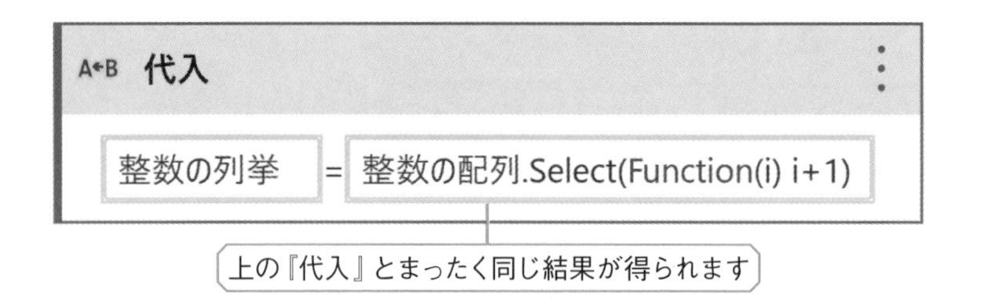

さらに、この『代入』の右辺を『繰り返し（コレクションの各要素）』に直接指定すれば、変数「整数の列挙」も不要となります。次のようになります。

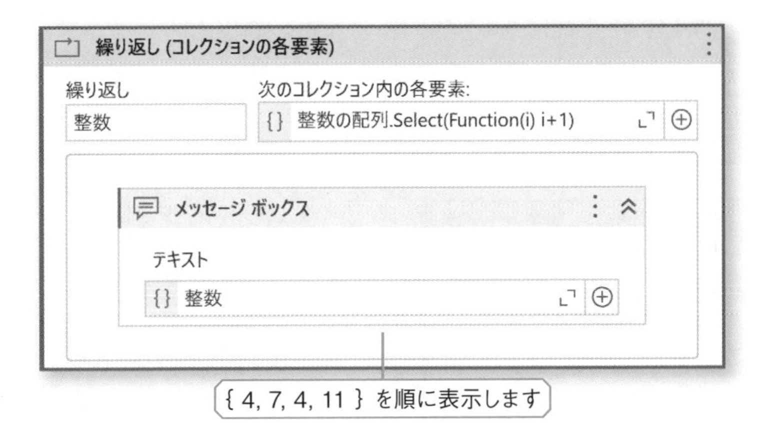

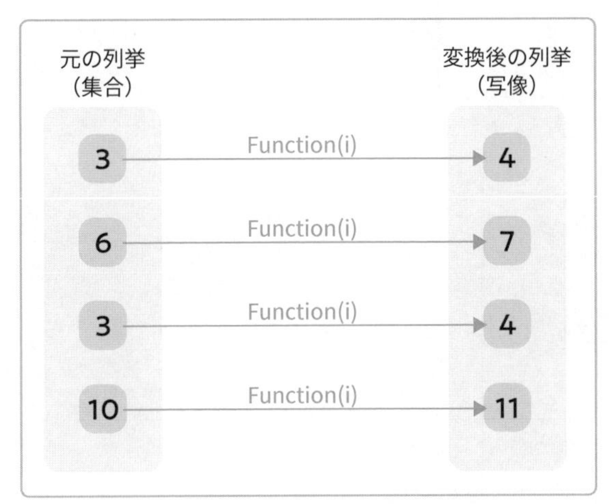

Selectメソッドは、Functionで各要素を変換します

Hint

『繰り返し(コレクションの各要素)』について

このTypeArgumentプロパティにはInt32型を指定してください。これは、この繰り返し変数「整数」がInt32型であることを指定します。なお、WindowsプロジェクトのSystemパッケージv23.4以降では、指定したコレクション(項目のリスト)からTypeArgumentプロパティが自動で検出され設定されるため、これを手動で設定する必要はありません。

Whereで、条件に合致する要素だけを取り出す

列挙データのWhereメソッドは、条件に合致する要素だけを取り出して、別の列挙データを作成します。Whereメソッドには、Boolean値を返す匿名関数を指定してください。たとえば、次の匿名関数は、文字列sの長さが4以下ならTrueを返します。

```
Function(s) s.Length <= 4
```

変数「文字列の配列」が{ "にんじん", "じゃがいも", "たまねぎ" }のとき、

```
文字列の配列.Where(Function(s) s.Length <= 4)
```

Hint

『繰り返し(コレクションの各要素)』について

このTypeArgumentプロパティにはString型を指定してください。これは、この繰り返し変数「文字列」がString型であることを指定します。

前ページの式は{"にんじん","たまねぎ"}を列挙します。

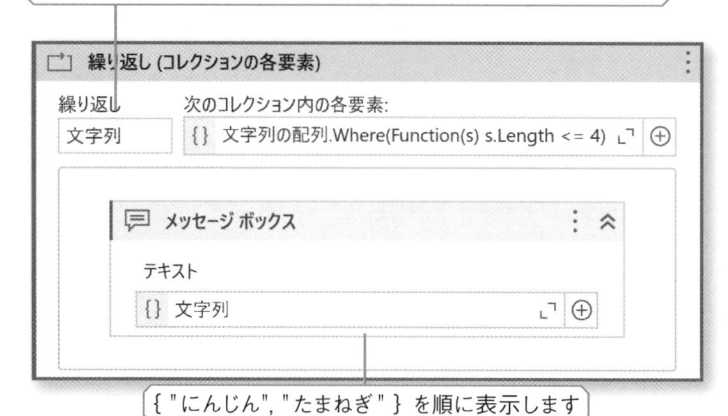

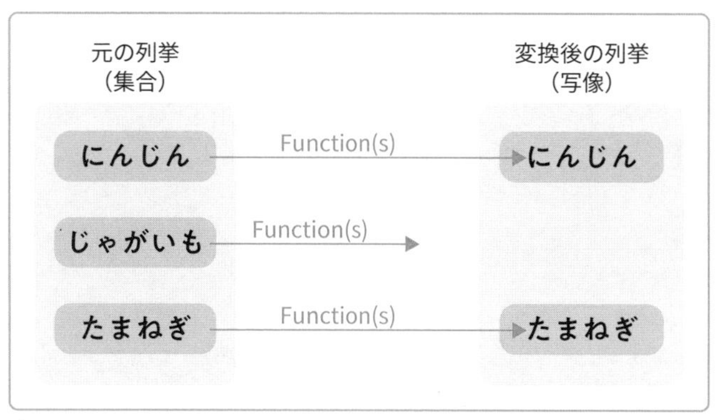

●Whereメソッドは、FunctionがTrueを返す要素だけを取り出します

> **Hint**
> **TypeArgumentプロパティの指定**
>
> Systemパッケージv24.3以降では、TypeArgumentプロパティは自動で設定されるため、ユーザーが手動で設定する必要はありません。

列挙データの操作を連続して呼び出す

列挙データにSelectやWhereなどの操作を呼び出すと、やはり列挙データが返ってきます。この列挙データにも、連続してLINQの操作を呼び出せます。

たとえば、変数「文字列の配列」が{"にんじん","じゃがいも","たまねぎ"}のとき、次の式は{"にん","たま"}を列挙します。この式を、直接『繰り返し（コレクションの要素）』に指定できます。

```
文字列の配列.Where(Function(s) s.Length <= 4).Select(Function(s) s.Substring(0, 2))
```

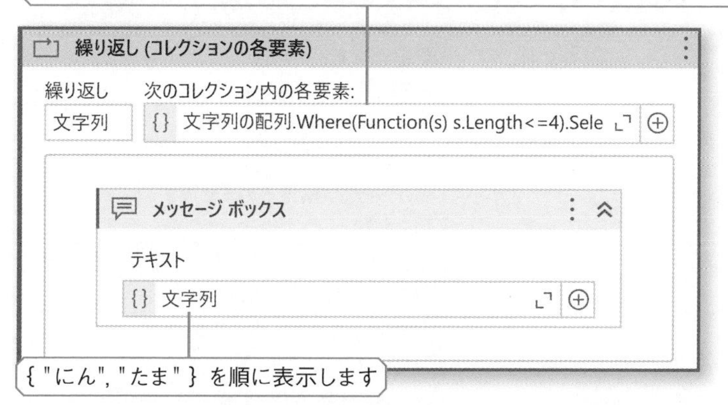

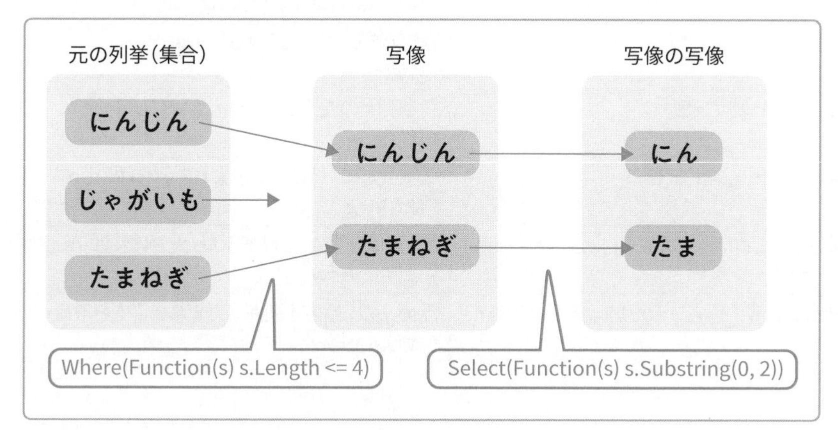

●WhereメソッドとSelectメソッドを連続して呼び出します

SelectとWhereのほかにも、列挙データを操作するメソッドが多く用意されています。これらを自由に組み合わせることで、複雑な処理を簡潔に書くことができます。

よく使う匿名関数

列挙データを操作するときによく使う匿名関数の例をいくつか示します。これらの引数の型をワークフローに指定する必要はありませんが、実際にはこれらの引数にも型があります(Studioが自動で検出します)。この型が何であるかを意識することが、匿名関数を使いこなすコツです。そのため、この引数名はその型を示唆するものにすると良いでしょう。整数ならi(Int32の意味)、文字列ならs(Stringの意味)、データテーブルの行ならrow(DataRowの意味)などです。

Hint

LINQメソッドは、コード補完ウィンドウに表示されないことがある

通常、変数や式の後ろにピリオドもしくは[Ctrl+Space]を入力すると、使えるメソッドが一覧表示されます。もし呼び出したいメソッドが表示されないときは、手で入力してください。

Hint

Substringメソッド

文字列(String型の値)に対してSubstring(0, 2)を呼び出すと、その0文字目から2文字を取り出します。

よく使う匿名関数の例

関数の型	匿名関数の例	この関数が返す値
T値を受け取りT値を返す関数 Func<T, T>	Function(i) i+1	数値iに1を足した値 Tは数値
	Function(s) s.Substring(0, 2)	文字列sの先頭から2文字 TはString
	Function(row) row	受け取ったrowをそのまま返す Tは任意
T値を受け取りU値を返す関数 Func<T, U>	Function(v) v.ToString	値vを文字列に変換 Tは任意、UはString
	Function(s) s.Length	文字列sの長さ TはString、UはInt32
	Function(row) row("品名").ToString	行rowの「品名」列の値 TはDataRow、UはString
T値を受け取りBoolean値を返す関数 Func<T, Boolean>	Function(i) i > 2	数値iが2より大きければTrue Tは数値
	Function(s) s.Length > 3	文字列sの長さが3より大きければTrue TはString
	Function(s) s.Contains("ほげ")	文字列sに"ほげ"が含まれていればTrue TはString
	Function(row) CInt(row("個数")) > 3	行rowの「個数」列が3より大きければTrue TはDataRow
	Function(row) row("品名").ToString = "たまねぎ"	行rowの「品名」列が"たまねぎ"ならTrue TはDataRow

Hint

型引数の名前

型引数の名前には、Tがよく使われます。このTはTypeを意味しています。2つめの型引数の名前には、Uがよく使われます。このUには特に意味はなく、アルファベット順でTの次はUというだけのことです。

5-6 列挙データに共通の操作①

配列やリストには、共通して使える便利なメソッドがたくさんある

ここまでに紹介した列挙データ（配列、リスト、辞書など）は、すべてIEnumerable<T>型の仲間です。このTは要素の型（Int32やStringなど）です。本節では、これらの列挙データに共通して使える操作を紹介します。

本節には、次の変数を評価したときの結果を例として付記します。

●例示した式の中で使っている変数

変数名	型	既定値
整数の配列	Int32[]	{ 3, 6, 3, 10 }
文字列の配列	String[]	{ "にんじん", "じゃがいも", "たまねぎ" }

要素を判断する

列挙データから、1つのBoolean値を得る方法です。各式の値は、『代入』でBoolean型の変数に代入するか、『条件分岐（else if）』の条件に指定できます。

要素が1つでもあるか

```
整数の配列.Any
```

この式は「整数の配列.Count > 0」と同じ意味ですが、Anyの方が高速です。変数「整数の配列」には要素が4つ入っているため、この式はTrueになります。

値が"じゃがいも"の要素が1つでもあるか

```
文字列の配列.Contains("じゃがいも")
```

この式はTrueになります。同じことを次のように書くこともできます。

```
文字列の配列.Any(Function(s) s = "じゃがいも")
```

長さが5の要素が1つでもあるか

```
文字列の配列.Any(Function(s) s.Length = 5)
```

この式はTrueになります。

すべての要素の値が5より大きいか

```
整数の配列.All(Function(i) i > 5)
```

この式はFalseになります。

要素を集計する

すべての要素を集計して、1つの値を取り出す方法です。これらの式は、同じ型の変数に『代入』するか、任意のアクティビティの同じ型のプロパティに指定できます。各項目には、p.331に記載した変数値に対して実行したときの結果を例として付記しました。

要素の個数

```
整数の配列.Count
```

この式はInt32型で4になります。

5より大きい要素の個数

```
整数の配列.Count(Function(i) i > 5)
```

この式はInt32型で2になります。

要素の合計

```
整数の配列.Sum
```

この式はInt32型で22になります。

要素の平均

```
整数の配列.Average
```

この式はDouble型で5.5になります。

要素から取り出した値を合計

ここでは、各要素の二乗を合計します。

```
整数の配列.Sum(Function(i) i*i)
```

この式はInt32型で154になります。

要素から取り出した値を平均

ここでは、各要素の二乗を平均します。

```
整数の配列.Average(Function(i) i*i)
```

この式はDouble型で38.5になります。

1つの要素を選ぶ

列挙から、1つの要素を選ぶ方法です。これらの式は、同じ型の変数に『代入』するか、任意のアクティビティの同じ型のプロパティに指定できます。各項目には、p.331に表示した変数値に対して実行したときの結果を例として付記しました。

先頭の要素

```
整数の配列.First
```

この式はInt32型で3になります。

最後の要素

```
整数の配列.Last
```

この式はInt32型で10になります。

条件を満たす先頭の要素（その1）

```
整数の配列.First(Function(i) i > 5)
```

この式はInt32型で6になります。条件に合致する要素がないときは、InvalidOperationException例外がスローされます。

条件を満たす先頭の要素（その2）

条件に合致する要素がないときは例外をスローせず、その要素の型の既定値を返します。

```
整数の配列.FirstOrDefault(Function(整数) 整数 > 100)
```

変数「整数の配列」に100より大きな値が含まれないとき、この式はInt32型の既定値である0になります。各型の既定値については、次を参照してください（→p.49 基本的な型）。

Hint

例外をスローしないメソッド

例外をスローしない使い勝手の良いメソッドには、次のようなものがあります。

・FirstOrDefault
・LastOrDefault
・ElementAtOrDefault

次のように、既定値を指定することもできます。ただし、Windowsレガシプロジェクトでは既定値を指定できません。

```
整数の配列.FirstOrDefault(Function(整数) 整数 > 100, 20)
```

変数「整数の配列」に100より大きな値が含まれないとき、この式はInt32型で20になります。

条件を満たす最後の要素

```
整数の配列.Last(Function(整数) 整数 < 5)
```

この式はInt32型で3になります。

2番目の要素

```
整数の配列.ElementAt(2)
```

この式はInt32型で3になります。先頭の要素の番号はゼロであることに注意してください。

後ろから2番目の要素

```
整数の配列.Reverse.ElementAt(2)
```

Reverseメソッドは、元の列挙を逆順に取り出します。そのため、この式はInt32型で6になります。

最小の要素

```
整数の配列.Min
```

この式はInt32型で3になります。

最大の要素

整数の配列.Max

この式はInt32型で10になります。

文字列の配列.Max(Function(s) s.Length)

この式はInt32型で5になります。

各要素から取り出した値が最小となる要素

ここでは、文字列長が最小の要素を取り出します。このメソッドはWindowsレガシプロジェクトでは使えません。

文字列の配列.MinBy(Function(s) s.Length)

この式はString型で"にんじん"になります。

各要素から取り出した値が最大となる要素

ここでは、文字列長が最大の要素を取り出します。このメソッドはWindowsレガシプロジェクトでは使えません。

文字列の配列.MaxBy(Function(s) s.Length)

この式はString型で"じゃがいも"になります。

複数の要素を選ぶ

下記に示す各式は、同じ型の変数に『代入』するか、『繰り返し（コレクションの各要素)』に指定できます。このTypeArgumentプロパティに、要素の型を指定することを忘れないでください。各項目には、p.331に表示した変数値に対して実行したときの結果を例として付記しました。

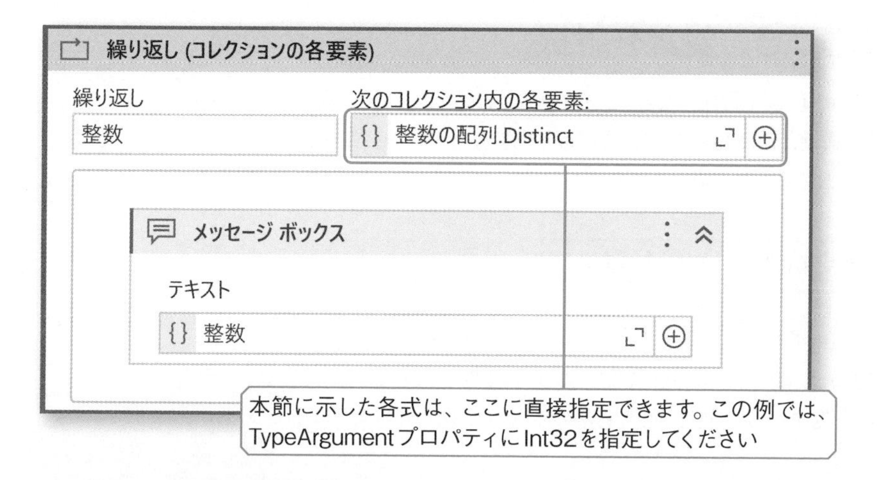
繰り返し (コレクションの各要素)
繰り返し
整数
次のコレクション内の各要素:
整数の配列.Distinct
メッセージ ボックス
テキスト
整数
本節に示した各式は、ここに直接指定できます。この例では、TypeArgumentプロパティにInt32を指定してください

重複する要素を除去

```
整数の配列.Distinct
```

この式はIEnumerable<Int32>型で、{ 3, 6, 10 }を列挙します。

条件を満たす要素

ここでは、5より大きい要素を列挙します。

```
整数の配列.Where(Function(i) i > 5)
```

この式はIEnumerable<Int32>型で、{ 6, 10 }を列挙します。

各要素から取り出した値が条件を満たす要素

ここでは、文字列長（Length）が4以下の要素を列挙します。

```
文字列の配列.Where(Function(s) s.Length <= 4)
```

この式はIEnumerable<String>型で、{ "にんじん", "たまねぎ" }を列挙します。

要素の番号に基づき、要素を選択

WhereのFunctionに2つの引数を指定すると、2つめの引数には元の列挙の要素の番号が渡されます。次の式は、元の要素を1つおきに取り出します。番号を2で割った余りをModで計算し、それが0になる要素を選んでいます。

```
整数の配列.Where(Function(i, num) num Mod 2 = 0)
```

この式はIEnumerable<Int32>型で、{ 3, 3 }を列挙します。これは (i, num) として (3, 0), (6, 1), (3, 2), (10, 3) が順にFunctionに渡され、このうち (3, 0) と (3, 2)についてFunctionがTrueを返すからです。先頭の要素の番号はゼロであることに注意してください。

Hint

Selectメソッドに指定する匿名関数

Selectメソッドに指定する匿名関数も、2つめの引数で要素の番号を受け取ることができます。

先頭に要素を追加

```
整数の配列.Prepend(7)
```

この式はIEnumerable<Int32>型で、{ 7, 3, 6, 3, 10 }を列挙します。

末尾に要素を追加

```
整数の配列.Append(7)
```

この式はIEnumerable<Int32>型で、{ 3, 6, 3, 10, 7 }を列挙します。

先頭の3つの要素

```
整数の配列.Take(3)
```

この式はIEnumerable<Int32>型で、{ 3, 6, 3 }を列挙します。

最後の3つの要素

```
整数の配列.TakeLast(3)
```

この式はIEnumerable<Int32>型で、{ 6, 3, 10 }を列挙します。このメソッドはWindowsレガシプロジェクトでは使えません。

条件を満たす間、先頭から要素を取得

```
整数の配列.TakeWhile(Function(i) i < 5)
```

この式はIEnumerable<Int32>型で、{ 3 }を列挙します。

先頭の2つの要素をスキップ

```
整数の配列.Skip(2)
```

この式はIEnumerable<Int32>型で、{ 3, 10 }を列挙します。

最後の2つの要素をスキップ

```
整数の配列.SkipLast(2)
```

この式はIEnumerable<Int32>型で、{ 3, 6 }を列挙します。このメソッドはWindowsレガシプロジェクトでは使えません。

条件を満たす間、先頭の要素をスキップ

```
整数の配列.SkipWhile(Function(i) i < 5)
```

この式はIEnumerable<Int32>型で、{ 6, 3, 10 }を列挙します。

要素を3つずつ取り出す

```
文字列の配列.Chunk(3)
```

この式は、IEnumerable<IEnumerable<String>>型で、変数「文字列の配列」

に含まれる要素を先頭から3つずつに区切って列挙します。次の例は、各chunkに入っている3個の要素をカンマで区切って表示します（→p.346 列挙データの活用）。Windowsレガシプロジェクトでは使えません。

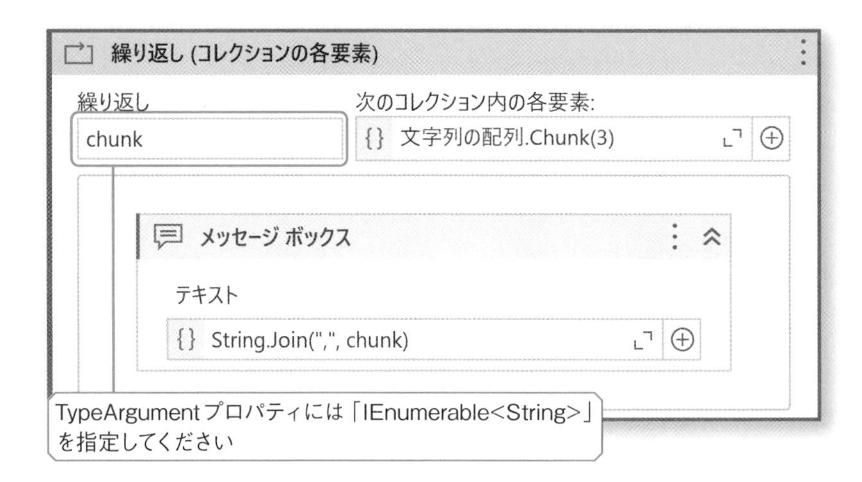

Hint

TypeArgumentプロパティについて

Systemパッケージv23.4以降では、指定したコレクション（項目のリスト）からTypeArgumentが自動で検出されるため、これを手動で指定する必要はありません（手動で指定することはできません）。検出されたTypeArgumentは、プロパティパネルの上部に表示されます。

要素を並べ替える

列挙に含まれる要素は、さまざまな条件で簡単に並べ替えられます。前項と同様、これらの式は、同じ型の変数に『代入』するか、『繰り返し（コレクションの各要素）』に指定できます（→p.336 複数の要素を選ぶ）。各項目には、p.331に表示した変数値に対して実行したときの結果を例として付記しました。

逆順にする

```
整数の配列.Reverse
```

この式はIEnumerable<Int32>型で、{ 10, 3, 6, 3 }を列挙します。

ソートする

```
整数の配列.OrderBy(Function(i) i)
```

この式はIEnumerable<Int32>型で、{ 3, 3, 6, 10 }を列挙します。

Hint

.NET 7以降で利用可能になるメソッド

.NET 7以降では、OrderメソッドとOrderDescendingメソッドが利用できます。次のように、OrderByメソッドよりも簡単に使えます。

```
整数の配列.Order
```

降順にソートする

```
整数の配列.OrderByDescending(Function(i) i)
```

この式はIEnumerable<Int32>型で、{ 10, 6, 3, 3 }を列挙します。

要素から計算した値でソート

ここでは、文字列の長さでソートします。

```
文字列の配列.OrderBy(Function(s) s.Length)
```

この式はIEnumerable<String>型で、{ "にんじん", "たまねぎ", "じゃがいも" }を列挙します。

要素から計算した値で降順にソート

ここでは、文字列の長さで降順にソートします。

```
文字列の配列.OrderByDescending(Function(s) s.Length)
```

この式はIEnumerable<String>型で、{ "じゃがいも", "にんじん", "たまねぎ" }を列挙します。

辞書をキーでソート

Dictionary<String, Int32> 型の変数「辞書」には、要素としてキーと値のペア { キー , 値 } が含まれています。つまり、この辞書はIEnumerable<KeyValuePair<String, Int32>> としても扱えます。そこで、次のようにしてこれらの要素をソートできます。

```
辞書.OrderBy(Function(p) p.Key)
```

この式はIEnumerable<KeyValuePair<String, Int32>>型です。この式を『繰り返し（コレクションの各要素）』に指定すると、キーでソートされた順で、辞書内のすべての要素を列挙します（→ p.324 辞書データに含まれるすべての要素を取り出す（その2））。

Hint

辞書を頻繁にソートしたいとき

SortedDictionary型が便利です。これはDictionary型とまったく同じように使えますが、要素を追加するたびに自動でソートされます（そのため、要素の追加と検索はDictionaryより少し遅いです）。必要なときだけ、OrderByメソッドでDictionaryをソートする方が、全体の処理が早くなる場合があります。

辞書を値でソート

同様に、辞書に含まれる要素｛キー，値｝のペアを、値でソートすることも簡単にできます。次のようにします。

```
辞書.OrderBy(Function(p) p.Value)
```

この式の型は、IEnumerable<KeyValuePair<String, Int32>>です。やはり『繰り返し（コレクションの各要素）』で、すべての要素を列挙できます（→ p.324 辞書データに含まれるすべての要素を取り出す（その2））。

要素を変換する

各要素から計算した値で、別の列挙データを作ります。前項と同様、これらの式は、同じ型の変数に『代入』するか、『繰り返し（コレクションの各要素）』に指定できます（→p.336 複数の要素を選ぶ）。各項目には、p.331に表示した変数値に対して実行したときの結果を例として付記しました。

各要素から計算した値（その1）

ここでは、各要素の二乗を計算します。次の式はIEnumerable<Int32>型で、{ 9, 36, 9, 100 }を列挙します。

```
整数の配列.Select(Function(i) i*i)
```

> **Hint**
> **要素を文字列に変換する**
>
> 各要素をStringに変換するには、Selectに次の関数を指定します。
>
> ```
> Function(s) s.ToString
> ```
>
> これは、任意の型の列挙データに対して使えます。

各要素から計算した値（その2）

ここでは、各要素からその文字列長を取り出します。次の式はIEnumerable<Int32>型で、{ 4, 5, 4 }を列挙します。

```
文字列の配列.Select(Function(s) s.Length)
```

各要素から計算した値（その3）

ここでは、各要素から先頭の2文字を取り出します。次の式はIEnumerable<String>型で、{ "にん", "じゃ", "たま" }を列挙します。

```
文字列の配列.Select(Function(s) s.Substring(0, 2))
```

5-7 列挙データに共通の操作②

列挙データを作成する

単純な列挙データは、簡単に作成できます。

空の列挙データを取得

```
Enumerable.Empty(Of String)
```

この式はIEnumerable<String>型で、{ } を返します。これは要素を1つも含まない列挙データですが、その要素の型を指定できます。これは、連続してConcatしていく列挙データなどの初期値として便利です。

同じ値を繰り返して取得

```
Enumerable.Repeat("あた", 3)
```

この式はIEnumerable<String>型で、{ "あた", "あた", "あた" } を列挙します。

3から5個の整数を取得

```
Enumerable.Range(3, 5)
```

この式はIEnumerable<Int32>型で、{ 3, 4, 5, 6, 7 } を列挙します。

Hint

Enumerable.RepeatとEnumerable.Rangeはメモリを消費しない

これらの式から多くの要素を取り出しても、メモリを消費することはありません。要素を1つ取り出すたびに、値が返されるだけだからです。一方で、配列やリストを使って同じ値を多く含む列挙データを作成すると、要素の数だけメモリを消費してしまいます。

Hint

Enumerable.Repeatは、任意の型の値を繰り返せる

一方で、Enumerable.Rangeが処理できるのはInt32型の値だけです。

2つの列挙データを操作する

これまでに使っていた変数「整数の配列」に加えて、次の「別の整数の配列」を使った例を示します。このほか、文字列のリストなどの列挙データも同じように操作できます。各項目には、下の表に表示した変数値に対して実行したときの結果を例として付記しました。

●例示した式の中で使っている変数

変数名	型	既定値
整数の配列	Int32[]	{ 3, 6, 3, 10 }
別の整数の配列	Int32[]	{ 3, 8, 10 }

2つの列挙データを連結

ある列挙データの末尾に、別の列挙をつなげます。Concatは、Concatenate（連結する）の略です。

```
整数の配列.Concat(別の整数の配列)
```

この式はIEnumerable<Int32>型で、{ 3, 6, 3, 10, 3, 8, 10 }を列挙します。

Hint

違う種類の2つの列挙を操作する

ここでは、同じ種類の列挙（2つの整数の配列）を操作しています。要素の型が同じであれば、別の種類の列挙（たとえば「整数の配列」と「整数のリスト」）を操作することもできます。

2つの列挙データの和

2つの列挙データから、重複なく要素を取り出します。

```
整数の配列.Union(別の整数の配列)
```

この式はIEnumerable<Int32>型で、{ 3, 6, 10, 8 }を列挙します。

2つの列挙データの積

2つの列挙データに共通する要素だけを取り出します。

```
整数の配列.Intersect(別の整数の配列)
```

この式はIEnumerable<Int32>型で、{ 3, 10 }を列挙します。

2つの列挙データの差

ある列挙データから、別の列挙データを引き算します。

整数の配列.Except(別の整数の配列)

この式はIEnumerable<Int32>型で、{ 6 }を列挙します。この例の結果には、8は含まれないことに注意してください。

2つの列挙データの、先頭からの組み合わせ

チャックを閉めるように、2つの列挙を先頭から組み合わせます。

整数の配列.Zip(別の整数の配列, Function(i, j) i+j)

この式はIEnumerable<Int32>型で、{ 6, 14, 13 }を列挙します。このFunctionの引数iには「整数の配列」の要素が、引数jには「別の整数の配列」の要素が、それぞれ先頭から順に渡されます。

列挙データを、配列やリストに変換する

列挙データは、簡単に配列やリストに変換できます。

列挙データを配列に変換

任意のT型の列挙データ(IEnumerable<T> 型)を、配列(T[]型)に変換します。

文字列の列挙.ToArray

この式はString[]型で、{ 3, 6, 3, 10 }を含みます。

列挙データをリストに変換

任意のT型の列挙データ(IEnumerable<T>型)を、リスト(List<T>型)に変換します。

文字列の列挙.ToList

この式はList<String>型で、{ 3, 6, 3, 10 }を含みます。

Hint

行の列挙をデータテーブルに変換

DataRow型の列挙データに限り、CopyToDataTableメソッドでDataTableに変換できます(→ p.357 行の列挙データをデータテーブルに変換する)。

列挙データの活用

ここに紹介した列挙データは、さまざまなところで活用できます。

文字列の列挙を連結して、1つの文字列にする

```
String.Join(",", 文字列の配列)
```

この式はStringの列挙データを連結して、1つのStringにします。1つめの引数は区切り文字です。この例では、"にんじん，じゃがいも，たまねぎ"を返します。改行で区切りたいときは、1つめの引数にvbCrLfを指定します。このメソッドはとても便利なので、ぜひ活用してください。

テキストファイルを読み込む

```
File.ReadLines("ファイル名.txt")
```

この式はIEnumerable<String>型で、指定のファイルに含まれる行を1行ずつ読み込んで列挙します（→p.130 大きなテキストファイルを1行ずつ読み込む）。必要に応じて、2つめの引数を指定してください（→p.129 テキストファイルのエンコーディングを指定する）。

テキストファイルから、あるテキストを含む最初の行を読み取る

ファイル名.txtの中から、"ほえほえ"を含む最初の行を取得するには、次のようにします。

```
File.ReadLines("ファイル名.txt").First(Function(s) s.Contains("ほえほえ"))
```

この式はString型で、"ほえほえ"を含む最初の行を返します。対象の行が見つかれば、それ以降の行は読み込みません。そのため、巨大なファイルも高速に処理できます。同じように、最初の3行だけを取り出すことなども簡単です（→p.338 先頭の3つの要素）。

Hint

合致する行がないとき

ファイルを最後まで読んでも条件に合致する行が見つからなければ、Firstメソッドは例外をスローします。FirstOrDefaultメソッドなら例外をスローせず、Stringの既定値Nothingを返してくれるので便利です（→p.334 条件を満たす先頭の要素（その2））。

ファイル名の一覧を取得

```
Directory.EnumerateFiles("c:¥myfolder", "*.xlsx")
```

この式はIEnumerable<String>型で、指定したフォルダーにあるExcelファイルのパスを列挙します。この式に列挙の操作を続けることができるため、『繰り返し(フォルダー内の各ファイル)』より便利な場合があります。また、EnumerateFilesメソッドの引数でフィルターや検索オプションを指定することもできます。

●Directory.EnumerateFilesメソッド

https://learn.microsoft.com/ja-jp/dotnet/api/system.io.directory.enumeratefiles

フォルダーの中で最新のファイルを取得

```
Directory.EnumerateFiles("c:¥myfolder").MaxBy(Function(f) New FileInfo(f).LastWriteTime)
```

この式はString型で、指定したフォルダー内で最新のファイルのパスを取得します。「New FileInfo(ファイルパス)」としてFileInfo型の値を作成すると、そのプロパティからこのファイルのさまざまな情報を取得できます。ここでは、LastWriteTimeプロパティが最大(最新)となるファイルのパスを取得しています。

Hint

ファイルの情報を取得するには

次のようにすると、そのファイルの情報を取得できます。

```
New FileInfo(ファイルのパス)
```

フォルダーの一覧を取得

```
Directory.EnumerateDirectories("c:¥myfolder")
```

この式はIEnumerable<String>型で、指定したフォルダーのサブフォルダーを列挙します。やはり、状況によっては『繰り返し(フォルダー内の各フォルダー)』より便利でしょう。

Hint

フォルダーの情報を取得するには

次のようにすると、そのフォルダーの情報を取得できます。

```
New DirectoryInfo(フォルダーのパス)
```

●Directory.EnumerateDirectoriesメソッド

https://learn.microsoft.com/ja-jp/dotnet/api/system.io.directory.enumeratedirectories

文字列を、文字の列挙として扱う

String型は、そのままで文字（System.Char型）の列挙データとしても扱えます。たとえば、『繰り返し（コレクションの各要素）』で"あたたた"を繰り返すと、その先頭から1文字ずつをChar型で取り出せます。Charの列挙をStringに変換するには、String.Concatメソッドを使います。たとえば、文字列に含まれる数字だけをすべて取り出すには次のようにします。

```
String.Concat(文字列.Where(Function(c) Char.IsDigit(c)))
```

正規表現の検索結果に、列挙の操作を適用する

正規表現でテキストを検索する『一致する文字列を取得』の「結果」プロパティは、Match型の列挙データです。そのため、本章で紹介した操作を直接呼び出したり、String.Joinメソッドで検索結果を1つの文字列に連結したりできます。

次の例は、『一致する文字列を取得』から出てきた変数「結果」を、カンマでくぎって『メッセージボックス』でまとめて表示しています。『メッセージボックス』には、次の式を指定しています（→ p.346 列挙データの活用）。

```
String.Join(",", 結果.Select(Function(m) m.Value))
```

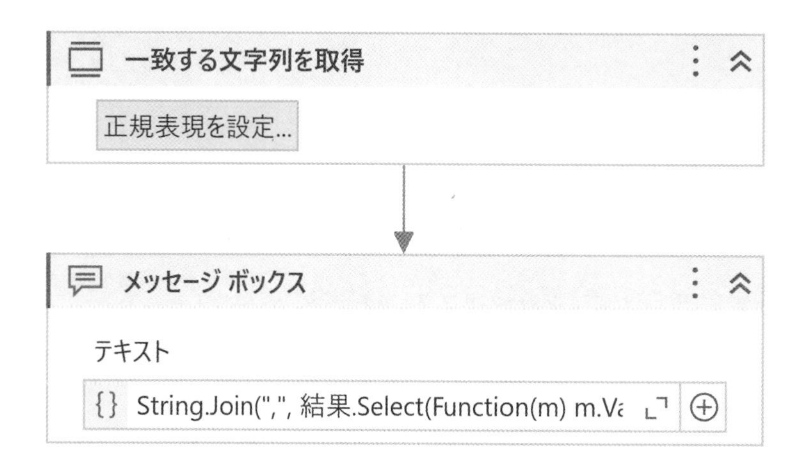

Hint

『一致する文字列を取得』の使い方

筆者の著書『「公式ガイド UiPathワークフロー開発実践入門 ver2021.10対応版」』（秀和システム刊）で詳細に解説しています。ぜひご参照ください。

Hint

『一致する文字列を取得』の新機能

Systemパッケージ v23.4の『一致する文字列を取得』には、新しいプロパティ「最初の一致」が追加されました。ここには、最初に一致したテキストのみがString型で返されます。もし一致がなければ、ここにはNothingが返ります。既存のプロパティ「結果」はMatch型の列挙データなので、これを扱うのが苦手な市民開発者には「最初の一致」は使いやすいでしょう。「結果」を使って「最初の一致」と等価な式を書くと、次のようになります。

```
If (結果.Any, 結果(0).Value, Nothing)
```

5-8 データテーブルに固有の操作

さまざまな表形式のデータを扱う

データテーブル（DataTable型）は、複数の行データを操作します。CSVやExcel、Accessなどのファイルのほか、画面上の表データを読み取ることもできます。まず、データテーブルに固有の操作を説明します。次に、データテーブルを行の列挙データとして扱い、複雑に操作する方法をいくつか紹介します。

ファイルや画面上の表データを、データテーブルに読み込む

■CSVファイルを、データテーブルに読み込む

『CSVを読み込み』を配置してください（→p.133 CSVファイルを読み込む）。

■Excelファイルの範囲を、DataTable型の変数に読み込む

『範囲を読み込み』を、『Excelファイルを使用』の中に配置してください（→p.280 範囲をデータテーブルに読み込む）。

■Webページ上の表を、データテーブルに読み込む

『表データを抽出』を、『アプリケーション/ブラウザーを使用』の中に配置してください（→p.190 表データを読み取る）。

■ワークフローに、行データを直接記載する

『データテーブルを構築』は、データテーブルに入れる行データをワークフロー（.xamlファイル）の中に直接書いて（ハードコードして）準備します。『データテーブ

ルを構築』前面の「データテーブル…」ボタンから、各列の定義と、各行の追加ができます。

OneDrive上のExcelファイルを、データテーブルに読み込む

Microsoft Office 365パッケージの『範囲を読み込み』は、OneDrive上のExcelファイルをダウンロードすることなく、直接データテーブルに読み込みます（→p.400 範囲をデータテーブルに読み込む）。

Googleスプレッドシートを、データテーブルに読み込む

Google Workspaceパッケージの『範囲を読み込み』は、Googleスプレッドシートをダウンロードすることなく、直接データテーブルに読み込みます（→p.413 範囲をデータテーブルに読み込む）。

そのほかのデータソースを、データテーブルに読み込む

MS AccessやSQLデータベースからデータテーブルを読み込むには、UiPath.Database.Activitiesパッケージの『クエリを実行』を使います。WindowsのコントロールパネルでODBCドライバを構成してください。ODBCドライバは、各製品のWebページから入手できます。

データテーブルを1行ずつ処理する

『繰り返し（データテーブルの各行）』は、指定したデータテーブルから1行ずつ取り出します。この各行に含まれる列データは、簡単に読み書きできます。

❶『繰り返し（データテーブルの各行）』を配置します。
❷「次のデータテーブルの各行」の右端の⊕丸十字アイコンをクリックし、操作したいデータテーブルの変数を使用します。
❸列値を使いたいアクティビティを配置します。たとえば『メッセージボックス』や『文字を入力』、『代入』など。

Hint

繰り返し変数の「現在行」

この変数の型は、DataRow型です。

Hint

繰り返し変数の名前は変更できる

繰り返し変数は、変数パネルに表示されない特殊な変数です。ここでは、既定の変数名「CurrentRow」名を「現在行」に変更しました。より具体的な名前（「名簿の現在行」など）に変更すると、よりワークフローがわかりやすくなります。

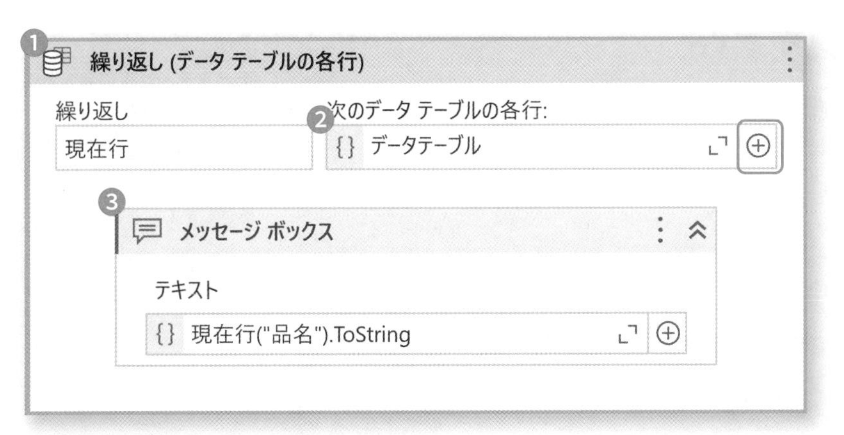

各行から列値を取り出す

『繰り返し(データテーブルの各行)』の内部では、「現在行("列名")」もしくは「現在行(2)」のようにして、繰り返し変数から各列の値を取り出せます。列番号は、いちばん左の列がゼロです。取り出した値は、その型を適切に変換してください。

●繰り返し変数「現在行」から、列値を取り出す方法

式の例	説明
現在行("品名").ToString	名前で指定した列の値をテキストで取り出す
CInt(現在行("単価"))	名前で指定した列の値を整数で取り出す
CStr(現在行(0))	番号で指定した列の値をテキストで取り出す

●変換関数の一覧

取り出したいデータ	データの型名	変換関数
テキスト	String	CStr(値)
整数	Int32	CInt(値)
浮動小数点数	Double	CDbl(値)
通貨	Decimal	CDec(値)
日時	DateTime	CDate(値)
論理値	Boolean	CBool(値)
そのほか、任意の型	T	CType(値, T)

Hint

『繰り返し(データテーブルの各行)』の中で『文字を入力』を使うには

先に『アプリケーション/ブラウザーを使用』を配置して、その中に『繰り返し(データテーブルの各行)』を配置してください。指定したアプリに『文字を入力』できるようになります。

Hint

行番号を指定して、行を直接取り出す

DataTable型の変数「データテーブル」に対して「データテーブル(3)」とすると、先頭から4行目の行を直接取り出せます。この場合は『繰り返し(データテーブルの各行)』は不要です。先頭行の行番号はゼロであることに注意してください。取り出した行から列名を指定して列値を取り出すには、たとえば、「データテーブル(3)("品名").ToString」のようにします。

Hint

書式つきでテキストに変換する

CStrの代わりにToStringメソッドを使うと、変換するときの書式を引数で指定できます(→p.96 変数を加工して、別のテキストを得る)。

各行の列値を更新する

『代入』で、各行の列の値を更新できます。たとえば、各行の「処理結果」列に値を書き込むには、『繰り返し（データテーブルの各行）』の中で次のようにしてください。

> **Hint**
> **データテーブルに含まれる行数を取得する**
> 次の式はInt32型で、データテーブルに含まれる行数を返します。
> ```
> データテーブル.RowCount
> ```

パンくず 繰り返し（データテーブルの各行）> 代入

(x) 代入
保存先　現在行("処理結果")　=　保存する値　"成功"

列値から計算した値を、同じ行の「合計」列に書き込むには、次のようにしてください。

パンくず 繰り返し（データテーブルの各行）> 代入

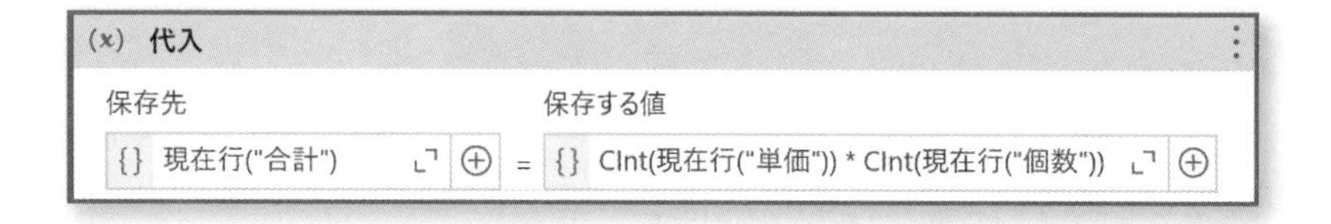

データテーブルに行を追加する

『データ行を追加』を使います。追加する行データは、「列配列」と「データ行」のどちらかで指定できます。状況に合わせて、使いやすい方法を選んでください。

新規行を、列値の配列で指定

『データ行を追加』に、新規行を配列で指定します。列数が多いと間違えやすいですが、ワークフローは簡潔になります。

❶『データ行を追加』を配置します。
❷「列配列」に、新規行の列値を左から並べた配列を指定します。ここでは、次の式を指定します。

New Object() { "ぶたにく", 300, 5 }

❸「データテーブル」の右端の⊕丸十字アイコンをクリックし、変数「データテーブル」を使用します。

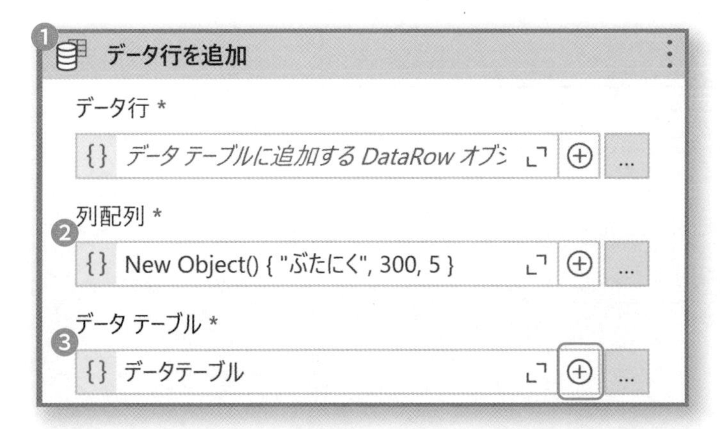

新規行を、DataRow型の変数で指定

『データ行を追加』に、新規行をDataRow型の変数で指定します。この変数の作成は少し手間ですが、ワークフローは読みやすいものになります。

❶変数パネルに、DataRow型の変数「新規行」を作成します。
❷『複数代入』を配置し、変数「新規行」に次の式を代入します。

データテーブル.NewRow

❸続けて、「新規行」の各列に設定したい値を代入します。
❹『データ行を追加』を配置します。
❺「データ行」の右端の⊕丸十字アイコンをクリックし、変数「新規行」を使用します。
❻「データテーブル」の右端の⊕丸十字アイコンをクリックし、変数「データテーブル」を使用します。

Hint

複数の型の値を含む配列行

Windowsレガシのプロジェクトでは、String値とInt32値が混在する配列を次のように書けます。

{ "ぶたにく", 300, 5 }

これはObject型の配列です。これは、Windowsプロジェクトでは次のように書く必要があります。

New Object() { "ぶたにく", 300, 5 }

Hint

データテーブルの行を削除するには

次を参照してください（→p.358 データテーブルから行を削除する）。

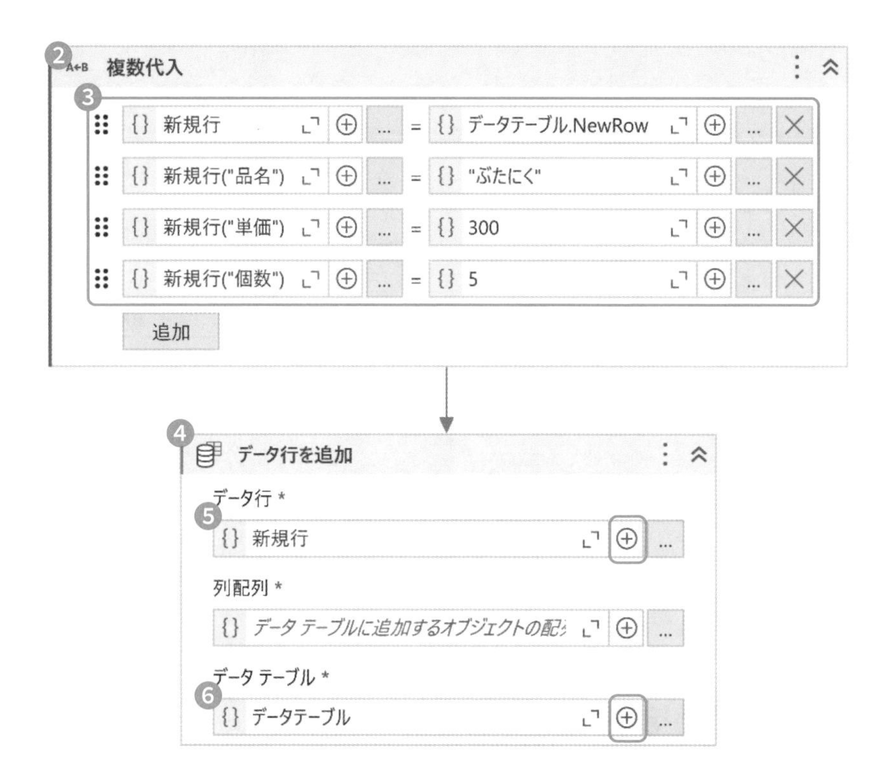

データテーブルを操作するアクティビティ一覧

UiPath.System.Activitiesパッケージの「プログラミング/データテーブル」カテゴリにあります。

●データテーブルを操作するアクティビティ一覧

アクティビティ名	説明
『データテーブルを構築』	データテーブルの列定義と行データをワークフローにハードコード (→ p.349 ワークフローに、行データを直接記載する)
『テキストからデータテーブルを生成』	CSV形式のテキストからデータテーブルを生成。プレビュー機能あり
『繰り返し(データテーブルの各行)』	(→p.350 データテーブルを1行ずつ処理する)
『データテーブルを並べ替え』	データテーブルを単一の列でソート (→p.361 データテーブルをソートする)
『データテーブルをフィルター』	行と列の両方でフィルターし、別のデータテーブルを作成。複数の条件でフィルターできる
『データテーブルを出力』	CSV形式のテキストに出力する

『データテーブルを検索』	検索列でデータテーブルを検索し、行番号とそのターゲット列の値を取得。この後、データテーブル.Rows(行番号)としてその行を取得できる。見つからなかったときは、行番号として-1が返る
『データテーブルを結合』	左側と右側の2つのデータテーブルを突き合わせて、別のデータテーブルを作成。突き合わる条件は、複数の列値で指定可能 ・**Inner**……左右から、列値が合致する行のみを取得 ・**Left**……左側のすべての行と、列値が合致する右側の行を取得 ・**Full**……列値が合致しない行も含め、左右のすべての行を取得
『データテーブルをマージ』	ソースのデータテーブルに含まれる行を、ターゲットのデータテーブルに追加
『データテーブルをクリア』	データテーブルに含まれる行をすべて削除
『データ列を追加』	新しい列を追加。「列名」を指定したら、「列」は指定不要。列の型は「TypeArgument」で指定。「既定値」プロパティは、既存の行と、その後に追加される新規行に適用される
『データ列を削除』	既存の列を削除
『データ行を追加』	(→p.352 データテーブルに行を追加する)
『データ行を削除』	指定した行番号の行を削除。先頭行の番号は0
『行項目を取得』	行から列値を取得。より便利な方法がある (→p.351 各行から列値を取り出す)
『行項目を更新』	行の列値を更新。より便利な方法がある (→p.352 各行の列値を更新する)
『重複行を削除』	すべての列が重複する行を、1行を残して削除 (→p.367 すべての列が重複する行をすべて削除)

5-9 データテーブルに、列挙データの操作を適用する

データテーブルにも、列挙データの操作を適用できる

データテーブルの行データに列挙の操作を適用して、集計やソートなどの操作をすることができます。

データテーブルには、複数の行データ（DataRow型の値）が含まれていますが、そのままでは列挙データとしては扱えません。データテーブルのAsEnumerableメソッドを呼び出すと、行の列挙データが取り出せます。

```
データテーブル.AsEnumerable
```

この式は、IEnumerable<DataRow>型の変数に『代入』するか、『繰り返し（コレクションの各要素）』に直接指定できます。この式の直後に列挙の操作を続けることができるため、たいへん便利です。

行の列挙データを1行ずつ処理する

『繰り返し（コレクションの各要素）』で、行の列挙（IEnumerable<DataRow>型）を1行ずつ処理できます。AsEnumerableは元のデータテーブルに含まれる行を直接列挙するので、それらの行データを更新すると、元のデータテーブルに反映されます。

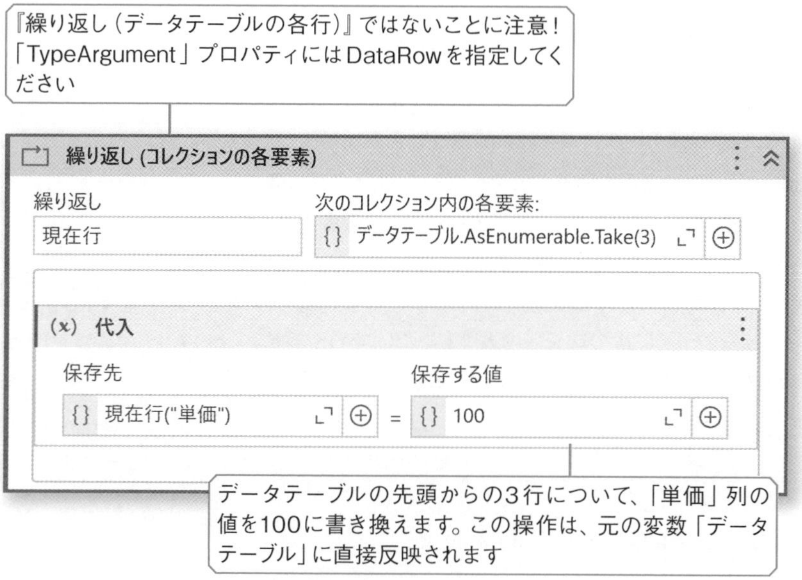

『繰り返し（データテーブルの各行）』ではないことに注意！「TypeArgument」プロパティにはDataRowを指定してください

繰り返し (コレクションの各要素)

繰り返し 現在行

次のコレクション内の各要素: データテーブル.AsEnumerable.Take(3)

(x) 代入

保存先 現在行("単価") = 保存する値 100

データテーブルの先頭からの3行について、「単価」列の値を100に書き換えます。この操作は、元の変数「データテーブル」に直接反映されます

行の列挙データをデータテーブルに変換する

前節では、行の列挙から先頭の3行をTakeメソッドで取り出しました（→p.338 先頭の3つの要素）。これは先頭の3つの行を列挙しただけであって、元のデータテーブルから4行目以降を削除した訳ではありません。この先頭の3行だけを含むデータテーブルを作成するには、CopyToDataTableメソッドを呼び出して、別のデータテーブルを作成してください。

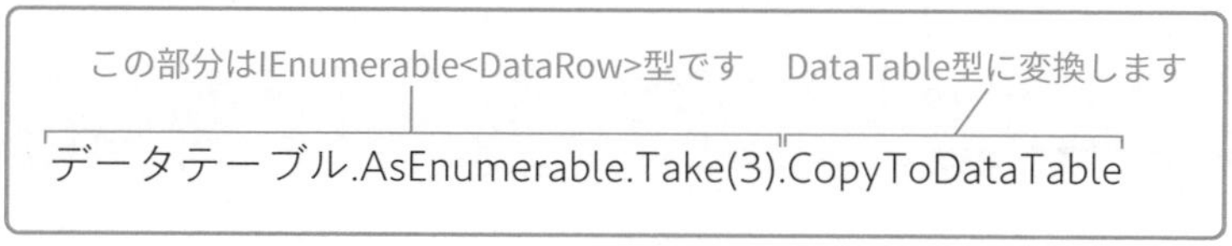

この部分はIEnumerable<DataRow>型です　DataTable型に変換します

```
データテーブル.AsEnumerable.Take(3).CopyToDataTable
```

●CopyToDataTableメソッドを呼び出して、別のデータテーブルを作成します

この式はDataTable型です。これをDataTable型の変数に『代入』したり、『範囲に書き込み』に直接指定してExcelに書き込んだりできます。行を削除するほか、行の列挙をソートした結果をExcelに書き戻すなどのときも、CopyToDataTableで別のデータテーブルを作成する必要があります。

Hint

行を削除する

左に紹介した式を変数「データテーブル」に『代入』すると、4行目以降の行をすべて削除することになります。削除したい行を指定するのではなく、残したい行をTakeメソッドで指定するのがポイントです。次節では、Whereメソッドで行を削除する例をご紹介します。

データテーブルから行を削除する

『繰り返し（データテーブルの各行）』の中に『データ行を削除』を配置すると、実行時エラーになってしまいます。繰り返し中のデータ行を削除すると、繰り返しを継続できなくなってしまうためです。この問題を回避してデータ行を削除するには、Whereメソッドを使いましょう。『繰り返し（データテーブルの各行）』は必要ありません。

たとえば、変数「データテーブル」の中で、「単価」列が100となっている行をすべて削除するには、変数「データテーブル」に次の式を『代入』するだけでOKです。あるいは、この式を直接『データテーブルをExcelに書き込み』に指定することもできます。

```
データテーブル.AsEnumerable.Where( _
    Function(r) CInt(r("単価")) <> 100).CopyToDataTable
```

「単価」列が100以外の行を残すことがポイントです。

Hint

Excelから読み込んだ範囲を、元の範囲に書き戻すとき

行を削除したデータテーブルを元の範囲に書き戻すと、元の範囲の末尾の行が上書きされずに残ってしまいます。これを避けるには、『シート/範囲/テーブルをクリア』でこの範囲をクリアしてから『データテーブルをExcelに書き込み』してください。

AsEnumerableが出てこないとき

Studioのバージョンによっては、データテーブルのAsEnumerableメソッドを呼び出せないことがあります。

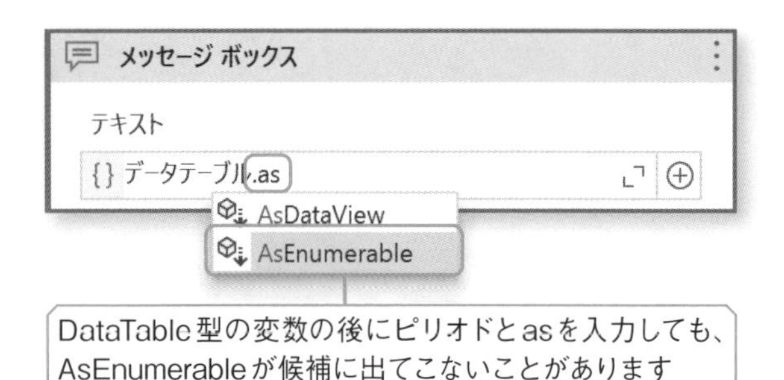
メッセージ ボックス
テキスト
{} データテーブル.as
AsDataView
AsEnumerable
DataTable型の変数の後にピリオドとasを入力しても、
AsEnumerableが候補に出てこないことがあります

このときは、いちどStudioでこのワークフローを閉じて、このワークフロー（拡張子が.xamlのファイル）をメモ帳で開き、次の行を追加してください。

```
<AssemblyReference>System.Data.DataSetExtensions</AssemblyReference>
```

Main.xaml - メモ帳

ファイル　編集　表示

```
      <AssemblyReference>System.Collections.Immutable</AssemblyReference>
      <AssemblyReference>UiPath.System.Activities.Design</AssemblyReference>
      <AssemblyReference>System.Data.DataSetExtensions</AssemblyReference>
    </sco:Collection>
  </TextExpression.ReferencesForImplementation>
  <Sequence DisplayName="Main Sequence" sap:VirtualizedContainerService.HintSize="
    <Sequence.Variables>
```

Studioでこのワークフローを開き直し、このワークフローの「インポート」タブに名前空間「System.Data」を追加してください。AsEnumerableメソッドが使えるようになります。

データテーブルを集計する

これらの式は、『代入』アクティビティで同じ型の変数に代入するか、アクティビティの同じ型のプロパティに直接指定してください。

Hint

Function(r)は、各行につき1回ずつ呼び出される

データテーブルに5行入っていれば、Function(r)は5回呼び出されます。この引数rはDataRow型です。

「個数」列を合計

すべての行の「個数」列を合計します。

```
データテーブル.AsEnumerable.Sum(Function(r) CInt(r("個数")))
```

この式はInt32型です（→p.333 要素の合計）。

「単価」列と「個数」列の積を合計

すべての行について、「単価」列と「個数」列の積を計算して合計します。

```
データテーブル.AsEnumerable.Sum(Function(r) CInt(r("単価")) * CInt(r("個数")))
```

この式はInt32型です（→p.333 要素の合計）。

行を取得する

「単価」列が最小の行を取得

「単価」列が最小の行を取り出します。Windowsレガシプロジェクトでは使えません。

```
データテーブル.AsEnumerable.MinBy(Function(r) CInt(r("単価")))
```

この式はDataRow型です。これをDataRow型の変数「行」に『代入』した後は、「行("品名").ToString」などとして、この行の列値を取り出せます。

「単価」列が最大の行の「品名」列の値を取得

「単価」列が最大の行の「品名」列の値を直接取り出します。「単価」列はInt32型であることに注意してください。なおMaxByメソッドはWindowsレガシプロジェクトでは使えません。

```
                この部分はDataRow型です
データテーブル.AsEnumerable.MaxBy(Function(r) CInt(r("単価")))("品名").ToString
```

●列の値を直接取り出します

この式はString型です。String型の変数に直接『代入』できます（→p.336 各要素から取り出した値が最大となる要素）。

条件に合致する行を列挙する

ここで紹介する式は、すべて行の列挙（IEnumerable<DataRow>型）です。これをデータテーブルに変換するには、CopyToDataTableメソッドを呼び出してください（→p.357 行の列挙データをデータテーブルに変換する）。

Hint

ここに示した式は、直接『繰り返し（コレクションの各要素）』に指定できる

その中に『代入』を配置し、変数『データテーブル』に含まれる行を直接更新できます（→ p.356 行の列挙データを1行ずつ処理する）。

先頭の3行だけを取得

```
データテーブル.AsEnumerable.Take(3)
```

「品名」が"じゃがいも"の行をすべて取得

```
データテーブル.AsEnumerable.Where(Function(r) r("品名").ToString = "じゃがいも")
```

「品名」が "じゃがいも" かつ「単価」が100以上の行をすべて取得

```
データテーブル.AsEnumerable.Where(Function(r) _
    r("品名").ToString = "じゃがいも" AndAlso _
    CInt(r("単価")) >= 100)
```


データテーブルをソートする

ここで紹介する式は、すべて行の列挙（IEnumerable<DataRow>型）です。これをデータテーブルに変換するには、CopyToDataTableメソッドを呼び出してください（→p.357 行の列挙データをデータテーブルに変換する）。

> **Hint**
>
> **Excelの範囲から読み込んだデータテーブルを『データテーブルを並べ替え』でソートするとき**
>
> 各列がすべてString型として読み込まれるため、数値列や日時列でのソートが正しい結果とならないことがあります。左に紹介した式のように、各列をCDateやCIntで変換してからソートすることにより、正しい結果を得ることができます。

「名前」列でソート

```
データテーブル.AsEnumerable.OrderBy(Function(r) r("名前").ToString)
```

「誕生日」列でソート

```
データテーブル.AsEnumerable.OrderBy(Function(r) CDate(r("誕生日")))
```

「単価」列で降順にソート

```
データテーブル.AsEnumerable.OrderByDescending(Function(r) CInt(r("単価")))
```

複数のキーでソート

OrderByメソッドの後に、ThenByメソッドを続けてください。「品名」列と「単価」列の両方でソートするには次のようにします。

```
データテーブル.AsEnumerable _
    .OrderBy(Function(r) r("品名").ToString) _
    .ThenBy(Function(r) CInt(r("単価")))
```

3つ以上の列でソートするには、OrderByの後に複数のThenByを続けてください。次の式は、「品名」、「単価」、「個数」の3つの列でソートします。

```
データテーブル.AsEnumerable _
    .OrderBy(Function(r) r("品名").ToString) _
    .ThenBy(Function(r) CInt(r("単価"))) _
    .ThenBy(Function(r) CInt(r("個数")))
```

Hint

複数の列で降順にソートするには

ThenByDescendingがあります。ThenByとThenByDescendingは混在できるので、列ごとに適切な方を使ってください。

『データテーブルを並び替え』とOrderByメソッドとの比較

『データテーブルを並び替え』よりも、OrderByメソッドの方が高速です。また、『データテーブルを並び替え』は単一の列でしかソートできませんが、OrderByメソッドは前述のように複数列でソートできます。また、1つの列に対して複雑な条件でソートすることもできます。たとえば、ある列を文字列長が短い順にソートしてから、同じ列を辞書順でソートするには次のようにします。

```
データテーブル.AsEnumerable _
    .OrderBy(Function(r) r("品名").ToString.Length) _
    .ThenBy(Function(r) r("品名").ToString)
```

Hint

実行速度について

「デバッグ実行」では処理速度がかなり遅くなるため、実行速度を評価するときは「実行」ボタンで実行してください。「実行をプロファイル」ボタンも活用してください（→p.62 実行をプロファイル）。

データテーブルを辞書に変換する

列値に重複がなければ、ToDictionaryメソッドで辞書に変換できます。辞書にしておけば、キーで高速に検索できます。

「品名」列でデータテーブルを検索できるようにする

ToDictionaryメソッドにキーを渡すと、列挙データを辞書に変換できます。たとえば、行の列挙データを「品名」列で検索できるようにするには、次の式を変数「辞書」に『代入』します。

```
データテーブル.AsEnumerable.ToDictionary(Function(r) r("品名").ToString)
```

この式（と変数「辞書」）は、Dictionary<String, DataRow>型です（→p.321 辞書に固有の操作）。

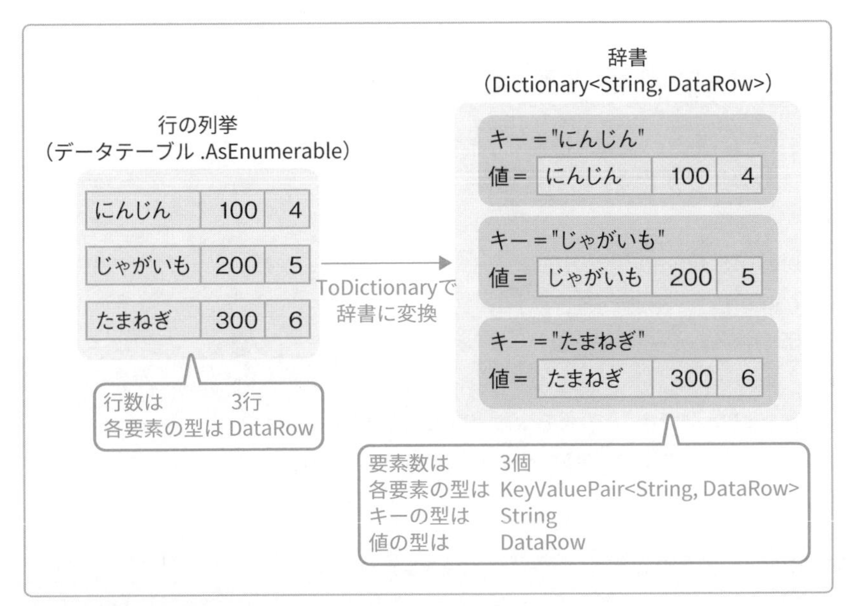

●行の列挙を辞書に変換します

Hint

品名が重複する行があるとき

キーが重複すると辞書に変換できないため、ToDictionaryメソッドは例外をスローします。このようなときは、ToDictionaryの代わりにGroupByメソッドを使います（→p.364「品名」列が同じ行をグループ化する）。

辞書をキーでひくと、値が出てきます。たとえばキーが"にんじん"の行を取り出すには、次のように『代入』します。

```
行＝辞書("にんじん")
```

この変数「行」はDataRow型です。この行から「個数」列の値をInt32型の変数「個数」に取り出すには、次のように『代入』します（→p.351 各行から列値を取り出す）。

```
個数＝CInt(行("個数"))
```

あるいは、変数「行」を経由せず、「辞書」から列値を直接取り出すこともできます。

```
個数＝CInt(辞書("にんじん")("個数"))
```

この変数「辞書」は、元のデータテーブルの行を直接参照します。そのため、辞書の値を書き換えると、元のデータテーブルに反映されます。

```
辞書("にんじん")("個数") = 5
```

上記により、元のデータテーブルの「にんじん」行の「個数」列は5になります。

「品名」列で「単価」列を直接検索できるようにする

ToDictionaryメソッドには、キーだけでなく、値も指定できます。すると、指定したキーと値のペアを要素とする辞書データが作成されます。

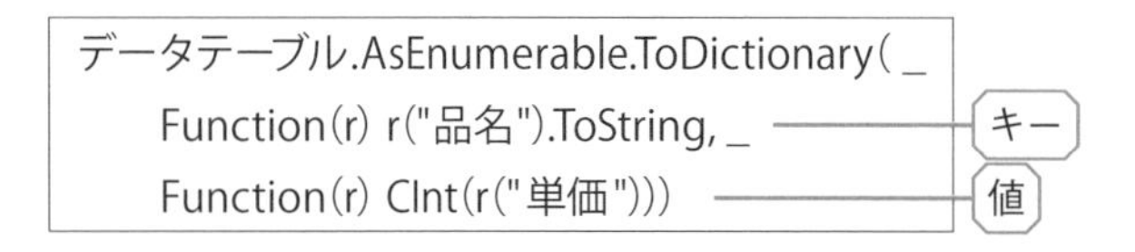
データテーブル.AsEnumerable.ToDictionary(_
Function(r) r("品名").ToString, _
Function(r) CInt(r("単価")))
キー
値

この式はDictionary<String, Int32>型です。この式を変数「辞書」に代入したとき、この辞書を「品名」で検索すると、Int32型の「個数」が直接出てきます。次のように『代入』できます。

```
個数 = 辞書("じゃがいも")
```

同じ列値をもつ複数の行をグループ化する

ある列をキーとしてデータテーブルを辞書に変換するとき、その列が同じ値の行が複数あるとエラーになってしまいます。このようなときは、ToDictionaryの代わりにGroupByメソッドを使います。

「品名」列が同じ行をグループ化する

「品名」列が同じ行をグループ化するには、GroupByメソッドに「品名」列をキーとして指定して、次のように『代入』します。

```
グループ一覧 = データテーブル.AsEnumerable.GroupBy(Function(r) r("品名").ToString)
```

この変数「グループ一覧」の型はIEnumerable<IGrouping<String, DataRow>>です。

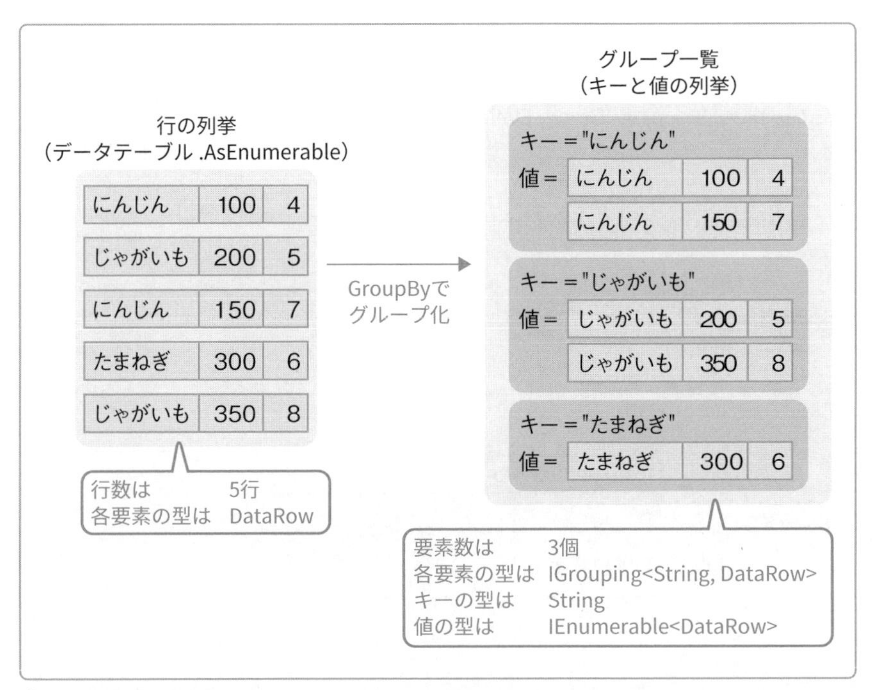

●行の列挙を、指定の列をキーとしてグループ化します

この変数は、『繰り返し（コレクションの各要素）』で次のように使えます。

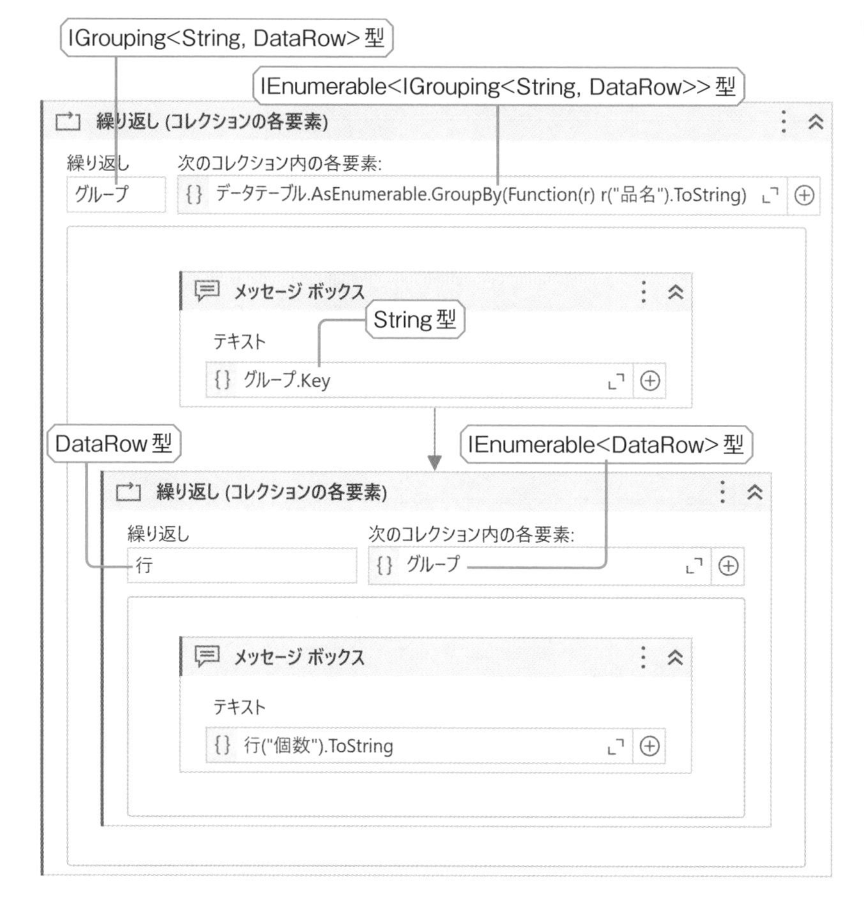

> **Hint**
> **繰り返し変数の型**
> 繰り返し変数の型は、この『繰り返し（コレクションの各要素）』のTypeArgumentプロパティに指定してください。

実行すると、このグループのキーを表示した後、このグループに含まれるすべての行の「個数」列を表示します。それを、すべてのグループについて繰り返します。

この繰り返し変数「グループ」は、元のデータテーブルの行を直接参照します。そのため、このグループの行に『代入』すると、元のデータテーブルに反映されます。

「品名」列が同じ行の「単価」列をグループ化する

GroupByメソッドには、キーだけでなく、値も指定できます。このときは、指定した値がキーでグループ化されます。

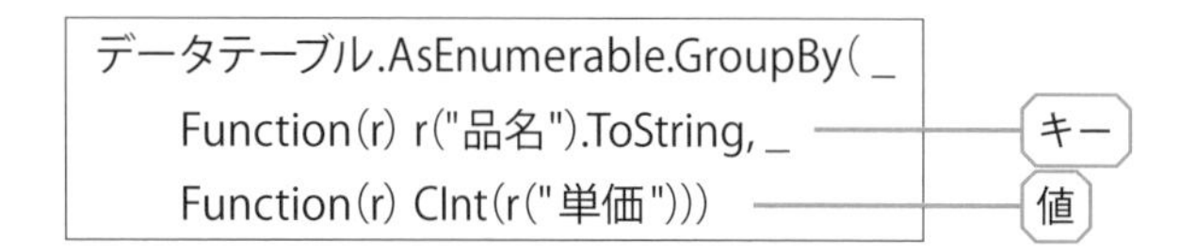

この式はIEnumerable<IGrouping<String, Int32>>型です。これを『繰り返し(コレクションの各要素)』で列挙すると、「品名」をキーとする複数の「単価」を含むグループが、順に取り出されます。このように、2つめの引数で値を指定できるのはToDictionaryメソッドと同様です。

このほかの操作

「品名」列の値をStringの列挙に変換

すべての行から「品名」だけを取り出して、文字列の列挙データにします。Selectメソッドで、DataRowをStringに変換しています(→p.326 Selectで、要素を変換する)。

```
データテーブル.AsEnumerable.Select(Function(r) r("品名").ToString)
```

この式はIEnumerable<String>型です。重複する値を取り除くには、上記の式の末尾に.Distinctをつけます(→p.337 重複する要素を除去)。

「品名」が重複する行をすべて削除

「品名」列の値が同じ行を、重複行であるとして削除します。Windowsレガシプロジェクトでは使えません。

```
データテーブル.AsEnumerable.DistinctBy(Function(r) r("品名").ToString)
```

この式は、行の列挙(IEnumerable<DataRow>型)です。

すべての列が重複する行をすべて削除

すべての列値が同じ行を、重複行であるとして削除します。これは『重複行を削除』と同じ動作です。

```
データテーブル.AsEnumerable.Distinct(DataRowComparer.Default)
```

この式は、行の列挙(IEnumerable<DataRow>型)です。「DataRowComparer.Default」は、すべての列を考慮して、2つの行を比較する関数です。

5

2つのデータテーブルの和

すべての列値を考慮して、2つのデータテーブルから重複なく行を取り出します(→ p.344 2つの列挙データの和)。

```
データテーブル.AsEnumerable.Union( _
    別のデータテーブル.AsEnumerable, _
    DataRowComparer.Default)
```

この式は、IEnumerable<DataRow>型です。「DataRowComparer.Default」は、すべての列を考慮して、2つの行を比較する関数です。

Hint
式を途中で改行するには
左の式は、見やすいように改行を入れました。行の末尾に _ を入れると、式の途中で改行できます。

2つのデータテーブルの積

すべての列値を考慮して、2つのデータテーブルに共通する行だけを取り出します(→ p.344 2つの列挙データの積)。

```
データテーブル.AsEnumerable.Intersect( _
    別のデータテーブル.AsEnumerable, _
    DataRowComparer.Default)
```

この式は、IEnumerable<DataRow>型です。「DataRowComparer.Default」は、すべての列を考慮して、2つの行を比較する関数です。

Hint
2つのデータテーブルが、異なる列をもつとき
DataRowComparerは、InvalidOperationException例外をスローします。

2つのデータテーブルの差

すべての列値を考慮して、あるデータテーブルから別のデータテーブルを引いた差分を取り出します(→ p.344 2つの列挙データの差)。

```
データテーブル.AsEnumerable.Except( _
    別のデータテーブル.AsEnumerable, _
    DataRowComparer.Default)
```

この式は、IEnumerable<DataRow>型です。「DataRowComparer.Default」は、すべての列を考慮して、2つの行を比較する関数です。

第6章

メールとWebサービスの操作

UiPathでは、OutlookやGmailなどのメールや、OneDriveやGoogleドライブなどのファイル共有といった多くのWebサービスを、画面を介さずに直接操作できます。UiPath Integration Serviceは、これらのサービスにログインするときの認証情報を簡単に構成して保存できます。本章では、この使い方も説明します。本書では詳しく取り上げませんが、TeamsやDropBox、Box、SlackなどのサービスもIntegration Serviceを使って簡単に自動化できます。

6-1 メールの送受信を準備する

Gmail、Outlook 365、デスクトップ版Outlookの自動化

各メールシステムに専用のスコープアクティビティ『〜を使用』を配置したあとは、すべて同じアクティビティ群（『メールを送信』や『繰り返し（各メール）』など）で操作できます。これらは、UiPath.Mail.Activitiesパッケージにあります。まずは、各スコープアクティビティから説明します。

Gmailの自動化を準備する

『Gmailを使用』を使います。Googleアカウントにログインするための認証情報を構成する必要があります。

❶『Gmailを使用』を配置します。
❷「アカウント」で「+新しいアカウントを追加」を選択し、ログイン情報を構成します（→p.373 外部Webサービスへのログイン情報を構成する）。

Gmail を使用
アカウント
ytsuda@gmail.com
参照名
Gmail
ここにアクティビティをドロップ

この中に『メールを送信』などのアクティビティを配置してください

Hint

Gmailのラベルを操作するには

Google Workspaceパッケージのアクティビティで行えます（→p.65 パッケージをインストールする）。このパッケージの『メールメッセージを取得』は、取得するメールをラベルでフィルターできます。『ラベルを変更』は、メールにラベルを貼り直します。標準のメールパッケージUiPath.Mail.Activitiesが操作するメールはMailMessage型ですが、Google Workspaceパッケージが操作するのはGmailMessage型です。

以上で、Gmailの自動化を準備できました。

Outlook 365の自動化を準備する

『Outlook 365を使用』を使います。PCにOutlookがインストールされていなくても使えますが、Microsoftアカウントにログインするための認証情報を構成する必要があります。

❶『Outlook 365を使用』を配置します。
❷「アカウント」で「+新しいアカウントを追加」を選択し、ログイン情報を構成します（→p.373 外部Webサービスへのログイン情報を構成する）。

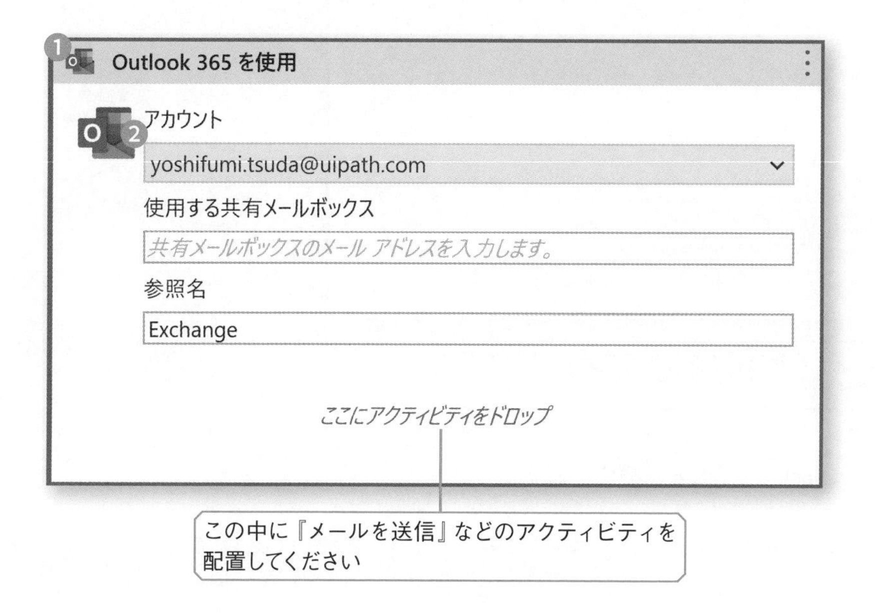

以上で、Outlook 365の自動化を準備できました。

デスクトップ版Outlookの自動化を準備する

『デスクトップ版Outlookアプリを使用』を使います。Outlookがインストールされていれば、認証情報を構成することなく、すぐに使えます。

❶『デスクトップ版Outlookアプリを使用』を配置します。
❷このPCで複数のOutlookアカウントが構成されていれば、「アカウント」で使いたいアカウントを選択します。そうでなければ、「既定のメールアカウント」のままにしておきます。

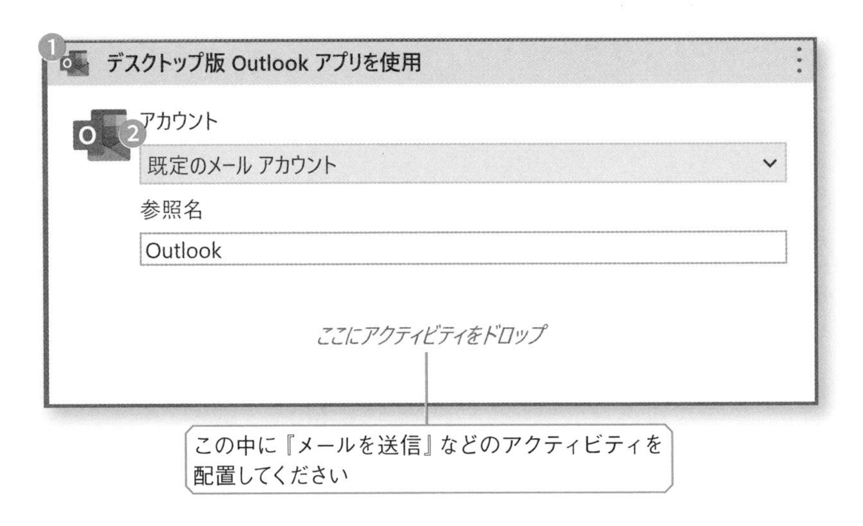

以上で、デスクトップ版Outlookの自動化を準備できました。

6-2 外部Webサービスへのログイン情報を構成する

外部Webサービスの認証情報を保存する

『Gmailを使用』や『Outlook365を使用』のほか、外部のWebサービスを自動で操作する多くのアクティビティが用意されています。これらは、アカウントの認証情報を自動で構成して保存できます。この認証情報は、ローカルPCもしくはUiPathのAutomation Cloud上に保存できます。

認証情報をローカルPCに保存する

この手順は、Studio/RobotsをAutomation Cloudに接続せずに使えます。

❶外部のWebサービスの認証情報を構成したいアクティビティを配置します。ここでは、『Gmailを使用』を配置します（→p.370 Gmailの自動化を準備する）。
❷プロパティパネルで「Integration Serviceを使用」がFalseになっていることを確認します。
❸アクティビティの前面で「アカウント」から「+新しいアカウントを追加」を選択します。
❹「Gmailアカウントを追加」ウィンドウが開きます。
❺認証の種類を「既定」のままで「OK」ボタンをクリックします。

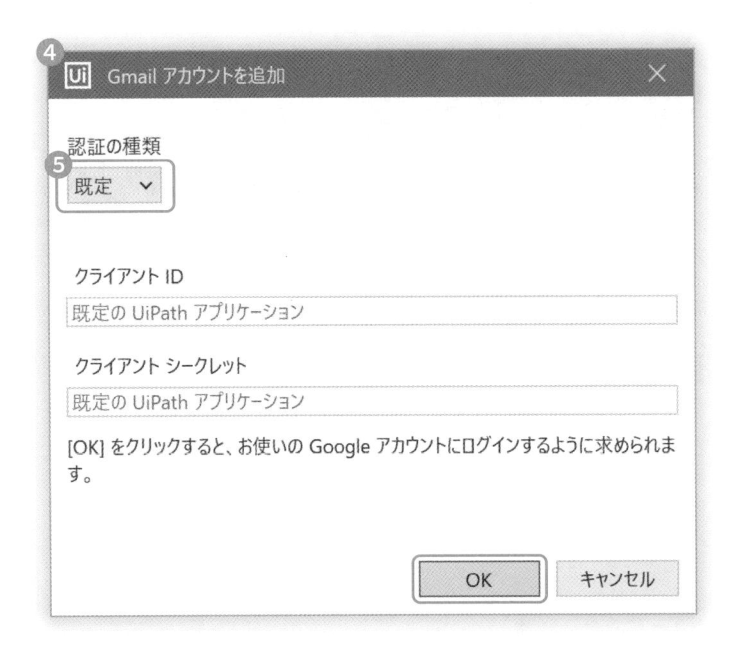

❻ブラウザーが開くので、使いたいアカウントを選択します。アクティビティからのアクセスを許可して「続行」をクリックします。
❼認証できた旨のメッセージがブラウザーに表示されるので、これを閉じます。

以上で、認証情報がPCの%AppData%¥UiPath¥authenticationフォルダーに保存されます。自動化の実行時には、この認証情報を参照します。もし実行時に認証情報がなければ、自動でブラウザーを開いてユーザーに認証情報を要求し、フォルダーに保存します。

認証情報をAutomation Cloudに保存する

UiPath Integration Serviceにより、対話型サインインによる認証情報をAutomation Cloud上にも保存できます。自動化プロセスの実行前に構成できるので、Unattended Robotsでも利用しやすく便利です。

❶外部のWebサービスの認証情報を構成したいアクティビティを配置します。ここでは、『Gmailを使用』を配置します（→p.370 Gmailの自動化を準備する）。
❷プロパティパネルで「Integration Serviceを使用」をTrueに設定します。
❸アクティビティの前面で「アカウント」から「＋新しいアカウントを追加」を選択します。

❹ブラウザーが開くので、使いたいアカウントを選択します。

❺アクティビティからのアクセスを許可して「続行」ボタンをクリックします。

❻認証できたメッセージがブラウザーに表示されるので、これを閉じます。

以上で、認証情報がAutomation Cloud上のIntegration Serviceに保存されます。このプロセスをパブリッシュすると、使用するアカウントをAssistant上のプロセス詳細画面で確認できます（→p.34 プロセスの設定を変更する）。

このほかの外部Webサービスについて

本書では、MicrosoftとGoogleのWebサービスの自動化について説明しますが、ほかにも多くのWebサービスをIntegration Serviceで自動化できます。これは画面操作を伴わないので、簡単に作成でき、高速に実行されます。また、これらのWebサービスのイベント時（ファイルのアップロード時やメール受信時など）に、自動化を自動で開始するようにも構成できます（→p.85 トリガーで、プロセスを自動で開始する）。

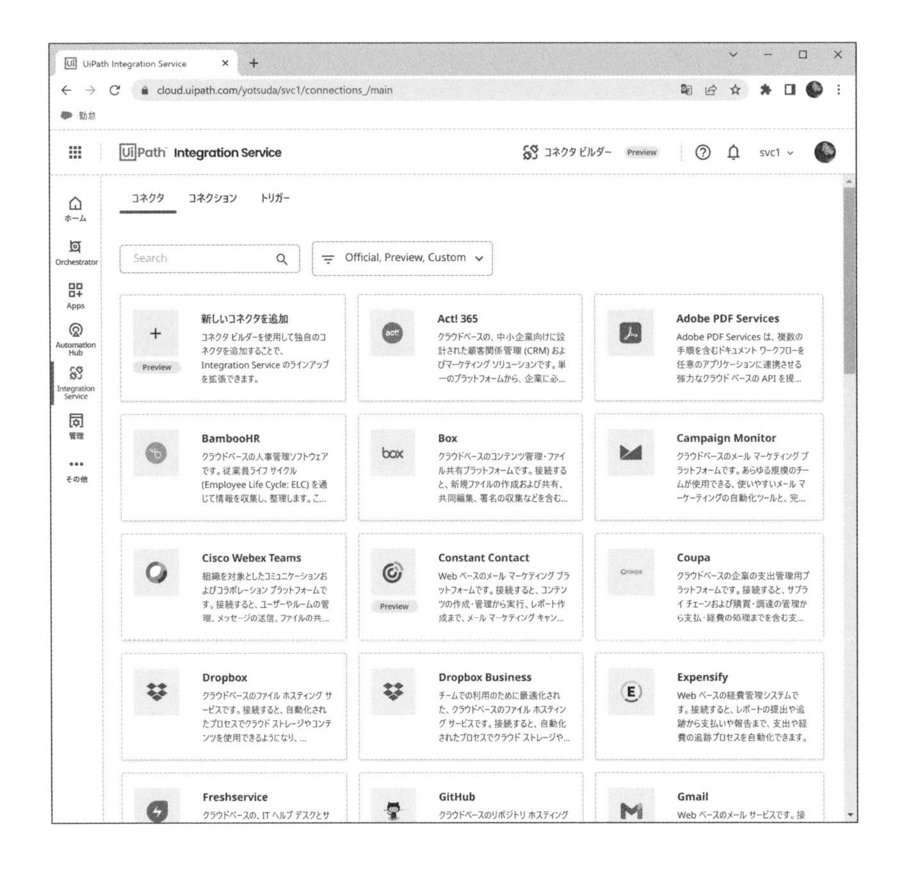

これらのWebサービスを自動化するには、Integration Serviceのコネクタに対応したパッケージをインストールしてください（→p.65 パッケージをインストー

ルする)。Integration Serviceをサポートしない旧版のパッケージもあるのでご注意ください。バージョン番号が新しく、「パッケージを管理」ウィンドウの説明に「INTEGRATION SERVICE」と表示があるパッケージを試してください。

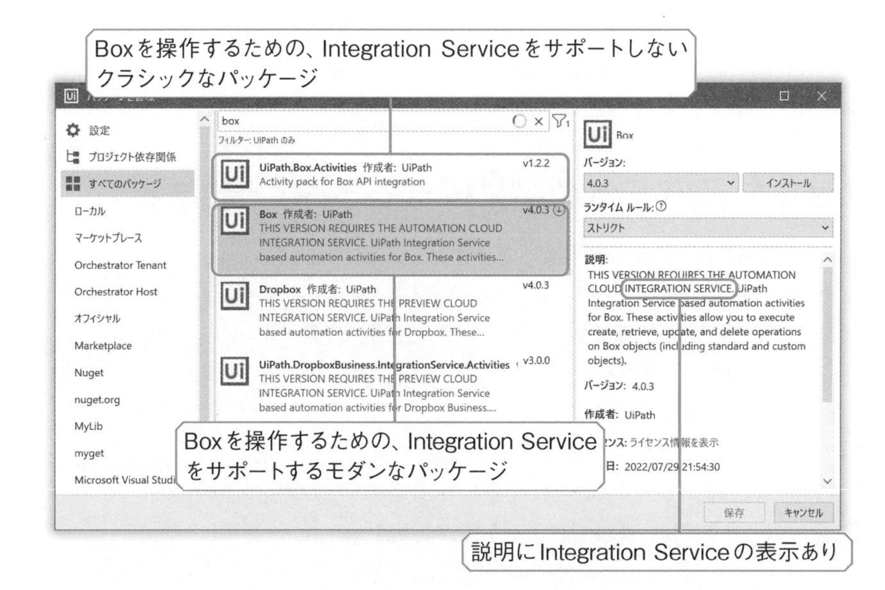

Box と Dropbox は、クラウド上で人気のファイル共有サービスです。

認証について留意事項

対話型サインインによる認証情報の利用には、次の点に留意してください。

保存した認証情報は、一定期間で有効期限が切れる

この期間は各Webサービスで異なりますが、Outlookでは最後に使ったときから90日間です。このほか、パスワードの期限切れなどによっても認証情報は無効になります。

保存した認証情報にアクセスできない状況に注意

Studioで保存した認証情報に、Assistantがアクセスできないことがあります。そのワークフローを違うPC上で実行したときや、その認証情報が削除されたときなどです。

Unattended Robotsには、Integration Serviceを使う

認証情報を利用できない上述のような状況では、ワークフローの実行時に対話型サインインが要求されます。ユーザーが応答すれば認証情報が保存されますが、Unattended Robotsはこの要求に応答できないことに留意してください。Integration Serviceを利用し、有効な認証情報をAutomation Cloud上に維持することで、対話型サインインの発生を避けてください。

ユーザーのアクセスを、UiPath製品に付与できるようにする

Webサービスのポリシー設定によっては、その管理者が「対話型サインインにより、そのユーザーと同じアクセスをUiPath製品（アプリ）に付与できる」ことを承認する必要があります。この手続きは、初めて認証情報を保存しようとしたときに自動で開始されます（ブラウザー上で、管理者のサインインと承認が要求されます）。この結果、そのアプリ名がWebサービス側に自動で登録されます。

この承認（によるアプリ名の登録）が必要となるのは1回だけです。ただし、アクティビティによって必要となるアプリ名と権限が異なることに注意してください。そのため、別のアクティビティを初めて使うときには、管理者による承認が再度要求される場合があります。

Hint

アプリ名について

アプリ名は、アクティビティにより異なります。たとえば、Microsoft 365パッケージのアクティビティは、アプリ名「UiPathStudioO365App」でMicrosoftのサービスに接続します。

6-3 メールを送信する

誤った宛先に送信しないように注意する

メール送信の自動化は簡単ですが、それだけに事故も起きやすいものです。宛先の数が多いときは、特に注意してください。

下書きの作成と送信

『メールを送信』で、メールの下書きの作成と送信ができます。

❶メールの送受信を準備します（→p.370 メールの送受信を準備する）。ここでは、『Gmailを使用』を配置します。
❷『メールを送信』を配置します。
❸「アカウント」の右端の⊕丸十字アイコンをクリックし、準備したメールシステムの参照名を選択します。
❹「宛先」に、送信先のメールアドレスを入力します。
❺「件名」に、メールの件名を入力します。
❻「本文」の設定方法は、次の説明を参照してください（→p.380 本文を設定する）。
❼添付したいファイルがあれば、「添付ファイル」の右端の□フォルダーアイコンをクリックして選択します。

パンくず Gmailを使用 > メールを送信

2 メールを送信
アカウント
3 Gmail
宛先
4 "kei.eto@uipath.com"
Cc
Cc
件名
5 "はろー"
6 本文 ◉ HTML ○ テキスト ○ Word 文書
エディターを開く
☑ 下書きとして保存
添付ファイル ◉ ファイル ○ フォルダー
7 ファイル

Hint

「下書きとして保存」チェックボックス

「下書きとして保存」チェックボックスをアンチェックすると、このメールはすぐに送信されます。

Hint

「返信先」プロパティ

プロパティパネルの「返信先」は、ロボットが送信したメールの受信者が、メールソフトで返信するときに既定で設定される返信先メールアドレスです。

以上で、メールの下書き作成を自動化できました。これを送信するには、読者がメールソフトで下書きを開き、送信先アドレスが正しいことを確認した上で送信ボタンを押してください。これは、誤った送信先にメールを送信する事故の予防に有効な運用です。

本文を設定する

『メールを送信』では、メールの本文を3通りの方法で設定できます。「本文」のラジオボタンで選択してください。

テキスト形式

送信したいテキストを、直接指定してください。変数も使えます（→p.96 変数を加工して、別のテキストを得る）。ただし文字装飾は使えません。

本文 ○ HTML ◉ テキスト ○ Word 文書
{} 先方のお名前 + " 様、こんにちは。"
☑ 下書きとして保存

HTML形式

変数と文字装飾の両方が使えます。DataTable型の変数を表形式で本文中に挿入することもできます。

❶「本文」で「HTML」を選択します。
❷「エディターを開く」ボタンをクリックします。

❸「HTMLコンテンツを編集」ウィンドウで、送信したい本文を入力します。
❹変数値を埋め込むには、「⊕データの値を追加」から「＋データ値をマッピング...」をクリックします。

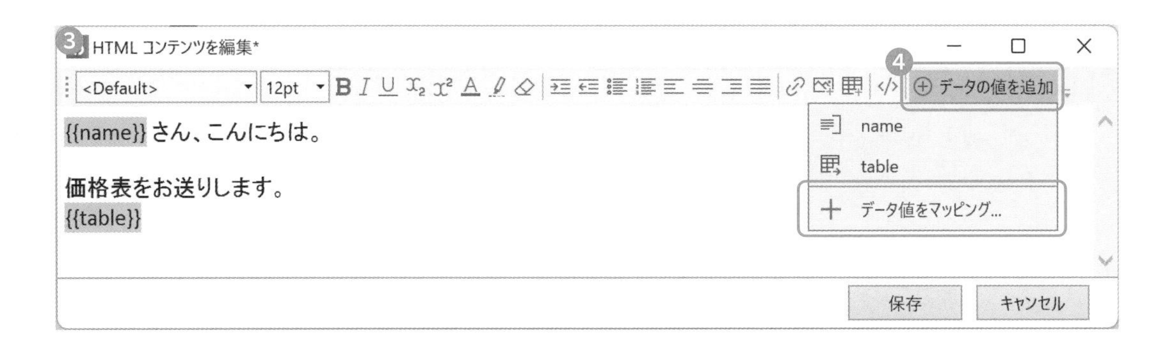

❺「値を入力」から「単一の値」を選択して「値」に変数名を入力します。DataTable型の変数を表にして埋め込むには、「値を入力」から「表」を選択して「値」にDataTable型の変数名を入力します。「OK」ボタンをクリックします。

❻「HTMLコンテンツを編集」ウィンドウで、埋め込みたい値を「⊕データの値を追加」から選択します。

以上で、HTML形式の本文に変数値が埋め込まれました。

Word文書形式

『デスクトップ版Outlookアプリを使用』でのみ使えます。プロジェクトフォルダーにWord形式のファイルを配置しておき、そのファイル名を指定してください。このファイルの内容がメールの本文に使われます。Wordの文字装飾もそのまま適用されますが、変数値を直接埋め込むことはできません。その必要があるときは、メール送信に先立ってこのWordファイルを加工してください（→p.143 Word文書内のテキストを置換する）。

本文 ○ HTML ○ テキスト ◉ Word 文書
{} "メール本文.docx"
☑ 下書きとして保存

Hint

Word文書ファイルは、このプロジェクトフォルダー内に配置しておく

このプロジェクトフォルダー内に配置したファイルは、パブリッシュ時にパッケージファイル内に同梱されます。そのため、このプロセスをほかのマシン上で実行した場合にもこのWord文書ファイルを操作できるため、とても便利です。

ファイルを添付する

『メールを送信』の下部で、添付したいファイルのパスを複数指定できます。フォルダーのパスを指定すると、そのフォルダー直下にあるファイルをすべて添付します（サブフォルダーは添付されません）。ファイルとフォルダーのパスは、変数でも指定できます。

本文 ◉ HTML ○ テキスト ○ Word 文書
エディターを開く
☑ 下書きとして保存
添付ファイル ◉ ファイル ○ フォルダー
{} "Book1.xlsx"
{} ファイル

Hint

ファイルとフォルダーは同時に複数を添付できる

ファイルとフォルダーの両方を同時に指定できます。「添付ファイル」ラジオボタンは、設計時のフォルダーアイコンの動作を決めるだけのものであり、実行時の動作には影響しません。

6-4 メールを受信する

メールを受信する

『繰り返し（各メール）』は、指定のフォルダーに届いたメールを順に取り出します。

❶メールの送受信を準備します（→p.370 メールの送受信を準備する）。ここでは、『Gmailを使用』を配置します。
❷『繰り返し（各メール）』を配置します。
❸「対象フォルダー」の右端の⊕丸十字アイコンをクリックし、Gmailをホバーし、メールを取り出したいフォルダーを選択します。ここでは「Inbox」（受信ボックス）を選択します。
❹「メールの上限数」に、フィルター条件に合致するメールのうち最大で何件取り出すかを設定します。
❺必要に応じて、取り出したいメールのフィルター条件を追加します。たとえば、未読メールだけを取り出したい場合は、「未読メール」をチェックします。
❻そのほか、詳細なフィルター条件を「追加フィルター」に指定します。
❼メールの件名や本文を使いたいアクティビティを配置します。ここでは『メッセージボックス』を配置します。

パンくず Gmailを使用 > 繰り返し（各メール）

●⑥の追加フィルター設定画面

⑧「テキスト」の右端の⊕丸十字アイコンをクリックし、変数「CurrentMail」から取り出したい項目を選択します。ここでは「件名」を選択します。

Hint

各項目を変数に取り出す

『代入』で、各項目の値を変数に代入することもできます。項目の多くはString型ですが、「日付」はDateTime型です。項目と同じ型の変数に『代入』してください。

パンくず Gmailを使用 > 繰り返し（各メール）> メッセージボックス

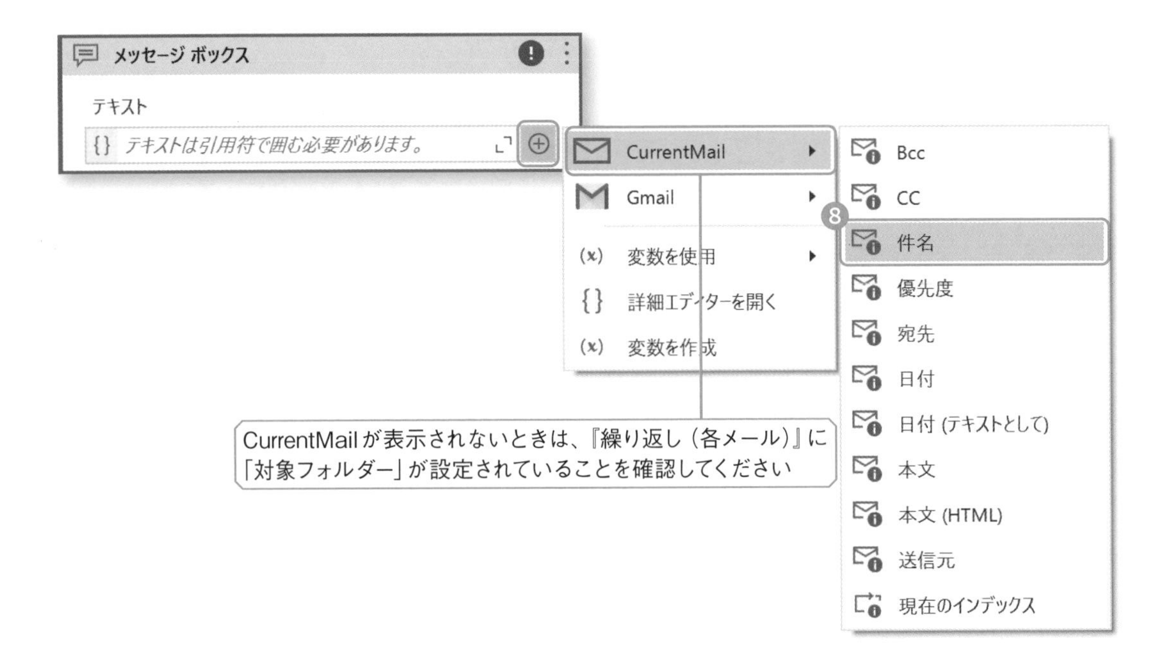

実行すると、取り出したメールの件名を順に表示します。

受信したメールから添付ファイルを取り出す

『メールの添付ファイルを保存』は、受信メールから添付ファイルを取り出します。

❶『繰り返し（各メール）』を配置して構成します（→p.384 メールを受信する）。
❷『メールの添付ファイルを保存』を配置します。
❸「メール」の右端の⊕丸十字アイコンをクリックし、変数「CurrentMail」を使用します。
❹必要に応じて、「ファイル名でフィルター」を設定します。たとえば、Excelファイルだけを保存するには"*.xlsx"を設定します。
❺「保存先フォルダー」の右端の🗀フォルダーアイコンをクリックして、添付ファイルを保存するフォルダーを選択します（→p.102 パス文字列を操作する）。

パンくず Gmailを使用 > 繰り返し（各メール）> メールの添付ファイルを保存

2 メールの添付ファイルを保存
メール
3 {} CurrentMail
ファイル名でフィルター (例: *.xls):
4 {} "*.xlsx"
☑ インライン添付ファイルを除外
保存先フォルダー
5 {} "C:¥Users¥yoshifumi¥Documents"
☐ 既存ファイルを上書き

実行すると、指定のフォルダーに添付ファイルが保存されます。

Hint

本文中に埋め込まれた画像を除外するには

「インライン添付ファイルを除外」をチェックしてください。

Hint

保存したファイルのパス一覧を取得するには

プロパティパネルで「添付ファイル」に変数を作成してください。この変数から、『繰り返し（コレクションの各要素）』で、保存したファイルのパスを1つずつ取り出せます（→ p.310 要素を1つずつ取り出す）。

受信したメールを保存する

『メールを保存』は、メールメッセージをディスクに保存します。

❶『繰り返し（各メール）』を配置して構成します（→p.384 メールを受信する）。
❷『メールを保存』を配置します。
❸「メール」の右端の⊕丸十字アイコンをクリックし、変数「CurrentMail」を使用します。
❹「保存先フォルダー」の右端の🗀フォルダーアイコンをクリックして、保存するフォルダーを選択します（→p.102 パス文字列を操作する）。

パンくず Gmailを使用 > 繰り返し (各メール) > メールを保存

メールを保存

メール

{} CurrentMail

保存先フォルダー

{} "C:¥Users¥yoshifumi¥Documents"

ファイル名 (任意)

{} ファイル名

Hint

保存されるファイルの名前

「ファイル名 (任意)」を指定しないときは、メールの件名がファイル名として使われます。

実行すると、Gmailのメッセージは.eml形式で、Outlookのメッセージは.msg形式で、保存されます。

受信したメールの既読/未読を設定する

『メールを既読/未読にする』は、メールメッセージを未読または既読にします。

❶『繰り返し (各メール)』を配置して構成します (→p.384 メールを受信する)。
❷『メールを既読/未読にする』を配置します。
❸「メール」の右端の⊕丸十字アイコンをクリックし、変数「CurrentMail」を使用します。
❹「マーク」で、「既読/未読」のいずれかを選択します。

パンくず Gmailを使用 > 繰り返し (各メール) > メールを既読/未読にする

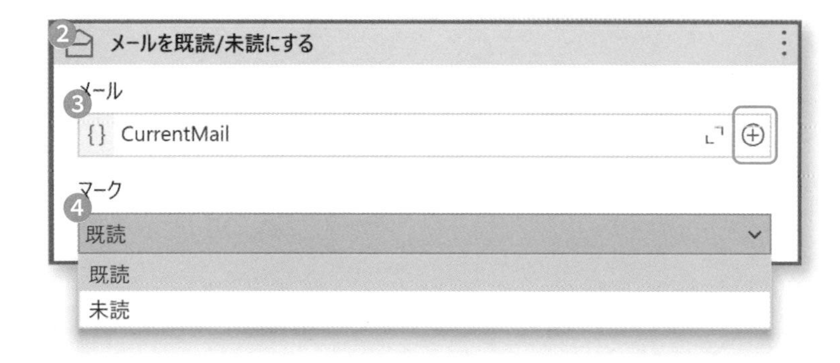

実行すると、現在のメールが既読/未読としてマークされます。

受信したメールに返信する

『メールに返信』は、受信したメールに返信します。

❶『繰り返し (各メール)』を配置して構成します (→p.384 メールを受信する)。
❷『メールに返信』を配置します。
❸「メール」の右端の⊕丸十字アイコンをクリックし、変数「CurrentMail」を使用します。
❹本文を設定します (→p.380 本文を設定する)。
❺必要に応じて、宛先メールアドレスの追加や、ファイルを添付します。

パンくず Gmailを使用 > 繰り返し (各メール) > メールに返信

実行すると、元のメールの送信者に対してメールを返信します。「新しい件名」を指定しないときの件名は、元の件名に「Re:」をつけたものになります。

Hint

メールを転送するには

『メールを転送』を使います。この使い方は『メールに返信』と同じですが、「宛先」は必ず指定する必要があります。

Hint

返信すべきメールだけに返信するには

『繰り返し (各メール)』の中に『条件分岐 (if)』を配置して、現在のメール (CurrentMail) の各項目により、処理を分岐してください (→p.384 メールを受信する)。返信が不要なメールに対しては、『現在の繰り返しをスキップ』することにより、現在のメールに対する処理をスキップして次のメールに処理を進めることができます (→ p.313 繰り返しの流れを制御する)。

受信したメールを、ほかのフォルダーに移動する

『メールを移動』は、受信したメールを同じメールシステム上のほかのフォルダーに移動します。ここでは、迷惑メールフォルダーに移動します。

❶『繰り返し（各メール）』を配置して構成します（→p.384 メールを受信する）。
❷『メールを移動』を配置します。
❸「メール」の右端の⊕丸十字アイコンをクリックし、変数「CurrentMail」を使用します。
❹「移動先」の右端の⊕丸十字アイコンをクリックし、Gmail → [Spam] を選択します。

パンくず Gmailを使用 > 繰り返し（各メール）> メールを移動

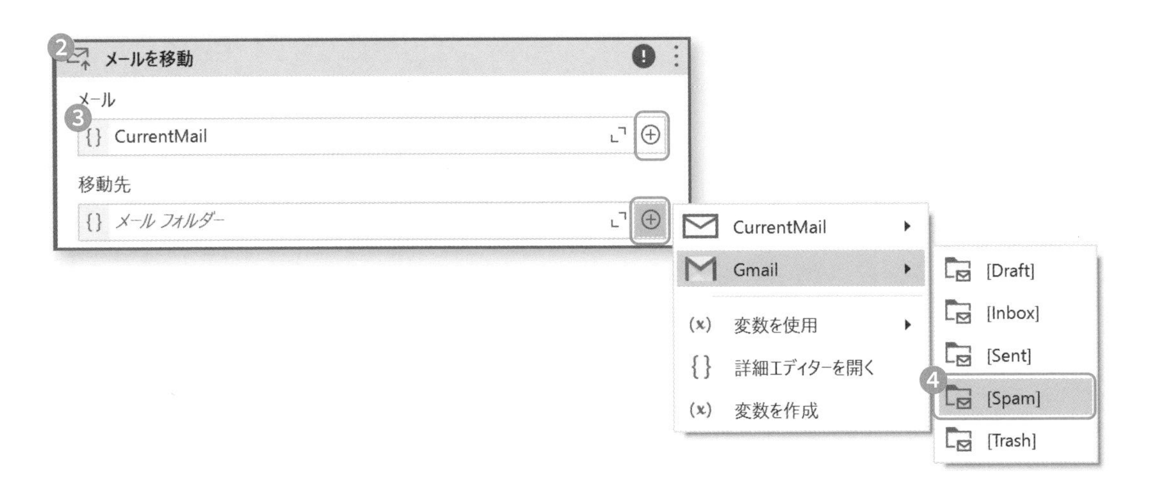

実行すると、現在のメールが指定のフォルダーに移動されます。

受信したメールを削除する

『メールを削除』を使います。

❶『繰り返し（各メール）』を配置して構成します（→p.384 メールを受信する）。
❷『メールを削除』を配置します。
❸「メール」の右端の⊕丸十字アイコンをクリックし、変数「CurrentMail」を使用します。

❹このメールメッセージをゴミ箱フォルダーに移動せず、完全に削除するには「完全に削除」チェックボックスをチェックします。

パンくず Gmailを使用 > 繰り返し(各メール) > メールを削除

実行すると、現在のメールが削除されます。

Hint

メールメッセージを削除せず、アーカイブするには

『メールをアーカイブ』を使います。メールメッセージは受信ボックスからは取り除かれますが、アーカイブフォルダーに残ったままとなります。アーカイブフォルダー名は、Gmailでは「すべてのメール」、Outlookでは「アーカイブ」です。

予定の招待状を送信する

『カレンダー/予定表の招待を送信』は、先方のカレンダーに予定を送信します。今のところ、このアクティビティは『デスクトップ版Outlookアプリを使用』の中でのみ動作します。

❶メールの送受信を準備します(→p.370 メールの送受信を準備する)。ここでは、『デスクトップ版Outlookアプリを使用』を配置して構成します。
❷『カレンダー/予定表の招待を送信』を配置します。
❸「アカウント」の右端の⊕丸十字アイコンをクリックし、使用するメールシステムを選択します。
❹「タイトル/件名」を入力します。
❺「必須出席者」のメールアドレスを、「;」(セミコロン)で区切って入力します。
❻そのほか、必要な項目を入力します。
❼繰り返しの予定としたい場合は、「定期実行を設定」から設定します。
❽すぐに送信したい場合は、「送信せずに保存」チェックボックスのチェックを外します。「送信せずに保存」をチェックしたときは、招待状は送信されず、下書きが保存されます。読者がメールソフトでこの下書きを開き、送信先アドレスが正しいことを確認した上で送信ボタンを押してください。このような運用は、誤った送信先に招待状を送信する事故の予防に有効です。

パンくず デスクトップ版Outlookアプリを使用 > カレンダー / 予定表の招待を送信

実行すると、指定の宛先に予定の招待状が送信されます。

6-5 OneDriveを使う

Microsoftのファイル共有サービス

ブラウザーで次のURLを開くと、OneDriveにアクセスできます。

●自分のファイル - OneDrive

```
https://onedrive.com/
```

Microsoft Office 365パッケージをインストールしてください。OneDriveを操作するアクティビティが、アクティビティパネルの「連携/Microsoft/Office 365/ファイル」カテゴリに追加されます（→p.65 パッケージをインストールする）。

OneDriveの自動化を準備する

『OneDriveとSharePointを使用』を使います。Microsoftアカウントにログインするための認証情報を構成する必要があります。

❶『OneDriveとSharePointを使用』を配置します。
❷「アカウント」で「+新しいアカウントを追加」を選択し、ログイン情報を構成します（→p.373 外部Webサービスへのログイン情報を構成する）。

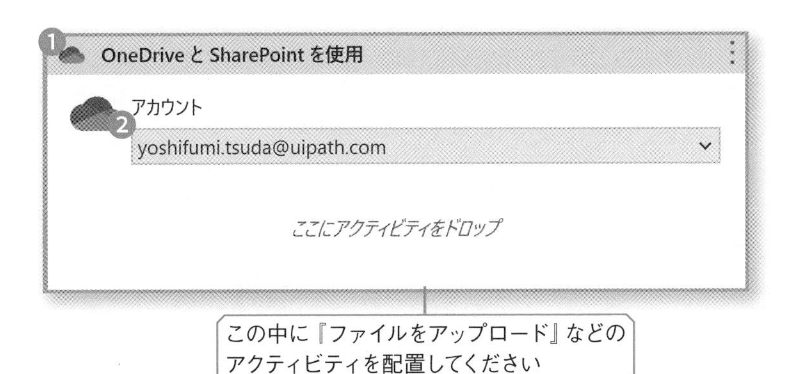

Hint

Microsoft 365パッケージについて

このパッケージの新しいバージョンには、OneDriveやExcelオンラインを操作するためのモダンなアクティビティ群が追加される予定です。伴い、本書に紹介したアクティビティ群は「Office 365クラシック」と呼ばれることになるでしょう。「Office 365モダン」はより簡単で便利に使えるようになる一方で、認証情報をローカルに保存することはできなくなる予定です。そのため、オンプレ版Orchestratorの環境ではOffice 365クラシックを使う機会が残るはずです。

以上で、OneDriveとSharePointの自動化を準備できました。

ファイル/フォルダーを取得する

『ファイル/フォルダーを取得』は、OneDrive上のファイル/フォルダーの参照をDriveItem型の変数に代入します。対象のファイル/フォルダーは、ワークフローの設計時にダイアログで選択できます。この変数は、後続のOneDriveアクティビティに操作対象を指定するのに使います。この変数のプロパティから、そのファイル/フォルダーの情報（URLや作成日時など）を取り出せます。

Hint

IDでもファイルを指定できる

ダイアログでファイルを選択する代わりに、IDを使ってもファイルを指定できます。OneDriveにアップロードしたファイル/フォルダーには、IDが付与されます。ダイアログでファイルを選択すると、このIDが自動でプロパティに設定されます。

❶『OneDriveとSharePointを使用』を配置して構成します（→p.393 OneDriveの自動化を準備する）。
❷『ファイル/フォルダーを取得』を配置します。
❸「ファイルまたはフォルダー」の右端のフォルダーアイコンをクリックして、取得したいOneDrive上のファイル/フォルダーを設定します。フォルダーはダブルクリックせず、選択してダイアログの「開く」をクリックすると設定できます。
❹「参照名」の右端の⊕丸十字アイコンをクリックし、変数「DriveItem」を作成します。

パンくず OneDriveとSharePointを使用 > ファイル/フォルダーを取得

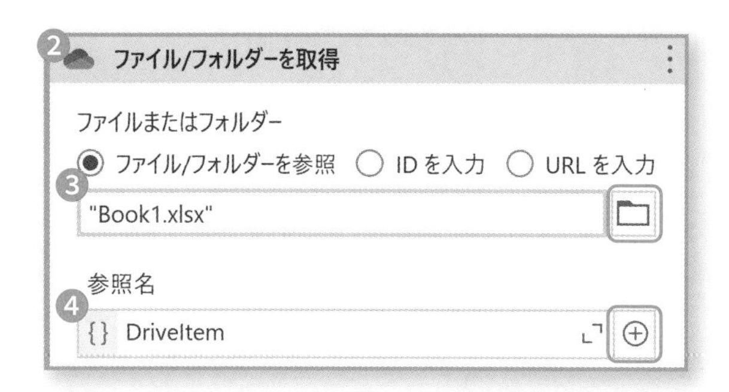

実行すると、選択したファイル/フォルダーを指すDriveItemが変数に代入されます。

ファイルをダウンロードする

『ファイルをダウンロード』は、OneDriveからファイルをダウンロードします。直前に『ファイル/フォルダーを取得』を配置し、ダウンロードしたいファイルの参照を取得してください。

❶『OneDriveとSharePointを使用』を配置して構成します（→p.393 OneDriveの自動化を準備する）。
❷『ファイル/フォルダーを取得』を配置して、ダウンロードしたいファイルを変数に取得します（→p.394 ファイル/フォルダーを取得する）。
❸『ファイルをダウンロード』を配置します。
❹「ダウンロードするファイル」の右端の⊕丸十字アイコンをクリックし、『ファイル/フォルダーを取得』で取得した変数を使用します。
❺「ダウンロード場所」に、ダウンロード先フォルダーのパスを指定します（→p.102 パス文字列を操作する）。

Hint

ダウンロード場所の指定

ここにフォルダーのパスを指定すると、元のファイル名のままでダウンロードされます。ファイルのパスを指定すると、ダウンロードしたファイルの名前はそのパス名に変更されます。

パンくず OneDriveとSharePointを使用 > シーケンス

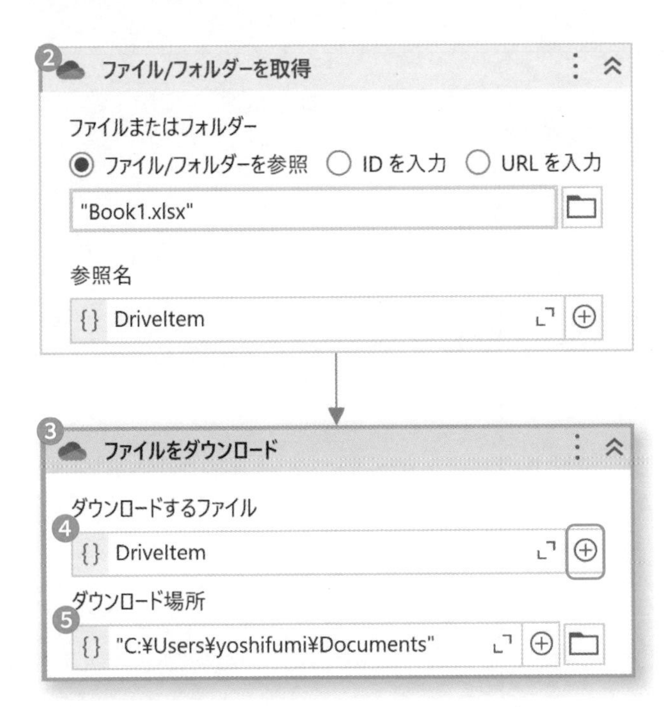

実行すると、OneDrive上のファイルがローカル（このPC）にダウンロードされます。

ファイルをアップロードする

『ファイルをアップロード』は、OneDriveにファイルをアップロードします。直前に『ファイル/フォルダーを取得』を配置し、アップロード先フォルダーのDriveItemを取得してください。

❶『OneDriveとSharePointを使用』を配置して構成します（→p.393 OneDriveの自動化を準備する）。
❷『ファイル/フォルダーを取得』を配置し、アップロード先のフォルダーを取得します（→p.394 ファイル/フォルダーを取得する）。
❸『ファイルをアップロード』を配置します。
❹「アップロードするファイル」に、アップロードしたいファイルを指定します（→p.102 パス文字列を操作する）。
❺「アップロード先フォルダー」の右端の⊕丸十字アイコンをクリックし、『ファイル/フォルダーを取得』で取得した変数を使用します。指定しないと、OneDriveのルートフォルダーにアップロードされます。
❻「競合の解決方法」で、「置換」「失敗」「名前を変更」のいずれかを選択します。

パンくず　OneDriveとSharePointを使用 > ファイルをアップロード

実行すると、ローカル（このPC）のファイルがOneDrive上のフォルダーにアップロードされます。

OneDriveを操作するアクティビティ一覧

Microsoft Office 365パッケージの「連携/Microsoft/Office 365/ファイル」カテゴリにあります。すべて、『OneDriveとSharePointを使用』の中に配置してください。

●OneDriveを操作するアクティビティ一覧

アクティビティ名	説明
『ファイル/フォルダーを取得』	OneDrive上のIDもしくはダイアログで指定したファイル/フォルダーのDriveItemを取得 （→ p.394 ファイル/フォルダーを取得する）
『ファイルをダウンロード』	DriveItemで指定したファイルを、ローカルPCにダウンロード （→p.395 ファイルをダウンロードする）
『ファイルをアップロード』	ローカルのファイルをOneDriveにアップロードし、そのDriveItemを取得 （→p.396 ファイルをアップロードする）
『繰り返し（ファイル/フォルダー）』	OneDrive上のファイル/フォルダーをDriveItemで列挙
『フォルダーを作成』	OneDrive上にフォルダーを作成し、そのDriveItemを取得
『ファイル/フォルダーをコピー』	DriveItemで指定されたアイテムをOneDrive上でコピーし、そのDriveItemを取得
『ファイル/フォルダーを移動』	DriveItemで指定されたアイテムをOneDrive上で移動し、そのDriveItemを取得。
『ファイルをPDFとしてエクスポート』	DriveItemで指定されたアイテムをPDF形式でダウンロード

6-6 OneDrive上のExcelファイルを操作する

ダウンロードせず、直接読み書きできる

Microsoft Office 365パッケージをインストールしてください。OneDrive上のExcelファイルを直接操作するアクティビティが、アクティビティパネルの「連携/Microsoft/Office 365/Excel」カテゴリに追加されます（→p.65 パッケージをインストールする）。

Office 365の自動化を準備する

『Microsoft Office 365スコープ』を使います。これはIntegration Serviceをサポートしませんが、ローカルPCに認証情報を保存します。

❶『Microsoft Office 365スコープ』を配置します。
❷プロパティパネルで「サービス」プロパティから「Files」を選択します。
❸プロパティパネルで「認証の種類」プロパティが「InteractiveToken」となっていることを確認します。

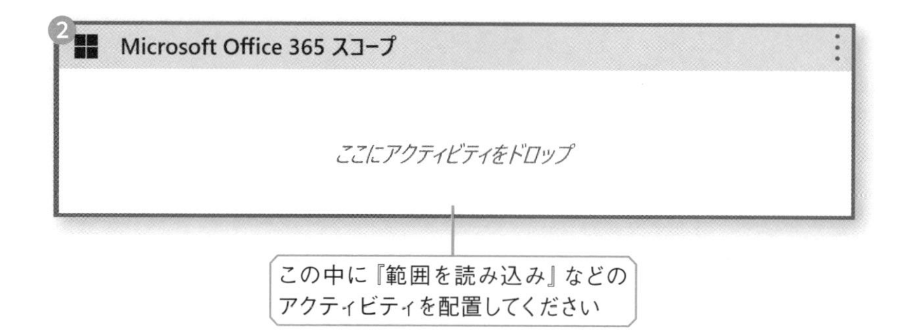
2
Microsoft Office 365 スコープ
ここにアクティビティをドロップ
この中に『範囲を読み込み』などのアクティビティを配置してください

以上で、OneDriveにあるExcelファイル操作の自動化を準備できました。実行すると、自動でブラウザーを開いてユーザーに認証情報を要求し、%AppData%¥UiPath¥authenticationフォルダーに保存します。

Excelファイルの自動化を準備する

『Microsoft Office 365スコープ』の中に、専用のアクティビティ群を配置してください。まず、操作したいExcelファイルへの参照を、前述の『ファイル/フォルダーを取得』で取得する必要があります。しかし、『ファイル/フォルダーを取得』を『Microsoft Office 365スコープ』の中に配置すると、OneDrive上のファイルをダイアログで選択する機能が動作しません。このため、まず『OneDriveとSharePointを使用』の中に『ファイル/フォルダーを取得』を配置し、ファイルをダイアログで選択してください。ファイルIDが設定されるので、この『ファイル/フォルダーを取得』を『Microsoft Office 365スコープ』の中に移動してください。

Hint

Excelオンラインのモダンアクティビティ

新しいMicrosoft 365パッケージに含まれるモダンなExcelオンラインアクティビティは、スコープアクティビティの中に入れる必要がなくなり、より便利になります。ぜひお試しください。本書でご紹介しているのは、クラシックなExcelオンラインアクティビティであることに注意してください。

❶『OneDriveとSharePointを使用』を配置します。
❷『ファイル/フォルダーを取得』を配置し、OneDrive上のExcelファイルの参照を取得します（→p.394 ファイル/フォルダーを取得する）。
❸『Microsoft Office 365スコープ』を『OneDriveとSharePointを使用』の直後に配置します（→p.398 Office 365の自動化を準備する）。
❹『ファイル/フォルダーを取得』を『Microsoft Office 365スコープ』の中にドラッグして移動します。

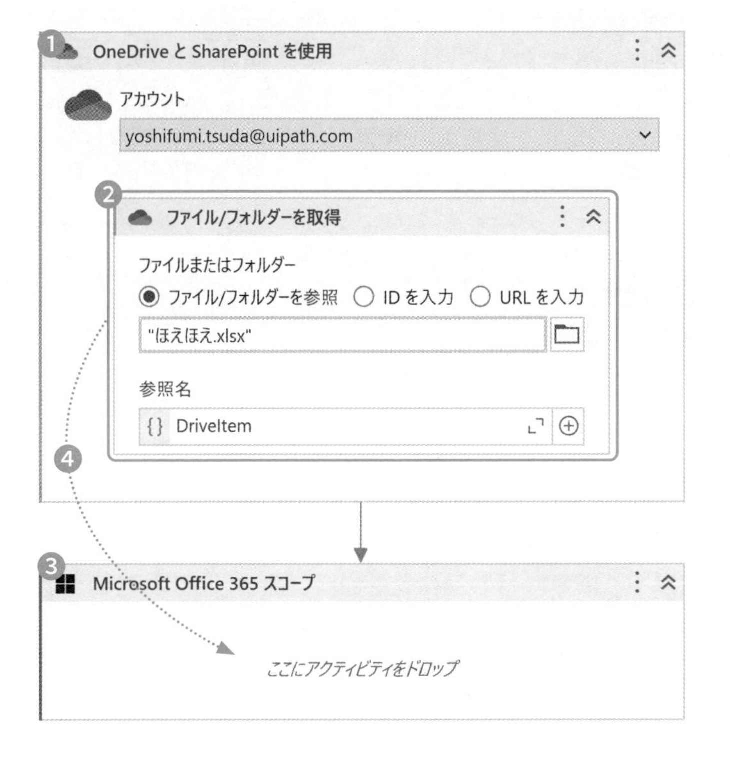

❺不要になった『OneDriveとSharePointを使用』を削除します。次のようになります。

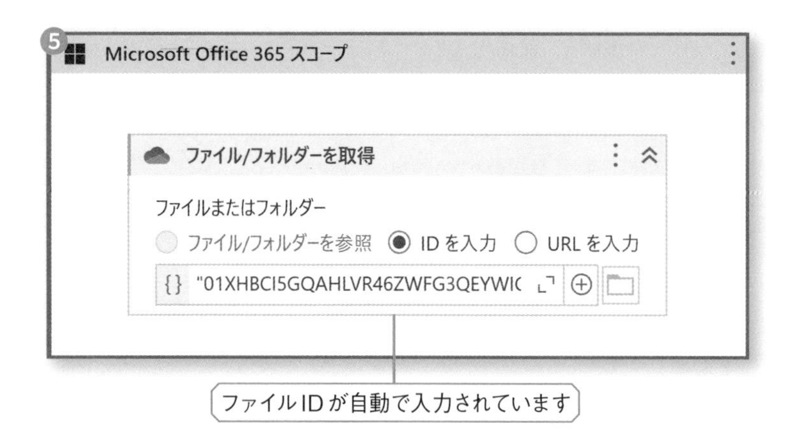

以上で、OneDrive上のExcelファイルの自動化を準備できました。

範囲をデータテーブルに読み込む

Microsoft Office 365パッケージの『範囲を読み込み』を使います。Excelパッケージにも同名のアクティビティがあるので、間違えないでください。

Hint
『範囲を読み込み』に注意
Microsoft Office 365パッケージの『範囲を読み込み』を配置してください。Excelパッケージに同名のアクティビティがあるので注意してください。

❶『Microsoft Office 365スコープ』と『ファイル/フォルダーを取得』を配置します（→p.399 Excelファイルの自動化を準備する）。
❷『範囲を読み込み』を配置します。
❸「ブック」の右端にある⊕丸十字アイコンをクリックし、『ファイル/フォルダーを取得』で取得した変数「DriveItem」を使用します。
❹「シート名」に、範囲を含むシート名を指定します。
❺「範囲」に、範囲のアドレスを指定します。指定しない場合は、このシート全体が読み込まれます。

パンくず Microsoft Office 365スコープ

❻プロパティパネルで、「データテーブル」の右端の⊕丸十字アイコンをクリックし、変数「データテーブル」を作成します。

❼先頭の行を列名として扱いたいときは、プロパティパネルで「ヘッダーを追加」にチェックします。

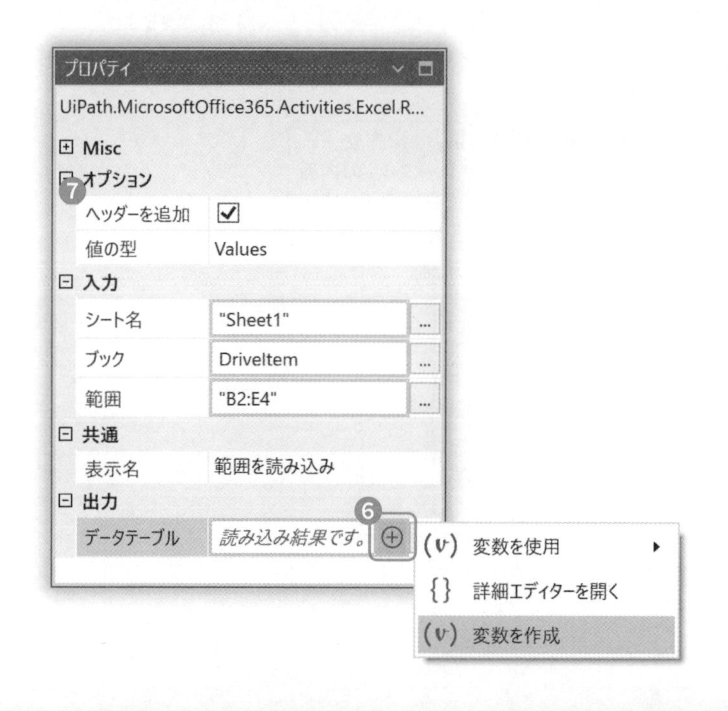

Hint

意図したデータを読み取れないときは

プロパティパネルで「値の型」を変更してみてください。

Hint

範囲をテーブルの名前で指定したいときは

『範囲に読み込み』の「範囲」には、テーブル名を直接指定できません。直前に『テーブルの範囲を取得』を配置して、このテーブルのアドレスを取得し、それを『範囲に読み込み』の「範囲」に指定してください。

実行すると、OneDrive上のExcelファイルから、指定の範囲が変数に読み込まれます（→p.349 データテーブルに固有の操作）。

範囲にデータテーブルを書き込む

Microsoft Office 365パッケージの『範囲に書き込み』を使います。Excelのパッケージにも同名のアクティビティがあるので、間違えないでください。

❶『Microsoft Office 365スコープ』と『ファイル / フォルダーを取得』を配置します（→p.399 Excelファイルの自動化を準備する）。
❷『範囲に書き込み』を配置します。
❸「ブック」の右端の⊕丸十字アイコンをクリックし、『ファイル / フォルダーを取得』で取得した変数「DriveItem」を使用します。
❹「シート名」に、範囲を含むシート名を指定します。
❺「開始セル」に、書き込み先の左上のセルのアドレスを指定します。
❻「データテーブル」に、先行するアクティビティで準備したDataTable型の変数を指定します。

パンくず Microsoft Office 365スコープ

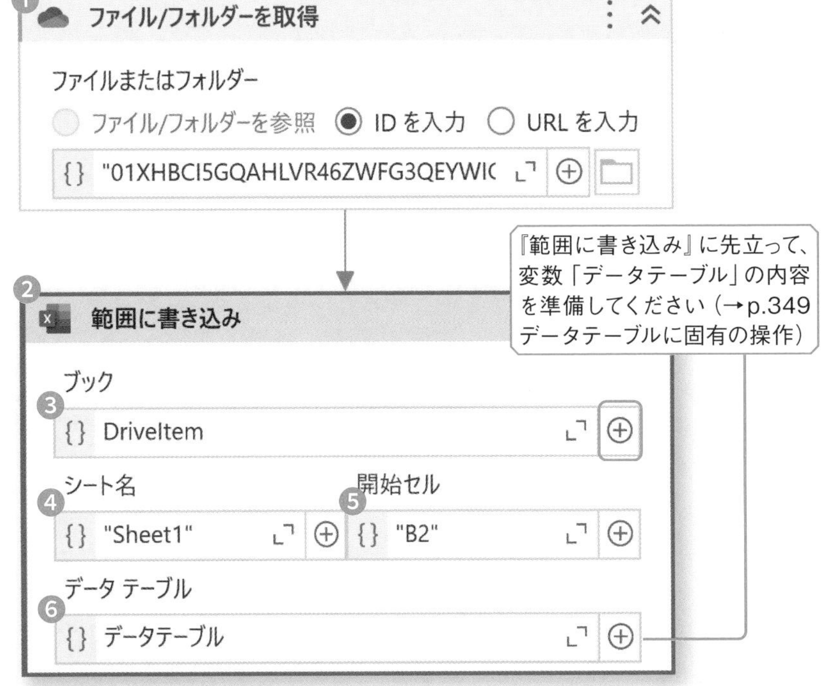

Hint

OneDrive上のExcelからデータを読み取り、データを更新して書き込むには

一連のアクティビティを並べることができます。『ファイル / フォルダーを取得』→『範囲を読み込み』→『繰り返し（データテーブルの各行）』→『範囲に書き込み』のようになります。

実行すると、データテーブルが指定の範囲に書き込まれます。

OneDrive上のExcelファイルを直接操作するアクティビティ一覧

Microsoft Office 365パッケージの「連携/Microsoft/Office 365/Excel」カテゴリにあります。すべて、『Microsoft Office 365スコープ』の中に配置してください。処理対象のExcelファイルは、DriveItemで指定してください（→p.394 ファイル/フォルダーを取得する）。

●OneDrive上のExcelファイルを直接操作するアクティビティ一覧

アクティビティ名	説明
『ブックを作成』	OneDrive上にExcelファイルを作成し、そのDriveItemを取得
『シートを取得』	シート一覧を、テキストの配列で取得
『シートを追加』	シートを追加
『シート名を変更』	シート名を変更
『シートを削除』	シートを削除
『シートをコピー』	複数のExcelファイル間でシートをコピー
『範囲をコピー』	複数のExcelファイル間で範囲をコピー
『範囲を読み込み』	（→p.400 範囲をデータテーブルに読み込む）
『範囲に書き込み』	（→p.402 範囲をデータテーブルに書き込む）
『範囲をクリア』	範囲の、すべて/書式/コンテンツのいずれかをクリア
『範囲を削除』	範囲を削除し、残った部分をずらす。ずらす方向は、なし/上/左のいずれかを選択
『セルを読み込み』	セルの、値/式/テキストのいずれかを読み込み
『セルに書き込み』	セルにテキストを書き込み
『行を読み込み』	セルを左端とする行データをObjectの配列で取得
『列を読み込み』	セルを上端とする列データをObjectの配列で取得
『VLOOKUPで範囲を検索』	範囲の左端の列を検索し、合致した行の列値を取得
『セルの色を取得』	セルの色をテキストで取得
『範囲の色を設定』	範囲にSystem.Drawing.Color型で指定した色を設定

以下は、操作対象の範囲をテーブル名で指定できるアクティビティです。Microsoft Office 365パッケージの「連携/Microsoft/Office 365/Excel/テーブル」カテゴリにあります。やはり『Microsoft Office 365スコープ』の中に配置してください。

●テーブルを操作するアクティビティ一覧

アクティビティ名	説明
『テーブルの範囲を取得』	テーブルの範囲のアドレスを取得
『テーブルを作成』	指定の範囲をテーブルとして書式設定
『行を挿入』	テーブルに、データテーブルもしくは空行を挿入。空行は行数を指定可能。挿入位置は、最初/最後/番号のいずれかで指定。先頭の行番号はゼロ
『行を削除』	テーブルから行を削除。行はテキストで "3-5" のように指定。先頭の行の番号はゼロ
『列を挿入』	テーブルに列を挿入。列名と位置を番号で指定。左端の列番号はゼロ
『列を削除』	テーブルから、列名で指定した列を削除

6-7 Googleドライブを使う

Googleのファイル共有サービス

ブラウザーで次のURLを開くと、Googleドライブにアクセスできます。

●マイドライブ - Googleドライブ
https://drive.google.com/

Google Workspaceパッケージをインストールしてください。Googleドライブを操作するアクティビティが、アクティビティパネルの「連携/Google/ワークスペース/ドライブ」カテゴリに追加されます（→p.65 パッケージをインストールする）。

Googleドライブの自動化を準備する

『Googleドライブを使用』を使います。Googleアカウントにログインするための認証情報を構成する必要があります。

❶『Googleドライブを使用』を配置します。
❷「アカウント」で「＋新しいアカウントを追加」を選択し、ログイン情報を構成します（→p.373 外部Webサービスへのログイン情報を構成する）。

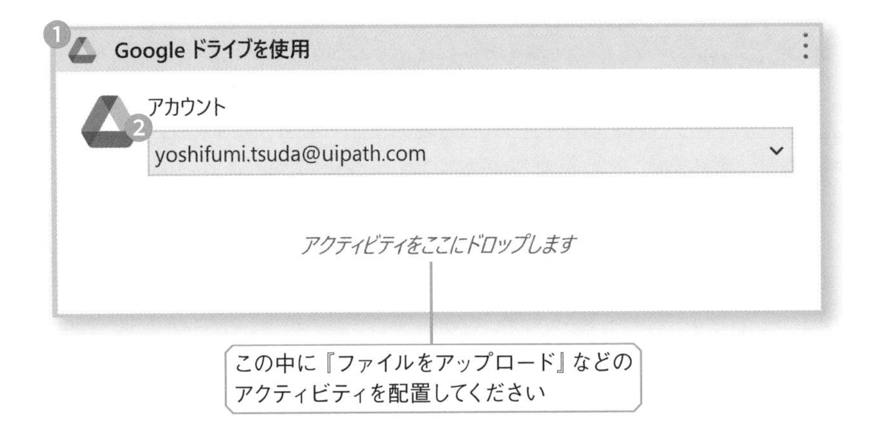

以上で、Googleドライブの自動化を準備できました。

ファイルをアップロードする

『ファイルをアップロード』は、Googleドライブにファイルをアップロードします。

❶『Googleドライブを使用』を配置して構成します（→p.406 Googleドライブの自動化を準備する）。
❷『ファイルをアップロード』を配置します。
❸「ローカルファイル」の右端の🗀フォルダーアイコンをクリックして、アップロードしたいファイルを指定します（→p.102 パス文字列を操作する）。
❹「アップロード先フォルダー」の右端の🗀フォルダーアイコンをクリックして、Googleドライブ上のフォルダーを指定します。指定しない場合は、Googleドライブのルートフォルダーにアップロードされます。

パンくず Googleドライブを使用 > ファイルをアップロード

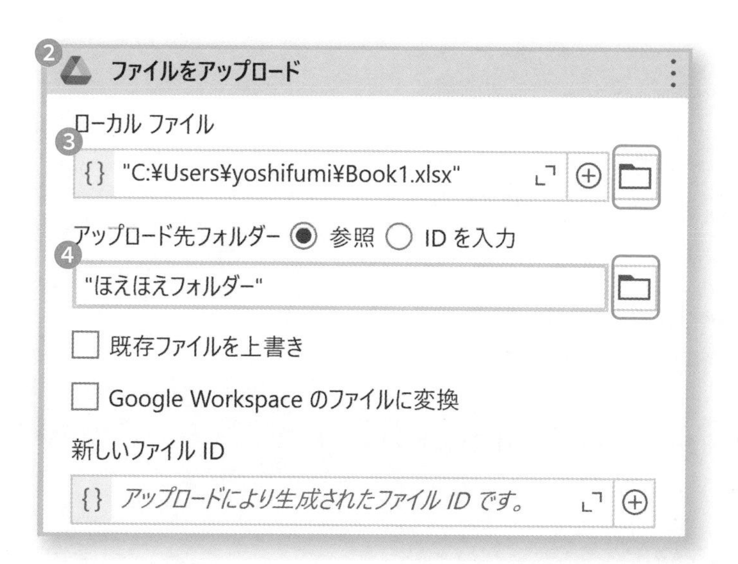

Hint

アップロードしたファイルを、あとで別のGoogleドライブアクティビティで操作するには

「新しいファイルID」の右端の⊕丸十字アイコンをクリックし、変数を作成してください。この変数に返されたIDを、ほかのGoogleドライブアクティビティの操作対象に指定できます。

実行すると、ローカル（このPC）のファイルがGoogleドライブ上のフォルダーにアップロードされます。

ファイルをダウンロードする

『ファイルをダウンロード』は、Googleドライブからファイルをダウンロードします。

❶『Googleドライブを使用』を配置して構成します（→p.406 Googleドライブの自動化を準備する）。
❷『ファイルをダウンロード』を配置します。
❸「ファイル」の右端の□フォルダーアイコンをクリックして、ダウンロードしたいファイルを選択します。
❹「ダウンロード場所」に、ダウンロード先のフォルダーパスを指定します（→p.102 パス文字列を操作する）。

パンくず Googleドライブを使用 > ファイルをダウンロード

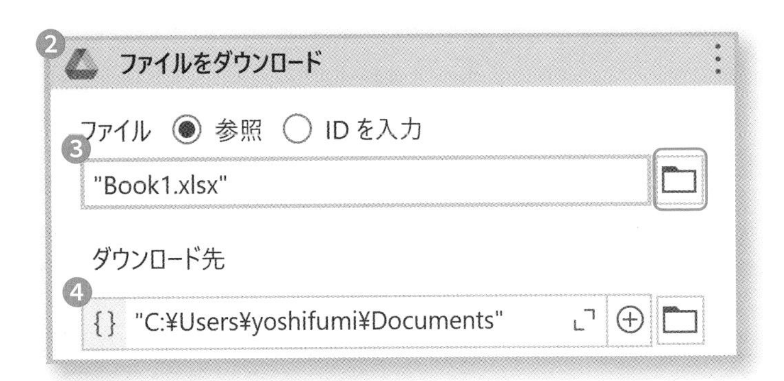

実行すると、Googleドライブ上のファイルがローカル（このPC）にダウンロードされます。

Googleドライブを操作するアクティビティ一覧

Google Workspaceパッケージの「連携/Google/ワークスペース/ドライブ」カテゴリにあります。すべて、『Googleドライブを使用』の中に配置してください。

●Googleドライブを操作するアクティビティ一覧

アクティビティ名	説明
『ファイルをアップロード』	ファイルをアップロードし、そのIDを取得。アップロード先のフォルダーは、IDかダイアログで指定 (→p.406 ファイルをアップロードする)
『ファイルをダウンロード』	IDかダイアログで指定したファイルをダウンロード (→p.407 ファイルをダウンロードする)
『ファイルやフォルダーを探す』	ファイルやフォルダーを探し、その一覧を配列で取得。あわせて、最初に合致したファイル/フォルダーのIDを取得
『ファイルをコピー』	IDかダイアログで指定したファイルをコピーし、そのIDを取得。コピー先フォルダーはIDかダイアログで指定
『ファイルを移動』	IDかダイアログで指定したファイルを移動。移動先フォルダーはIDかダイアログで指定
『ファイルを削除』	IDで指定したファイルを削除
『ファイル情報を取得』	IDで指定したファイル/フォルダーの情報を取得
『フォルダーを作成』	フォルダーを作成し、そのIDを取得
『ドキュメントを作成』	Googleドキュメントを新規作成し、そのIDを取得。作成先フォルダーはIDかダイアログで指定

『新しいスプレッドシートを作成』	Googleスプレッドシートを新規作成し、そのIDを取得。作成先フォルダーはIDかダイアログで指定
『ファイルを共有』	メールアドレスで指定したユーザーに、ファイルアクセスの権限を付与。ファイルはIDかダイアログで指定。メールでリンクを送信することも可能
『ファイルアクセスを取得』	IDで指定したファイルのアクセスをPermissionの配列で取得
『ファイルアクセスを更新』	IDで指定したファイルのアクセスを更新。アクセス許可IDは『ファイルアクセスを取得』で取得
『ファイルアクセスを削除』	IDで指定したファイルのアクセスを削除

6-8 Google スプレッドシートを使う

Googleの表計算サービス

ブラウザーで次のURLを開くと、Googleスプレッドシートにアクセスできます。

●Google スプレッドシート

```
https://sheets.google.com
```

Google Workspaceパッケージをインストールしてください。Googleスプレッドシートを操作するアクティビティが、アクティビティパネルの「連携/Google/ワークスペース/シート」カテゴリに追加されます（→p.65 パッケージをインストールする）。

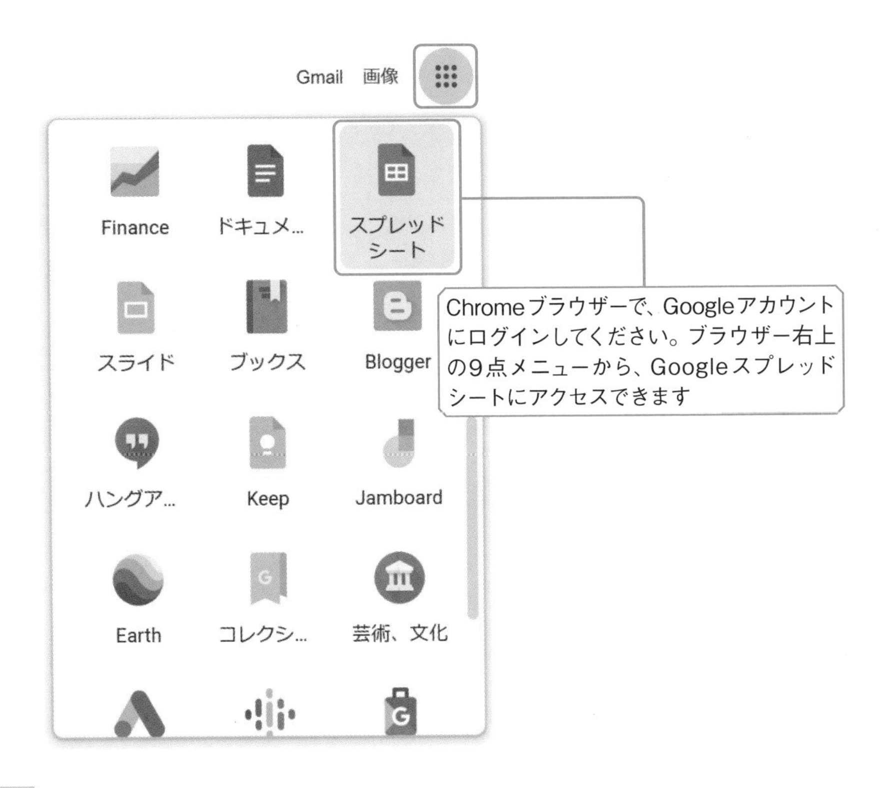

範囲に名前をつける

Excelと同じく、Googleスプレッドシートの範囲にも名前をつけることができます。これにより、UiPathからの操作がより簡単になります。

❶ブラウザーでGoogleスプレッドシートのWebサイト（https://sheets.google.com/）にアクセスし、Googleスプレッドシートにログインします。
❷新しいスプレッドシートを作成します。
❸このファイル名を変更します。
❹必要に応じて、既定のシート名「シート1」を変更します。
❺適当な場所にテーブルデータを入力します。
❻範囲を選択し、名前ボックスで好きな名前を入力します。ここでは「ほえほえ範囲」と入力します。

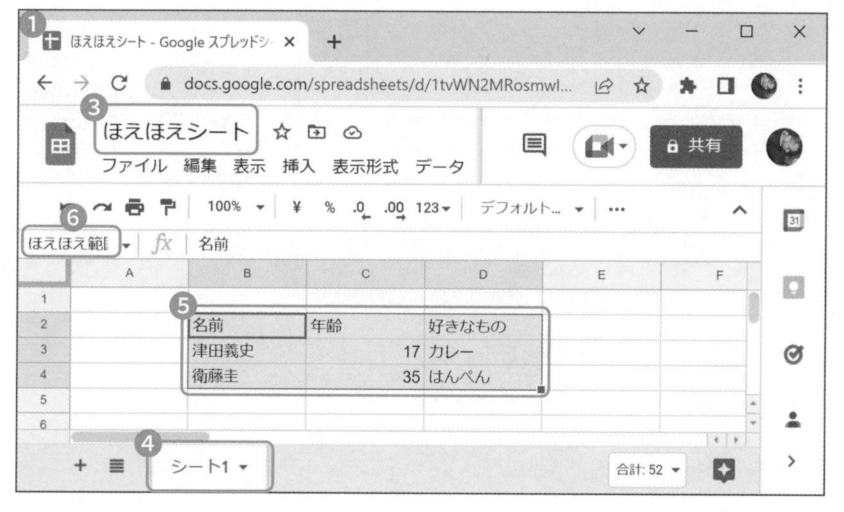

Hint

Googleドライブ上のExcelファイルは、直接操作できない

そのため、Excelファイルは一度ダウンロードしてから操作し、再アップロードしてください。Googleスプレッドシートは⊞のアイコンで、ExcelファイルはⓍのアイコンで表示されます。

以上で、選択した範囲に「ほえほえ範囲」と名前をつけました。

Googleスプレッドシートの自動化を準備する

『Googleスプレッドシートを使用』を使います。Googleアカウントにログインするための認証情報を構成する必要があります。

❶『Googleスプレッドシートを使用』を配置します。
❷「アカウント」で「＋新しいアカウントを追加」を選択し、ログイン情報を構成しま

す（→p.373 外部Webサービスへのログイン情報を構成する）。

❸「アクション」で、「既存のものを使用/ 新規作成/存在しない場合ファイルを作成」のいずれかを選択します。

❹「スプレッドシートのファイル」の右端のフォルダーアイコンをクリックし、操作したいスプレッドシートを選択します。

❺新規作成する場合は、親フォルダーの場所を選択します。

以上で、指定したスプレッドシートの操作が準備できました。

●『Googleスプレッドシートを使用』で使えるアクション

アクション	説明
既存のものを使用	ダイアログで選択した既存のスプレッドシートを開く
新規作成	スプレッドシートを新規作成。フォルダーはダイアログで選択
存在しない場合ファイルを作成	名前で指定したスプレッドシートを開く。複数のスプレッドシートが見つかったときはエラー。1つもなければ新規作成。フォルダーはダイアログで選択

Hint

Google Workspaceパッケージについて

このパッケージの新しいバージョンには、Googleスプレッドシートを操作するためのモダンなアクティビティ群が新しく追加される予定です。伴い、本書に紹介したアクティビティ群は「Workspaceクラシック」と呼ばれることになるでしょう。「Workspaceモダン」はより簡単で便利に使えるようになる一方で、認証情報をローカルに保存することはできなくなる予定です（将来は分かりませんが）。そのため、Workspaceモダンが利用可能になった後も、オンプレ版のOrchestratorの環境ではWorkspaceクラシックを使う機会は残るはずです。

範囲をデータテーブルに読み込む

Google Workspaceパッケージの『範囲を読み込み』を使います。ほかのパッケージにも同名のアクティビティがあるので、間違えないでください。

❶『Googleスプレッドシートを使用』を配置します（→p.411 Googleスプレッドシートの自動化を準備する）。
❷『範囲を読み込み』を配置します。
❸「スプレッドシート」の右端の⊕丸十字アイコンをクリックし、『Googleスプレッドシートを使用』の参照名を選択します。
❹「シート」の右端の⊕丸十字アイコンをクリックし、使用するシートを選択します。
❺「範囲」の右端の⊕丸十字アイコンをクリックし、操作する範囲を選択します（→p.411 範囲に名前をつける）。
❻「データテーブル」の右端の⊕丸十字アイコンをクリックし、変数「データテーブル」を作成します。

パンくず Googleスプレッドシートを使用 > 範囲を読み込み

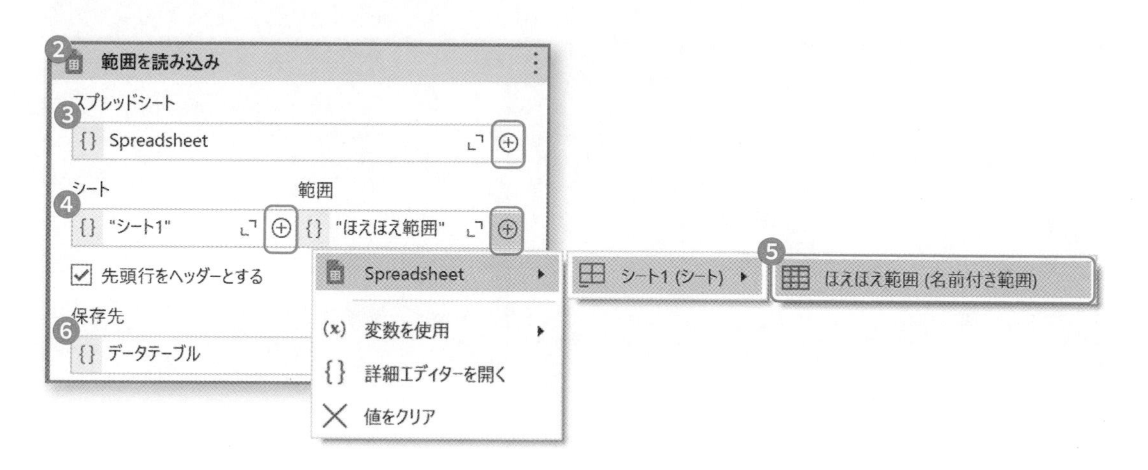

実行すると、指定の範囲が変数「データテーブル」に読み込まれます（→p.349 データテーブルに固有の操作）。

範囲にデータテーブルを書き込む

Google Workspaceパッケージの『範囲に書き込み』は、データテーブルを指定のセルを左上とする範囲に上書きします。『範囲を読み込み』したデータテーブルを変更して書き戻すのに便利です。

Hint

変数「データテーブル」を準備する

『範囲に書き込み』の前に、前節で紹介した『範囲を読み込み』もしくはほかの方法で、DataTable型の変数「データテーブル」を準備してください（→ p.349 データテーブルに固有の操作）。

1. 『Googleスプレッドシートを使用』を配置します（→p.411 Googleスプレッドシートの自動化を準備する）。
2. 『範囲に書き込み』を配置します。
3. 「スプレッドシート」の右端の⊕丸十字アイコンをクリックし、『Googleスプレッドシートを使用』の参照名を選択します。
4. 「シート」の右端の⊕丸十字アイコンをクリックし、使用するシートを選択します。
5. 「開始セル」に、書き込み先の左上のセルのアドレスを指定します。
6. 「データテーブル」の右端の⊕丸十字アイコンをクリックし、変数「データテーブル」を使用します。

パンくず　Googleスプレッドシートを使用 > スプレッドシートを一括更新 > 範囲に書き込み

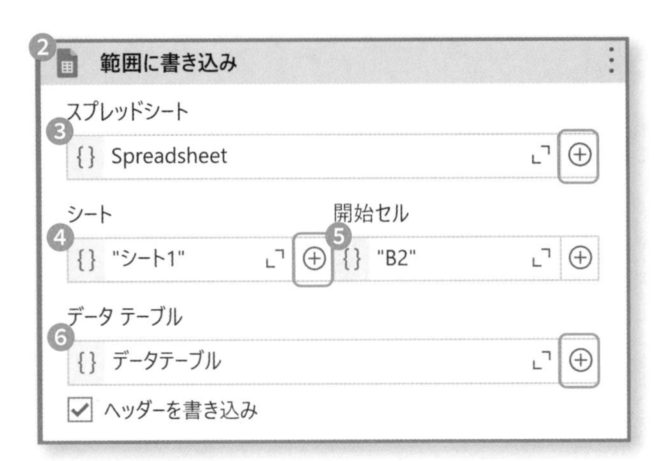

実行すると、データテーブルが指定の範囲に書き込まれます。

スプレッドシートの更新処理をまとめる

『スプレッドシートを一括更新』は、複数の『範囲に書き込み』と『セルに書き込み』を、1つのサーバーリクエストにまとめます。高速に処理でき、サーバーの負荷も少なくなります。多く書き込みたいときは、使用をお勧めします。

❶『Googleスプレッドシートを使用』を配置します（→p.411 Googleスプレッドシートの自動化を準備する）。
❷『スプレッドシートを一括更新』を配置します。
❸「スプレッドシート」の右端の⊕丸十字アイコンをクリックし、『Googleスプレッドシートを使用』の参照名を選択します。
❹『範囲に書き込み』と『セルに書き込み』を必要なだけ配置します。配置した『範囲に書き込み』と『セルに書き込み』は、最後にまとめて一度に処理されます

Hint
『スプレッドシートを一括更新』の中に配置した『書き込み』

『スプレッドシートを一括更新』の中に配置した『書き込み』は、必ずすべて成功するか、すべて失敗します。いずれかの書き込みが失敗したら、ほかのすべての書き込みも元に戻り、反映されることはありません。

パンくず Googleスプレッドシートを使用 > スプレッドシートを一括更新

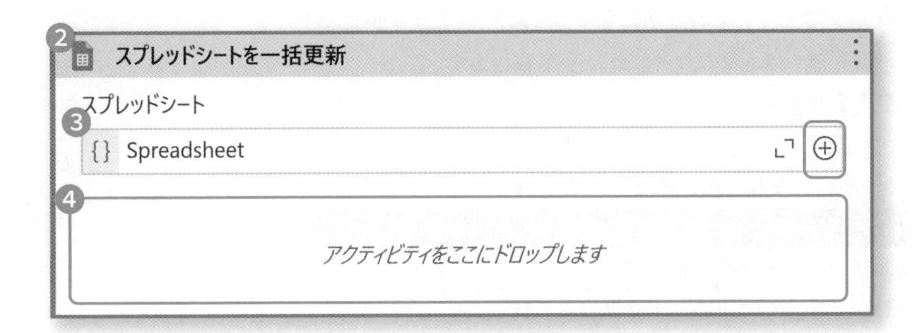

Googleスプレッドシートを操作するアクティビティ一覧

Google Workspaceパッケージの「連携/Google/ワークスペース/シート」カテゴリにあります。すべて、『Googleスプレッドシートを使用』の中に配置してください。

●Googleスプレッドシートを操作するアクティビティ一覧

アクティビティ名	説明
『スプレッドシートをダウンロード』	ExcelもしくはPDFの形式でダウンロード
『新しいシートを追加』	スプレッドシートにシートを追加
『シートを取得』	シート名の一覧を、テキストの配列で取得
『シート名を変更』	シート名を変更

『シートをコピー』	別のスプレッドシート間でシートをコピーするには、『Googleスプレッドシートを使用』を入れ子にし、その参照名を変更
『シートを削除』	シートを削除
『スプレッドシートを一括更新』	複数の『範囲に書き込み』と『セルに書き込み』をまとめてサーバーに送信（→p.415スプレッドシートの更新をまとめる）
『範囲を読み込み』	（→p.413 範囲をデータテーブルに読み込む）
『範囲に書き込み』	（→p.414 範囲にデータテーブルを書き込む）
『範囲をクリア』	範囲をクリア
『範囲を削除』	範囲を削除し、残った部分をずらす。ずらす方向は、なし/上/左のいずれかを選択
『行を読み込み』	セルを左端とする行データをObjectの配列で取得
『行を追加』	セルを含む範囲に、Objectの配列を追加
『列を読み込み』	セルを上端とする列データをObjectの配列で取得
『セルを読み込み』	セルの値を読み込み
『セルに書き込み』	セルにテキストを書き込み
『セルの色を取得』	セルの色を取得

Google Workspaceパッケージには、上記のほかにも多くのアクティビティが含まれています。ここには、アクティビティパネルのカテゴリのみ記載します。各カテゴリには、多くのアクティビティが含まれます。

●Google Workspaceパッケージに含まれるアクティビティの分類

カテゴリ	説明
Apps Script	Google Apps Scriptの作成と実行
Gmail	Gmailメールメッセージのラベルを操作
シート	（→p.410 Googleスプレッドシートを使う）
ドキュメント	Googleドキュメントを操作
ドライブ	（→p.405 Googleドライブを使う）
予定表/カレンダー	Googleカレンダーを操作

アクティビティ索引

索引

著者紹介

津田 義史(つだ よしふみ)

福岡県出身。東京電機大学卒。外資系ソフトウェアベンダーで、プログラマーとしてキャリアを開始。Lotus、Microsoft、Citrixなどの外資系企業を経て、現在はUiPath株式会社に勤務。趣味はバンドでエレキベースの演奏。最近やっとコロナ禍が明けてきたようなので、ライブの機会を増やしたいと思っている。
主な著書に『公式ガイド UiPathワークフロー開発実践入門 ver2021.10対応版』『公式ガイド UiPathワークフロー開発 実践入門』(ともに秀和システム)、『実践 反復型ソフトウェア開発』『Domino/Notes APIプログラミング』(ともにオーム社)、訳書に『C++ テンプレート完全ガイド』『ジェネレーティブプログラミング』(ともに翔泳社)がある。

●著者の弾いてみたチャンネルはこちら。

```
https://www.youtube.com/@ytsuda
```

●著者が所属するバンドのチャンネルはこちら。

```
https://www.youtube.com/@Xanadus-scoverband
```

参考サイト

●UiPath コーポーレートサイト(日本語)

```
https://www.uipath.com/ja
```

カバーデザイン

成田 英夫(1839Design)

PC業務は全部おまかせ! UiPath×Excel自動化完全ガイド

発行日 2023年 6月 8日 第1版第1刷

著 者 津田 義史

発行者 斉藤 和邦
発行所 株式会社 秀和システム
〒135-0016
東京都江東区東陽2-4-2 新宮ビル2F
Tel 03-6264-3105(販売) Fax 03-6264-3094
印刷所 三松堂印刷株式会社 Printed in Japan

ISBN978-4-7980-6990-6 C3055

定価はカバーに表示してあります。
乱丁本・落丁本はお取りかえいたします。
本書に関するご質問については、ご質問の内容と住所、氏名、電話番号を明記のうえ、当社編集部宛FAXまたは書面にてお送りください。お電話によるご質問は受け付けておりませんのであらかじめご了承ください。